住房和城乡建设部"十四五"规划教材

高等学校土木工程学科专业指导委员会城市地下空间工程指导小组规划教材

# 地 下 工 程 勘 察

主 编 蔡国军 刘松玉 何 欢 张国柱 刘文亮

中国建筑工业出版社

**图书在版编目（CIP）数据**

地下工程勘察 / 蔡国军等主编. -- 北京：中国建筑工业出版社，2024.12. -- （住房和城乡建设部"十四五"规划教材）（高等学校土木工程学科专业指导委员会城市地下空间工程指导小组规划教材）. -- ISBN 978-7-112-30443-1

Ⅰ. TU94

中国国家版本馆 CIP 数据核字第 20244A56Y3 号

本书由蔡国军、刘松玉、何欢、张国柱、刘文亮主编，编者长期从事地下工程相关岩土工程勘察评价工作的科研及教学。本书以我国现行国标和行业规范为依据，系统梳理了常见地下工程勘察工作的目的、需求、基本理论、技术方法等，并汇集了地下水勘察及特殊岩土体勘察的新发展，贯入国内外地下工程相关勘察技术的新理念。

本书可作为高等学校地下工程、土木工程（地下或岩土方向）等专业的教材，也可作为广大岩土工程从业者的技术参考。

为了更好地支持相应课程的教学，我们向采用本书作为教材的教师提供课件，有需要者可与出版社联系。建工书院：http://edu.cabplink.com，邮箱：jckj @ cabp.com.cn，电话：(010) 58337285。

责任编辑：聂　伟　吉万旺
文字编辑：卜　煜
责任校对：李美娜

住房和城乡建设部"十四五"规划教材
高等学校土木工程学科专业指导委员会城市地下空间工程指导小组规划教材
**地下工程勘察**
主编　蔡国军　刘松玉　何　欢　张国柱　刘文亮
\*
中国建筑工业出版社出版、发行（北京海淀三里河路 9 号）
各地新华书店、建筑书店经销
北京红光制版公司制版
河北京平诚乾印刷有限公司印刷
\*
开本：787 毫米×1092 毫米　1/16　印张：15¼　字数：379 千字
2025 年 2 月第一版　　2025 年 2 月第一次印刷
定价：48.00 元（赠教师课件）
ISBN 978-7-112-30443-1
（43177）

# 出　版　说　明

党和国家高度重视教材建设。2016年，中办国办印发了《关于加强和改进新形势下大中小学教材建设的意见》，提出要健全国家教材制度。2019年12月，教育部牵头制定了《普通高等学校教材管理办法》和《职业院校教材管理办法》，旨在全面加强党的领导，切实提高教材建设的科学化水平，打造精品教材。住房和城乡建设部历来重视土建类学科专业教材建设，从"九五"开始组织部级规划教材立项工作，经过近30年的不断建设，规划教材提升了住房和城乡建设行业教材质量和认可度，出版了一系列精品教材，有效促进了行业部门引导专业教育，推动了行业高质量发展。

为进一步加强高等教育、职业教育住房和城乡建设领域学科专业教材建设工作，提高住房和城乡建设行业人才培养质量，2020年12月，住房和城乡建设部办公厅印发《关于申报高等教育职业教育住房和城乡建设领域学科专业"十四五"规划教材的通知》（建办人函〔2020〕656号），开展了住房和城乡建设部"十四五"规划教材选题的申报工作。经过专家评审和部人事司审核，512项选题列入住房和城乡建设领域学科专业"十四五"规划教材（简称规划教材）。2021年9月，住房和城乡建设部印发了《高等教育职业教育住房和城乡建设领域学科专业"十四五"规划教材选题的通知》（建人函〔2021〕36号）。为做好"十四五"规划教材的编写、审核、出版等工作，《通知》要求：（1）规划教材的编著者应依据《住房和城乡建设领域学科专业"十四五"规划教材申请书》（简称《申请书》）中的立项目标、申报依据、工作安排及进度，按时编写出高质量的教材；（2）规划教材编著者所在单位应履行《申请书》中的学校保证计划实施的主要条件，支持编著者按计划完成书稿编写工作；（3）高等学校土建类专业课程教材与教学资源专家委员会、全国住房和城乡建设职业教育教学指导委员会、住房和城乡建设部中等职业教育专业指导委员会应做好规划教材的指导、协调和审稿等工作，保证编写质量；（4）规划教材出版单位应积极配合，做好编辑、出版、发行等工作；（5）规划教材封面和书脊应标注"住房和城乡建设部'十四五'规划教材"字样和统一标识；（6）规划教材应在"十四五"期间完成出版，逾期不能完成的，不再作为《住房和城乡建设领域学科专业"十四五"规划教材》。

住房和城乡建设领域学科专业"十四五"规划教材的特点：一是重点以修订教育部、住房和城乡建设部"十二五""十三五"规划教材为主；二是严格按照专业标准规范要求编写，体现新发展理念；三是系列教材具有明显特点，满足不同层次和类型的学校专业教学要求；四是配备了数字资源，适应现代化教学的要求。规划教材的出版凝聚了作者、主审及编辑的心血，得到了有关院校、出版单位的大力支持，教材建设管理过程有严格保障。希望广大院校及各专业师生在选用、使用过程中，对规划教材的编写、出版质量进行反馈，以促进规划教材建设质量不断提高。

住房和城乡建设部"十四五"规划教材办公室

2021 年 11 月

# 前　言

随着我国城市化进程不断加快，各大、中城市纷纷发展地下工程。地下工程是指为开发利用地下空间资源而深入地面以下建造的地下土木工程，它包括地下房屋、地下构筑物、地下铁道、公路隧道、水下隧道、地下共同沟和过街地下通道等；广义来讲，它包括建造在地下的全部工程结构物，但是一般不包括矿井等地下构筑物，而单指建造在地下的工业、交通、民用和军事建筑物。近年来，我国地下工程发展迅速，已建成一些举世瞩目的地下工程。以交通地下工程——隧道工程为例，截至 2023 年底，全国公路隧道 27,297 处、3023.18 万延米，较上年末增加 2447 处、344.75 万延米，其中特长隧道 2050 处、924.07 万延米，长隧道 7552 处、1321.38 万延米。港珠澳大桥、深中通道等项目攻克了大尺寸隧道建造、运输、沉放等关键技术，秦岭天台山隧道、天山胜利隧道等在超长小岭隧道设计、施工等方面保持世界领先，大型 TBM、超高强度钢丝等国产标志性材料装备经受了实践考验……多年来，我国公路建设不断攻坚克难，突破一系列工程技术瓶颈，目前已成为世界上隧道工程建设数量最多、规模最大、发展速度最快的国家。由于地下建筑物不占地面面积，具有抗震稳定性好、国防隐蔽性好等优点，所以充分利用地下空间的途径逐渐为人们所重视，如在工业方面，建成了许多地下仓库、地下工厂、地下电站、地下武器库、地下停车场和地下粮仓等；在人民生活方面，建造了形成网络的防空洞、地下影院、地下游乐场、地下体育中心、地下街、地下餐厅、地下会堂、地下战备医院和地下养殖场等。目前地下工程已经发展到国民经济的各个方面，成为人们活动的"又一层世界"。

然而，地下工程的建设难度较大，涉及大量岩土工程问题。岩土体是自然历史的产物，复杂多变，岩土工程参数的确定与合理设计往往是地下工程建设的难点与重点，也是保证地下工程质量、缩短工程周期、降低工程造价、提高工程经济和社会效益的关键。岩土参数确定和设计方法的不合理可能会导致地下工程的可靠性降低，甚至酿成重大安全事故。工程实践和理论研究都清楚地说明，地下工程勘察是保证工程设计、施工做到科学、合理、经济和安全的基础工作，因此地下工程勘察是必不可少的，也是任何工作都替代不了的。地下工程勘察的基本任务就是为地下工程的规划、设计、施工及安全运营提供详细可靠的地质资料，应在搜集当地已有勘察设计资料、工程周边环境资料和建设经验的基础上，结合地下工程种类、结构形式、施工方法，采用合理的勘察手段和工作查明工程地质与水文地质条件，进行岩土工程评价，提供设计、施工所需的岩土参数，提出对岩土治理、环境保护以及工程监测等的建议。

本教材重点面向城市地下空间工程领域（如地铁和基坑）的勘察新技术，兼顾传统的勘察方法、技术和手段，以《岩土工程勘察规范》GB 50021—2001（2009 年版）为准绳，突出现代原位测试方法的应用。

本教材不仅仅是对技术内容的介绍，更是对学生的个人能力、人际能力以及学科知识等方面的综合培养。学生在完成本教材的学习之后，应该具备以下能力：

（1）运用工程基础和专业知识解决工程相关复杂问题的能力；掌握传统钻探取样、标准贯入试验（SPT）、动力触探（DPT）、静力触探（CPT）、孔压静力触探（CPTU）、地震波、电阻率、高密度电法和地质雷达等地下工程勘察技术。

（2）考虑社会、健康、安全、法律、文化以及环境等因素，综合运用该课程专业理论知识和规范设计满足地下工程特定需求的勘探方法。

（3）基于地下工程勘察专业知识，结合文献调研，对复杂工程问题进行分析，提出有效的、可行的勘探方案并得到正确的勘探结果。

本教材在编写过程中引用了大量前人资料，在此表示感谢。由于编者水平有限，书中不妥之处在所难免，敬请读者批评指正！

编者
2024 年 9 月

# 目　录

# 第1章 概　　述

**本章重点**

● 了解地下工程的定义、发展过程。
● 掌握地下工程的大体分类及地下工程的勘察目标及要求。

## 1.1　地下工程及其发展

### 1.1.1　地下工程

随着我国城市化进程不断加快，各大、中城市纷纷发展地下工程。地下工程是指为开发利用地下空间资源而深入地面以下建造的地下土木工程，它包括地下房屋、地下构筑物、地下铁道、公路隧道、水下隧道、地下共同沟和过街地下通道等；广义来讲，它包括建造在地下的全部工程结构物，但是一般不包括矿井等地下构筑物，而单指建造在地下的工业、交通、民用和军事建筑物。

### 1.1.2　地下工程的历史

自从人类出现以后，地下空间便作为人类防御自然和外敌侵袭的设施而被广泛利用。随着科学技术和人类文明的发展，这种利用也从自然洞穴的利用向人工洞室方向发展，到现在地下工程的形式已经千姿百态。

地下工程的发展历史与人类的文明史相呼应，可以分为四个时代。

第一时代——从人类出现至公元前 3000 年的远古时期。原始人类穴居，如图 1-1 所示，天然洞穴成为人类防寒暑、避风雨、躲野兽的处所；人们利用天然洞穴作为栖身之

图 1-1　原始人类洞穴

所，并且逐步在平原地区自己挖掘类似天然洞穴的窑洞用来居住。此时的洞穴是用兽骨、石器等工具开挖，修筑在可以自身稳定而无需支承的地层中。

第二时代——从公元前 3000 年至 5 世纪的古代时期，这是为生活和军事防御而利用隧道的时代，埃及金字塔和古代巴比伦引水隧道均为此时代的工程典范。我国秦汉时期（公元前 221 年～公元 220 年）的陵墓和地下粮仓，已具有相当的技术水准与规模，这个时代的隧道开发技术形成了现代隧道开发技术的基础。我国古代的帝王将相在地下修建一些坟墓陵寝，如长沙的楚墓、洛阳的汉墓，明朝的定陵更是壮丽堂皇，成为今天人们游览的名胜古迹。在我国古籍《左传》中，曾有"隧而相见"和"晋侯……以隧"的记载，说明当时已经有过通道式的隧道了。又如，埃及金字塔的建设代表其开始修建地下建筑；古代巴比伦为连接宫殿和神殿而修建了约 1km 长的隧道，该隧道断面为 3.6m×4.5m，施工期间将幼发拉底河水流改道，采用明挖法建造，是一种砖砌建筑。

第三时代——从 5 世纪至 14 世纪的中世纪时代，世界范围内出现矿石开采技术。欧洲经历了约 1000 年的文化低潮，建筑工程技术发展缓慢，隧道技术没有显著的进步，但由于对地下铜、铁等矿产资源的需要，开始了矿石开采，如图 1-2 所示。

图 1-2　矿石开采

第四时代——从 15 世纪开始的近代与现代。诺贝尔发明的黄色炸药成为开发地下空间的有力武器，加速了隧道技术的发展。有益矿物的开采，灌溉渠、运河、公路和铁路隧道的修建（图 1-3），以及随着城市的发展而修建的地下铁道、地下水道等，使得隧道的修建技术得到极大的发展，其应用范围迅速扩大。

### 1.1.3　地下工程的国内外发展

1. 国外发展概况

在国外，最早的地下工程用于矿山的开采。用于交通线上的第一座隧道是公元前 2180～2160 年在古代巴比伦幼发拉底河下修造的一条地下人行道。此后，为了灌溉农田，修了少量的给水隧道。随着生产工具和生产技术的进步，修建隧道的水平也有了提高，为保证内河运输的需要，陆续修建了一些航运隧道。位于法国马赛-罗纳的水路干线，本来需要绕过地中海，航程几十千米，而且风浪很大，安全也无保证；罗佛（Rove）航运隧道建成以后，航程缩短为 7km，而且快速平稳，巨型内河航船可以双向行驶，十分便利。

图 1-3　隧道建设

　　铁路事业的兴起对交通隧道的发展起了很大的推动作用。蒸汽机车牵引的第一座铁路隧道是 1826~1830 年在英国利物浦-曼彻斯特的铁路上修建的隧道，全长 1190m。之后，陆续出现了更多的铁路隧道。火药的改进和钻眼工具的创制，促使修建隧道的技术有了显著的提高。1857~1871 年，建造了连接法国和意大利的仙尼斯隧道，长 12,850m；1898 年，意大利又修建了辛普伦隧道，长 19,700m；1971 年，日本新干线上修建了大清水隧道，长 22,230m；1988 年，日本修成了位于本州和北海道两大岛之间横跨津轻海峡的新干线上的青函隧道，长 53,850m。

　　除了山区的铁路隧道，国外还发展修建了一些在城市附近跨越河海的水底隧道。美国修建了宾夕法尼亚东河水底隧道，长 7190m；日本修建了新关门隧道，长 18,675m。

　　由于欧洲汽车运输量急剧增长，迫切需要扩大公路网，因而出现了不少公路隧道。奥地利修建了阿尔贝格（Arlberg）公路隧道，长 13,927m；瑞士修建了圣哥达（St.Gothard）公路隧道，长 16,918m；挪威修建了 Aurland-Laerdal 公路隧道，长 24,510m，这是目前最长的公路隧道。

　　城市发展以来，城区交通繁忙，车辆拥挤，安全问题日益突出；又因新开挖工具——盾构的出现，地下铁道随之兴起。1863 年，英国伦敦修筑了第一条地下铁道。到目前为止，美国纽约的地下铁道已修了 393.5km，英国伦敦也修了总长为 387.9km 的地下铁道，并把地上、地下的交通连接起来，成为城市中的立体交通网。地下建筑也日益规模宏大，德国慕尼黑地下铁道的卡尔广场车站建筑深达 6 层，第 1 层是人行通道及商店餐厅；第 2 层作为货栈及仓库；第 3、4 层为地下停车场，可同时容纳 800 辆汽车；第 5、6 层才是车站集散厅及车道。

　　近期，隧道及地下工程的科学技术得到了极大的发展。在原有技术的基础上，现已普遍使用钢拱支承、喷射混凝土衬砌和锚杆加固围岩；新奥法理念已被广泛应用于隧道及地下工程的设计与施工（图 1-4）；随着电子技术的发展，有限元技术也被广泛接受并应用于隧道及地下结构的受力分析。

图 1-4　新奥法

在掘进工具方面，出现了联合掘进机，它能以最佳工况适用于各种岩石，效率高、噪声低，能改善工作环境。最近欧洲开始使用预切施工法，以链条式的切割机切出沟槽，然后在其内部断面进行爆破开挖。与此类似，所谓扩挖法，即先爆破出 80％的断面，然后用履带式的扩孔机挖出整齐的周边，既可减少超挖，又可最小程度地扰动围岩。日本有很多采用冻结法的实例，在城市中，为了不危及邻近建筑物的安全，常常把围岩冻结起来，再进行开挖。瑞士的苏黎世公路隧道，在密集建筑群的地下仅 6～8m 的超浅埋条件下，开挖了一个断面面积为 12.1m×14.3m 且不允许地面有较大沉陷的公路隧道，这就是采用了冻结法的成功范例。近年来，日本还研制出一种静态破碎剂，可以进行安全而无公害的爆破。在城市建筑物群中，拆除某建筑物或进行地下洞室扩挖时，使用这种爆破方式最为适宜，它不产生爆破冲击的噪声，也不产生有破坏力的震动，可以破碎任何种类的岩石。

1974 年，国际隧道协会（ITA）成立，协会汇集了各国的专家学者，集思广益，交流有关隧道的各种问题，并每年召开一次年会，宣读讨论各国研究人员撰写的论文。

2. 国内发展概况

我国最早的交通隧道是陕西汉中的石门隧道，该隧道建于公元 66 年，是供马车和行人通行的，这是我国历史上最早的人工山体隧道——褒斜道石门。石门位于古褒斜道南端汉中褒谷口七盘岭下，隧洞长 16.3m，宽 4.2m，南口高 3.45m，北口高 3.75m，两车在洞内可并行。石门开凿于公元 1 世纪，始于汉明帝永平六年（公元 63 年），到九年（公元 66 年）4 月建成，距今已有 1900 多年的历史，是世界上最早的人工穿山隧道。

京张铁路中的八达岭隧道是我国自主建成的，它是由我国杰出的工程师詹天佑亲自规划督造，依靠中国人自己的力量建成的第一座铁路隧道。这座单线越岭隧道全长 1091m，工期仅用了 18 个月。

中华人民共和国成立前，我国经济不发达，隧道修建得不多；中华人民共和国成立后，随着国民经济实力的不断增强，隧道修建技术有了飞跃式的进步，隧道的修建得到了蓬勃的发展。在成立之初的短短三年时间，我国把全国原有铁路线上被破坏和发生病害的所有隧道都予以修复，成渝线修复了 13 座隧道，宝天线改建了 136 座隧道，天兰线修建了 48 座隧道，这使当时支离破碎、断断续续的铁路得以修复，实现了全国铁路的畅通无阻。

1952 年修建的沙丰一线线路通过险峻的山区，需要修建密集的隧道。该线全长 100.6km，共有 56 座隧道，总延长为 27.03km，占全线长的 27%。而后，宝成线上修建了总延长为 84.4km 的 304 座隧道。其中，在三个马蹄形和一个"8"字形的复杂展线区段，就集中了 48 座隧道，占全线长的 37.7%，这成为以隧道克服山区高程障碍、完成复杂展线的典型范例。

青藏铁路风火山隧道坐落在海拔超过 5km 的青藏高原风火山上，全长 1338m，轨面海拔高程 4905m，比秘鲁铁路的海拔最高点 4817m 高出 88m，是目前世界海拔最高的高原冻土隧道。同时，该隧道也是青藏铁路的重点、难点控制工程。该隧道位于青藏高原可可西里"无人区"边缘，地质复杂，自然条件严酷，平均海拔 4900m 左右，年均气温 −7℃，寒季最低气温低于 −40℃，空气中氧气含量只有内地的 50% 左右，被喻为"生命禁区"。隧道所处地质环境包含土冰层、饱冰冻土、富冰冻土、裂隙冰和融冻泥岩等，冻土层最厚达 150m，覆盖层最薄只有 8m，施工稍有不慎，就会导致大面积塌方。因此，该隧道工程难度大，科技含量高。

目前，世界最长的高原冻土隧道是青藏铁路昆仑山隧道。全长 1686m 的昆仑山隧道地处高原多年冻土区，地质结构复杂，自然条件严酷，该隧道于 2001 年 9 月开始施工，2002 年 9 月贯通。

我国第一条双管双层越江隧道是上海复兴东路隧道，该隧道西起浦西复兴东路、光启路，东至浦东张杨路、崂山东路，全长 2785m，设有双层六个车道，成为连接浦东、浦西的又一条"黄金通道"。

在隧道施工机械化方面，现已舍弃原始的人工开凿方法，机械钻孔已由人力持钻改进到支腿架钻，进而采用风动和液压的钻孔台车；修建衬砌已由砖石垒砌改为用混凝土就地模筑，混凝土泵挤送，进而采用喷射混凝土的柔性衬砌，近期又出现了双层模筑混凝土衬砌，弥补了喷射混凝土的不足；开挖程序已由小导坑超前改进到采用少分块的大断面开挖；支承结构从木支承、钢木支承，到采用喷锚支承；施工方法从传统矿山法逐步过渡到新奥法，以量测信息指导并调整施工。机械化的施工方法不但可用在硬岩中，同时在软弱围岩和一些困难条件下也有使用此方法修建各种类型地下工程的成功案例。在西安-安康铁路上，秦岭隧道的修建中使用了包括全断面掘进机在内的现代隧道施工机具，实现了隧道施工的机械化。公路隧道和地下铁道使用了半机械化盾构和机械化盾构，1970 年上海隧道工程公司使用直径为 10.2m 的挤压式盾构修建了穿越黄浦江的第一条水下隧道。珠江的黄沙隧道和甬江隧道是用沉管法修建的。这些水下隧道的成功修建，在很大程度上改变了"遇水架桥"的思维定式。

近年来，我国地下工程发展迅速，已建成一些举世瞩目的地下工程。以交通地下工程——隧道工程为例，截至 2023 年底，我国公路隧道 7,297 处、3023.18 万延米，增加 2447 处、344.75 万延米，其中特长隧道 2050 处、924.07 万延米，长隧道 7552 处、

1321.38万延米。港珠澳大桥、深中通道等项目攻克了大尺寸沉管隧道建造、运输、沉放等关键技术，秦岭天台山隧道、天山胜利隧道等在超长山岭隧道设计、施工等方面保持世界领先，大型TBM、超高强度钢丝等国产标志性材料装备经受了实践考验……多年来，公路建设不断攻坚克难，突破一系列工程技术瓶颈。我国已成为世界上隧道工程建设数量最多、规模最大、发展速度最快的国家。在特长隧道建设方面，全长27.839km的太行山隧道于2009年建成通车。2014年4月15日，"世界高海拔第一隧道"新关角隧道全线贯通，全长32.645km，平均海拔超过3600m，耗时近7年，居全球隧道长度第五。在公路隧道方面，我国建成了目前世界总长度第二的长18km的秦岭终南山公路隧道，长10km以上的甘肃大坪里隧道、陕西包家山隧道和山西宝塔山隧道等也已通车。在大跨隧道方面，我国已建成深圳雅宝隧道、重庆白鹤嘴隧道和广州龙头山隧道等多条双洞八车道隧道。在水下隧道建设方面，近年来在建和建成的隧道有厦门海底隧道（钻爆法）、上海长江隧道（盾构法）、武汉长江隧道（盾构法）、上海外环越江隧道（沉管法）等。此外，我国还建成了大量连拱隧道和小净距隧道，以及如厦门万石山隧道大型地下立交工程等大跨、复杂结构公路交通工程，该工程的地下大跨平交段多达6处。

在隧道工程的理论方面，分析结构内力的方法已经从结构力学计算转到以矩阵分析的方式用电子计算机计算，并进一步用有限元方法进行分析（图1-5）；从把地层压力视为外力荷载，到把围岩和支护结构组成受力统一体系的共同作用理论；从过去认为地层岩体为松散介质，转变为考虑岩体的弹性、塑性和黏性以及各种性质的转变，建出各种能进一步体现岩性的模型，进行受力分析；在隧道的设计计算理论中已经引入了不确定性的概念，现正向可靠度设计过渡。

图1-5 有限元方法

近期，除了修建以交通为目的的隧道外，隧道工程还扩展到其他用途的地下工程。由于地下建筑物不占地面面积，具有抗震稳定性好、国防隐蔽性好等优点，所以充分利用地下空间的途径逐渐为人们所重视，如在工业方面，建成了许多地下仓库、地下工厂、地下电站、地下武器库、地下停车场和地下粮仓等；在人民生活方面，建造了形成网络的防空洞、地下影院、地下游乐场、地下体育中心、地下街、地下餐厅、地下会堂、地下战备医院和地下养殖场等。目前地下工程已经发展到国民经济的各个方面，成为人们活动的"又一层世界"。

# 1.2 地下工程特点与分类

### 1.2.1 地下工程的特点

**1. 工程特点**

地下工程为复杂的系统工程，同时具有线路工程、建筑工程、岩土工程、环境工程的特点。例如，城市轨道交通工程从其形式及功用上分为车站工程、区间工程、车辆段（停车场）以及附属工程，其结构类型多，施工方法复杂，对岩土工程勘察要求高。

（1）结构类型多

地下工程按照线路铺设形式可分为地下线路、地面线路和高架线路；按照结构类型可分为车站主体、出入口通道、风道、风井、人防工程、区间隧道、联络通道、渡线、出入线、泵房、高架线路、桥梁、涵洞、路基、路堤、路堑、车辆段（停车场）、变电站、水源井等。不同的结构类型侧重的工程地质问题不同，勘察的重点也不同，勘察应满足不同结构类型的设计需求，如，地下工程一般需要提供地下水位、围岩分级等；地面建筑需要提供地基承载力及变形计算参数等；高架结构需要提供桩基参数等。

（2）施工方法复杂

地下工程的施工方法有明（盖）挖法、矿山法、盾构法三大工法：明（盖）挖法又可细分为明挖、盖挖和铺盖法，明挖施工的支护体系一般有桩（墙）加内支撑支护、桩（墙）加锚杆（索）支护、土钉墙支护、自然放坡等，盖挖又分为盖挖逆作法和盖挖顺作法；矿山法的施工工艺一般包括全断面法、上半断面临时封闭正台阶法、正台阶环形开挖法、单侧壁导坑正台阶法、双侧壁导坑法（眼镜工法）、中隔墙法（CD 法、CRD 法）、中洞法、侧洞法、柱洞法、洞桩法、钻爆法等；盾构法施工的盾构类型一般包括敞开式、半敞开式和密闭式盾构，近年来国内用得比较多的为密闭式盾构，密闭式盾构根据其力学平衡原理又可分为土压平衡盾构和泥水平衡盾构。

总之，地下工程的施工方法多，施工工艺复杂，其岩土工程勘察应满足施工工艺、设备选择和施工方案编制的需要。为满足不同工法的需求，仅提供常规的物理力学指标是不能满足的，还应根据需要提供基床系数、热物理指标、无侧限抗压强度、围岩级别、可开挖性等级等特殊参数和指标。

**2. 地质特点**

1）线路地质

（1）穿越的地质单元较多

以城市轨道交通工程为例，作为线路工程，少则几千米、多则几十千米，线路较长，穿越的地质单元多，因此在进行岩土工程勘察时一定要有地质单元的概念，不同地质单元土层的物理力学参数不能放在一起统计，以免出现参数失真。

（2）穿越的不良地质多

地下工程不可避免地需要穿越断裂带、沉降区、地裂缝、岩溶区等不良地质发育区域，因此在勘察过程中应注意查明不良地质的规模、发育程度、分布状况及其对线路的影响程度等。

2）城市地质

地下工程主要位于繁华的城市地段，具有明显的城市地质特点。在城市地段，尤其是老城区，地表地质体受人类活动扰动严重，人工填土普遍分布，填土成分复杂，均匀性差，分布薄厚不均，平面和纵面变化大。

地下水水位变化主要受人工开采控制，其流速和流向趋于无规律性；地下水水质变化复杂，一般浅层水和受污染区地下水具有腐蚀性。上层滞水主要受管线渗漏、绿地浇水、大气降水等影响，具有不确定性。

受人类活动影响，区域可能分布有墓穴、菜窖、古井、防空洞、房屋旧基础、地下文物、废弃管线、暗浜、鱼塘等。

受城市建设过程中的施工和降水扰动，该区域往往会存在地层空洞、松散层等。总之，城市地质具有比较复杂和多变的特征，在勘察工作中应采取多种手段共用的综合方法进行分析和判断，必要时应进行专项勘察。

3. 环境特点

地下工程一般均位于繁华的城市地区，而且需要修建城市轨道交通的城市都是比较发达的大都市。都市环境具有以下特点：

（1）建筑物密度大，中高层建筑、城市地标性建筑等重要建筑多。

（2）地下人防工程、地下商场、地下车库等地下建筑物多。

（3）各种雨水、污水、上水、燃气、热力、电缆、电信等地下管线繁多。

（4）城市人口多，媒体发达，事故敏感性强，对安全文明施工要求高。

因此在进行地下工程建设时，不仅要关注工程本身的安全，更要关注周边环境的安全，对周边环境的控制是重中之重。与铁路工程和建筑工程相比，地下工程属于浅埋精密岩土工程，在勘察过程中有必要进行工程环境调查，同时为了精密控制环境对象，需要对某些重要环境对象的地基条件进行专项勘察，且复杂的城市环境也会给勘察实施带来困难和风险。

**1.2.2　地下工程的分类**

地下工程有多种分类方法，常见的有如下几种。

1. 按地下工程的功能分类（表 1-1）

地下工程按功能分类　　　　　　　　　　　　　　　表 1-1

| 用途 | 功能 |
|---|---|
| 工业民用 | 地下展览馆、住宅、工业厂房、人防工程等 |
| 商业娱乐 | 地下商业城、图书馆等 |
| 交通运输 | 隧道、地铁、地下停车场等 |
| 水利水电 | 电站输水隧道、农业给水排水隧道等 |
| 市政工程 | 给水、污水、管道、线路、垃圾填埋等 |
| 地下仓储 | 各种地下储库，食物、石油及核废料储存等 |
| 人防军事 | 军事指挥所、地下医院、军火物资库、通信枢纽等 |
| 采矿巷道 | 矿山运输巷道和开采巷道等 |

2. 按地下工程的存在环境分类

地下工程不是建造在岩体环境中，就是建造在土体环境中。因此，地下工程可以分为岩体中的地下工程和土体中的地下工程。

3. 按地下工程的建造方式分类

地下工程是采用不同的施工方法修建而成的。按照施工方法，地下工程可分为明挖地下工程和暗挖地下工程。

4. 按埋置的深度分类

各类地下工程埋藏在地下不同深度，按埋深，地下工程可分为深埋地下工程、中深地下工程和浅埋地下工程，如表1-2所示。

地下工程按埋深分类 表1-2

| 名称 | 埋深范围 | | | |
|---|---|---|---|---|
| | 小型结构 | 中型结构 | 大型运输系统结构 | 采矿结构 |
| 浅埋地下工程 | 0~2 | 0~10 | 0~10 | 0~100 |
| 中深地下工程 | 2~4 | 10~30 | 10~50 | 100~1000 |
| 深埋地下工程 | >4 | >30 | >50 | >1000 |

# 1.3　地下工程勘察目标

地下工程勘察的基本任务就是为地下工程的规划、设计、施工及安全运营提供详细可靠的地质资料，应在搜集当地已有勘察设计资料、工程周边环境资料和建设经验的基础上，结合地下工程种类、结构形式、施工方法，采用合理的勘察手段和工作量，查明工程地质与水文地质条件，进行岩土工程评价，提供设计施工所需的岩土参数，提出对岩土治理、环境保护以及工程监测等方面的建议。

从岩土工程学来看，地下工程研究方法有三种：地质学方法、试验方法和计算方法。这些研究方法在勘察工作中由如下勘察方法来体现：①岩土工程测绘、②岩土工程物探和勘探、③岩土工程室内试验、④岩土工程野外（现场或原位）试验、⑤岩土工程长期观测、⑥勘察资料的室内整理与报告编写。

上述各种勘察方法在整个勘察工作中是相互联系、逐步进行的，它们的目的及获得的信息对充分反映工作区的岩土工程条件、论证岩土工程问题、做出正确可靠的岩土工程评价是必不可少的。

岩土工程测绘是工程勘察各方法中最主要、最根本的方法，是勘察最先进行的工作。通过岩土工程测绘，取得地上地质的实际资料，了解地质变化规律，借此推断地下地质情况，指导物探、钻探、坑探、坑槽探、试验取样及长期观测等各项勘察工作布置的具体位置，并能初步运用便携式仪器获得测绘区岩土的物理力学性质。该项工作在岩土工程勘察初期工作量是最大的，随着勘察工作的深入，测绘范围越来越小，精度要求越来越高。

勘探工作是为了验证测绘工作的推断或准确地反映区内地下地质情况，为岩土工程室内外测试提供条件而进行的工作，因此该项工作是勘察工作的深入和综合。一般在规划和初勘阶段，该项工作主要以物探和坑探为主，配合少量的钻探；而在详勘阶段，钻探工作则居主要地位。

测试工作是为了获取岩土工程性质指标不可缺少的，是论证岩土工程条件的差异性，分析岩土工程问题，定量评价具体问题的必备条件。在初勘阶段，该项工作是少量的，并且主要是配合测绘而进行的岩性分类测试，而在详勘阶段，则是为定量评价和为设计部门提供指标、处理技术参数而进行的，其工作量及试件数量往往是巨大的，投资也很大。

勘察资料的整理，主要是数据的统计、岩土工程图的编绘和岩土工程报告的编写，这是勘察工作的最终成果，为设计和施工服务。只有高质量的勘察工作，才能获得高质量的成果报告；只有深入细致的室内工作，才能体现出勘察工作的质量。

地下工程勘察方法的选择及相互配合、勘察工作量的大小及工作布局，除了取决于工作区的岩土工程条件的复杂程度和工程类型外，还受勘察阶段的制约，所以明确勘察工作的阶段，以确定勘察的广度和深度，是至关重要的。

## 1.4  地下工程勘察要求

地下工程勘察应为地下工程特性及利用形态、选址与方案比选、平纵断面的设计、结构构造、地质环境、设计原理与方法、施工方法、施工组织设计与施工管理、养护维修做一定的基础。地下工程勘察应按不同设计阶段的技术要求，开展相应的勘察工作。勘察阶段应分为可行性研究勘察阶段、初步勘察阶段、详细勘察阶段和施工勘察阶段。地下工程应根据需要开展施工阶段的岩土工程勘察工作；当地下交通工程沿线或场地附近存在对工程设计方案和施工有重大影响的岩土工程问题时，应进行专项勘察。

# 第2章 地下工程勘察分级及阶段

**本章重点**

本章重点介绍了地下工程勘察的主要流程。通过学习应掌握每个阶段的任务、目的和具体要求。

## 2.1 勘 察 分 级

1. 根据地下工程的规模和特征，以及由岩土工程问题造成的工程破坏或影响正常使用的后果，可分为以下三个工程重要性等级：

1) 一级工程：重要工程，后果很严重。

2) 二级工程：一般工程，后果严重。

3) 三级工程：次要工程，后果不严重。

2. 根据场地的复杂程度，可按下列规定分为三个场地等级：

1) 符合下列条件之一者为一级场地（复杂场地）：

(1) 对建筑抗震危险的地段。

(2) 不良地质作用强烈发育。

(3) 地质环境已经或可能受到强烈破坏。

(4) 地形地貌复杂。

(5) 有影响工程的多层地下水、岩溶裂隙水或其他水文地质条件复杂，需专门研究的场地。

2) 符合下列条件之一者为二级场地（中等复杂场地）：

(1) 对建筑抗震不利的地段。

(2) 不良地质作用一般发育。

(3) 地质环境已经或可能受到一般破坏。

(4) 地形地貌较复杂。

(5) 基础位于地下水位以下的场地。

3) 符合下列条件者为三级场地（简单场地）：

(1) 抗震设防烈度等于或小于 6 度，或对建筑抗震有利的地段。

(2) 不良地质作用不发育。

(3) 地质环境基本未受破坏。

(4) 地形地貌简单。

(5) 地下水对工程无影响。

注：从一级开始，向二级、三级推定，以最先满足的为准。

3. 根据地下工程所处地质环境的复杂程度，可按下列规定分为三个地基等级：

1）符合下列条件之一者为一级地基（复杂地基）：

（1）岩土种类多，很不均匀，性质变化大，需特殊处理。

（2）严重湿陷、膨胀、盐渍、污染的特殊性岩土，以及其他情况复杂，需做专门处理的岩土。

2）符合下列条件之一者为二级地基（中等复杂地基）：

（1）岩土种类较多，不均匀，性质变化较大。

（2）除上述 1）中第（2）条规定以外的特殊性岩土。

3）符合下列条件者为三级地基（简单地基）：

（1）岩土种类单一，均匀，性质变化不大。

（2）无特殊性岩土。

根据工程重要性等级、场地复杂程度等级和地基复杂程度等级，可按下列条件划分岩土工程勘察等级。

甲级：在工程重要性、场地复杂程度和地基复杂程度等级中，有一项或多项为一级。

乙级：除勘察等级为甲级和丙级以外的勘察项目。

丙级：工程重要性、场地复杂程度和地基复杂程度等级均为三级。

注：建筑在岩质地基上的一级工程，当场地复杂程度等级和地基复杂程度等级均为三级时，岩土工程勘察等级可定为乙级。

## 2.2　可行性研究勘察

### 2.2.1　总体要求

1. 可行性研究勘察应针对城市轨道交通工程等地下工程总体方案开展工程地质勘察工作，研究线路场地的地质条件，为线路方案比选提供地质依据。

2. 可行性研究勘察应重点研究影响线路方案的不良地质作用、特殊性岩土及关键工程的工程地质条件。

地下工程在规划阶段就需要充分考虑相关的影响和制约因素，包括城市现有交通情况及预测情况、城市未来发展规划，同时还需结合具体水文地质情况、环境设施以及施工难度等。上述因素均是确定地下工程规模、走向、埋深和工法制定时应着重考虑的内容。

3. 可行性研究勘察应在搜集已有地质资料和工程地质调查与测绘的基础上，开展必要的勘探与取样、原位测试、室内试验等工作。

在城市地下空间设计过程中，一般可行性研究阶段与初步设计阶段之间还包括总体设计阶段，因此在实际工作中，可行性研究的勘察报告还需同时满足总体设计阶段的要求。若仅通过搜集资料来编制可行性研究勘察报告，则难以同时满足上述两个阶段的工作需要，故强调应进行必要的勘探与取样、原位测试和室内试验等工作。

### 2.2.2　目的与任务

可行性研究勘察应调查城市轨道交通工程等地下工程场地的岩土工程条件、周边环境条件，研究控制线路方案的主要工程地质问题和重要工程周边环境，为线位、站位、线路敷设形式、施工方法等方案的设计与比选、技术经济论证、工程周边环境保护及编制可行性研究报告提供地质资料。

可行性研究勘察应进行下列工作：

1. 搜集区域地质、地形、地貌、水文、气象、地震、矿产等资料，以及沿线的工程地质条件、水文地质条件、工程周边环境条件和相关工程建设经验。

2. 调查线路沿线的地层岩性、地质构造、地下水埋藏条件等，划分工程地质单元，进行工程地质分区，评价场地稳定性和适宜性。

3. 对控制线路方案的工程周边环境，分析其与线路的相互影响，提出规避、保护的初步建议。

4. 对控制线路方案的不良地质作用、特殊性岩土，了解其类型、成因、范围及发展趋势，分析其对线路的危害，提出规避、防治的初步建议。

5. 研究场地的地形、地貌、工程地质、水文地质、工程周边环境等条件，分析路基、高架、地下等工程方案及施工方法的可行性，提出线路比选方案的建议。

### 2.2.3 勘察要求

1. 可行性研究勘察的资料搜集应包括下列内容：

（1）工程所在地的气象、水文以及与工程相关的水利、防洪设施等资料。

（2）区域地质、构造、地震及液化等资料。

（3）沿线地形、地貌、地层岩性、地下水、特殊性岩土、不良地质作用和地质灾害等资料。

（4）沿线古城址及河、湖、沟、坑的历史变迁及工程活动引起的地质变化等资料。

（5）影响线路方案的重要建（构）筑物、桥涵、隧道、既有轨道交通设施等工程周边环境的设计与施工资料。

2. 可行性研究勘察的勘探工作应符合下列要求：

（1）勘探点间距不宜大于1000m，每个车站应有勘探点。

（2）勘探点数量应满足工程地质分区的要求；每个工程地质单元应有勘探点，在地质条件复杂地段应加密勘探点。

（3）当有2条或2条以上比选线路时，各比选线路均应布置勘探点。

（4）控制线路方案的江、河、湖等地表水及不良地质作用和特殊性岩土地段应布置勘探点。

（5）勘探孔深度应满足场地稳定性、适宜性评价和线路方案设计、工法选择等的需要。

3. 可行性研究勘察的取样、原位测试、室内试验的项目和数量，应根据线路方案、沿线工程地质和水文地质条件确定。

## 2.3 初 步 勘 察

### 2.3.1 总体要求

（1）初步勘察应在可行性研究勘察的基础上，针对各类地下工程的结构形式、施工方法等开展工作，为初步设计提供地质依据。

初步设计是城市地下工程建设非常重要的阶段，该阶段往往是在线路总体设计的基础上开展具体工点设计工作，不同功能的敷设形式对应的初步设计内容不同，也对应着不同

13

的岩土工程勘察方案。

因此，本书在完成对初步勘察总体任务要求的基础上，按照线路敷设方式，对地下工程、高架工程、路基与涵洞工程、地面车站与车辆基地的勘察要求分别进行阐述。

（2）初步勘察应对控制线路平面、埋深及施工方法的关键工程或区段进行重点勘察，并结合工程周边环境提出对岩土工程防治和风险控制的初步建议。

初步设计过程中，对于一些控制性工程，如穿越水体、重要建筑物地段、换乘节点等，往往需要对位置、埋深、施工方法进行多方案比选。因此，初步勘察需要为控制性节点工程的设计和比选确定切实而可行的工程方案，并提供必要的地质资料。

（3）初步勘察工作应根据沿线区域地质和场地工程地质、水文地质、工程周边环境等条件，采用工程地质调查与测绘、勘探与取样、原位测试、室内试验等多种手段相结合的综合勘察方法。

### 2.3.2 目的与任务

初步勘察应初步查明城市轨道交通工程线路、车站、车辆基地和相关附属设施以及其他各类地下工程的工程地质和水文地质条件，分析评价地基基础形式和施工方法的适宜性，预测可能出现的岩土工程问题，提供初步设计所需的岩土参数，提出对复杂或特殊地段岩土治理的初步建议。

初步勘察应进行下列工作：

（1）搜集带地形图的拟建线路平面图、线路纵断面图、施工方法等有关设计文件及可行性研究勘察报告、沿线地下设施分布图。

（2）初步查明沿线地质构造、岩土类型及分布、岩土物理力学性质、地下水埋藏条件，进行工程地质分区。

（3）初步查明特殊性岩土的类型、成因、分布、规模、工程性质，分析其对工程的危害程度。

（4）查明沿线场地不良地质作用的类型、成因、分布、规模，预测其发展趋势，分析其对工程的危害程度。

（5）初步查明沿线地表水的水位、流量、水质、河湖淤积物的分布，以及地表水与地下水的补排关系。

（6）初步查明地下水水位，地下水类型，补给、径流、排泄条件，历史最高水位，地下水动态和变化规律。

（7）对抗震设防烈度大于或等于6度的场地，应初步评价场地和地基的地震效应。

（8）评价场地稳定性和工程适宜性。

（9）初步评价水和土对建筑材料的腐蚀性。

（10）对可能采取的地基基础类型、地下工程开挖与支护方案、地下水控制方案进行初步分析评价。

（11）季节性冻土地区应调查场地土的标准冻结深度。

（12）对环境风险等级较高的工程周边环境，分析可能出现的工程问题，提出建议的预防措施。

### 2.3.3 地下工程

1. 地下工程初步勘察除应符合上述 2.3.2 节中的规定外，尚应满足下列要求：

（1）初步划分地下空间车站、区间隧道的围岩分级和岩土施工工程分级。

（2）根据地下空间车站、区间隧道的结构形式及埋置深度，结合岩土工程条件，提供初步设计所需的岩土参数，提出地基基础方案的初步建议。

（3）每个水文地质单元选择代表性地段进行水文地质试验，提供水文地质参数，必要时设置地下水位长期观测孔。

（4）初步查明地下有害气体、污染土层的分布、成分，评价其对工程的影响。

（5）针对地下空间车站、区间隧道的施工方法，结合岩土工程条件，分析基坑支护、围岩支护、盾构设备选型、岩土加固与开挖、地下水控制等可能遇到的岩土工程问题并提出处理措施的初步建议。

2. 地下空间的勘探点宜按结构轮廓线布置，每个车站勘探点数量不宜少于 4 个，且勘探点间距不宜大于 100m。

3. 地下区间的勘探点应根据场地复杂程度和设计方案布置，并符合下列要求：

（1）勘探点间距宜为 100～200m，在地貌、地质单元交接部位、地层变化较大地段以及不良地质作用和特殊性岩土发育地段应加密勘探点。

（2）勘探点宜沿区间线路布置。

4. 每个地下工程取样、原位测试的勘探点数量不应少于勘探点总数的 2/3。

5. 勘探孔深度应根据地质条件及设计方案综合确定，并符合下列规定：

（1）控制性勘探孔进入结构底板以下不应小于 30m；在结构埋深范围内如遇强风化、全风化岩石地层，进入结构底板以下不应小于 15m；在结构埋深范围内如遇中等风化、微风化岩石地层，宜进入结构底板以下 5～8m。

（2）一般性勘探孔进入结构底板以下不应小于 20m；在结构埋深范围内如遇强风化、全风化岩石地层、进入结构底板以下不应小于 10m；在结构埋深范围内如遇中等风化、微风化岩石地层，进入结构底板以下不应小于 5m。

（3）遇岩溶和破碎带时，钻孔深度应适当加深。

### 2.3.4　高架工程

1. 高架车站与区间工程初步勘察除应符合上述 2.3.2 节中的规定外，尚应满足下列要求：

（1）重点查明对高架方案有控制性影响的不良地质体的分布范围，指出工程设计应注意的事项。

（2）采用天然地基时，初步评价墩台基础地基稳定性和承载力，提供地基变形、基础抗倾覆和抗滑移稳定性验算所需的岩土参数。

（3）采用桩基时，初步查明桩基持力层的分布、厚度变化规律，提出桩型及成桩工艺的初步建议，提供桩侧土层摩阻力、桩端土层端阻力初步建议值，并评价桩基施工对工程周边环境的影响。

（4）对跨河桥，还应初步查明河流水文条件，提供冲刷计算所需的颗粒级配等参数。

2. 勘探点间距应根据场地复杂程度和设计方案确定，宜为 80～150m；高架车站勘探点数量不宜少于 3 个；取样、原位测试的勘探点数量不应少于勘探点总数的 2/3。

3. 勘探孔深度应符合下列规定：

（1）控制性勘探孔深度应满足墩台基础或桩基沉降计算和软弱下卧层验算的要求，一般性勘探孔应满足查明墩台基础或桩基持力层和软弱下卧土层分布的要求。

（2）墩台基础置于无地表水地段时，应穿过最大冻结深度达持力层以下；墩台基础置于地表水下时，应穿过水流最大冲刷深度达持力层以下。

（3）覆盖层较薄，下伏基岩风化层不厚时，勘探孔应进入微风化地层3～8m。为确认是基岩而非孤石，应将岩芯同当地岩层露头、岩性、层理、节理和产状进行对比分析，综合判断。

### 2.3.5 路基、涵洞工程

1. 路基工程初步勘察除应符合上述2.3.2节中的规定外，尚应符合下列规定：

（1）初步查明各岩土层的岩性、分布情况及物理力学性质，重点查明对路基工程有控制性影响的不稳定岩土体、软弱土层等不良地质体的分布范围。

（2）初步评价路基基底的稳定性，划分岩土施工工程等级，指出路基设计应注意的事项并提出相关建议。

（3）初步查明水文地质条件，评价地下水对路基的影响，提出建议的地下水控制措施。

（4）对高路堤，应初步查明软弱土层的分布范围和物理力学性质，提出建议的天然地基的填土允许高度或地基处理建议，对路堤的稳定性进行初步评价；必要时进行取土场勘察。

（5）对深路堑，应初步查明岩土体的不利结构面，调查沿线天然边坡、人工边坡的工程地质条件，评价边坡稳定性，提出建议的边坡治理措施。

（6）对支挡结构，应初步评价地基稳定性和承载力，提出对地基基础形式及地基处理措施的建议。对路堑挡土墙，还应提供墙后岩土体物理力学性质指标。

2. 涵洞工程初步勘察除应符合上述2.3.2节中的规定外，尚应符合下列规定：

（1）初步查明涵洞场地地貌、地层分布和岩性、地质构造、天然沟床稳定状态、隐伏的基岩倾斜面、不良地质作用和特殊性岩土。

（2）初步查明涵洞地基的水文地质条件，必要时进行水文地质试验，提供水文地质参数。

（3）初步评价涵洞地基稳定性和承载力，提供涵洞设计、施工所需的岩土参数。

3. 路基、涵洞工程勘探点间距应符合下列要求：

（1）每个地貌、地质单元均应布置勘探点，在地貌、地质单元交接部位和地层变化较大地段应加密勘探点。

（2）路基的勘探点间距宜为100～150m，支挡结构、涵洞应有勘探点。

（3）高路堤、深路堑应布置横断面。

4. 取样、原位测试的勘探点数量不应少于路基、涵洞工程勘探点总数的2/3。

5. 路基、涵洞工程的控制性勘探孔深度应满足稳定性评价、变形计算、软弱下卧层验算的要求；一般性勘探孔宜进入基底以下5～10m。

## 2.4 详 细 勘 察

### 2.4.1 总体要求

（1）详细勘察应在初步勘察的基础上，针对各类地下工程的建筑类型、结构形式、埋置深度和施工方法等开展工作，满足施工图设计要求。

（2）详细勘察工作应根据各类工程场地的工程地质、水文地质和工程周边环境等条件，采用勘探与取样、原位测试、室内试验辅以工程地质调查与测绘、工程物探等的综合勘察方法。

### 2.4.2 目的与任务

为了使勘察工作的布置和岩土工程的评价具有明确的工程针对性，以解决工程设计和施工中的实际问题，必须要搜集工程有关资料并了解设计要求，而这也是勘察工作的基本要求。详细勘察工作前需要搜集附有坐标和地形的拟建工程平面图、纵断面图、荷载、结构类型与特点、施工工法、基础形式及其埋深、地下工程埋置深度以及上覆土层厚度、变形控制要求等资料。

详细勘察应查明各类工程场地的工程地质和水文地质条件，分析评价地基、围岩及边坡稳定性，预测可能出现的岩土工程问题，提出对地基基础、围岩加固与支护、边坡治理、地下水控制、周边环境保护方案的建议，提供设计、施工所需的岩土参数。

详细勘察应进行下列工作：

（1）查明不良地质作用的特征、成因、分布范围、发展趋势和危害程度，提出建议的治理方案。

（2）查明场地范围内岩土层的类型、年代、成因、分布范围、工程特性，分析和评价地基的稳定性、均匀性和承载能力，提出建议的天然地基、地基处理或桩基等地基基础方案，对需进行沉降计算的建（构）筑物、路基等，提供地基变形计算参数。

（3）分析地下工程围岩的稳定性和可挖性，对围岩进行分级和岩土施工工程分级，提出对地下工程有不利影响的工程地质问题及建议的防治措施，提供基坑支护、隧道初期支护和衬砌设计与施工所需的岩土参数。

（4）分析边坡的稳定性，提供边坡稳定性计算参数，提出建议的边坡治理工程措施。

（5）查明对工程有影响的地表水的分布、水位、水深、水质、防渗措施、淤积物分布及地表水与地下水的水力联系等，分析地表水对工程可能造成的危害。

（6）查明地下水的埋藏条件，提供场地的地下水类型、勘察时水位、水质、岩土渗透系数、地下水位变化幅度等水文地质资料，分析地下水对工程的作用，提出建议的地下水控制措施。

（7）判定地下水和土对建筑材料的腐蚀作用。

（8）分析工程周边环境与工程的相互影响，提出建议的环境保护措施。

（9）确定场地类别，对抗震设防烈度大于6度的场地，应进行液化判别，提出建议的处理措施。

（10）在季节性冻土地区，应提供场地土的标准冻结深度。

### 2.4.3 地下工程

地下空间主体、出入口、风井、通道、地下区间、联络通道等地下工程的详细勘察，除应符合2.4.2节的规定外，尚应符合本节规定。

1. 地下工程详细勘察尚应符合下列规定：

（1）查明各岩土层的分布，提供各岩土层的物理力学性质指标及地下工程设计、施工所需的基床系数、静止侧压力系数、热物理指标和电阻率等岩土参数。

（2）查明不良地质作用、特殊性岩土及对工程施工不利的饱和砂层、卵石层、漂石层等地质条件的分布与特征，分析其对工程的危害和影响，提出建议的工程防治措施。

（3）在基岩地区应查明岩石风化程度，岩层层理、片理、节理等软弱结构面的产状及组合形式，断裂构造和破碎带的位置、规模、产状和力学属性，划分岩体结构类型，分析隧道偏压的可能性及危害。

（4）对隧道围岩的稳定性进行评价，按照《城市轨道交通岩土工程勘察规范》GB 50307—2012 进行围岩分级、岩土施工工程分级。分析隧道开挖、围岩加固及初期支护等可能出现的岩土工程问题，提出建议的防治措施，提供隧道围岩加固、初期支护和衬砌设计与施工所需的岩土参数。

（5）对基坑边坡的稳定性进行评价，分析基坑支护可能出现的岩土工程问题，提出建议的防治措施，提供基坑支护设计所需的岩土参数。

（6）分析地下水对工程施工的影响，预测基坑和隧道突水、涌砂、流土、管涌的可能性及危害程度。

（7）分析地下水对工程结构的作用，对需采取抗浮措施的地下工程，提出建议的抗浮设防水位，提供抗拔桩或抗浮锚杆设计所需的各岩土层的侧摩阻力或锚固力等计算参数，必要时对抗浮设防水位进行专项研究。

（8）分析评价工程降水、岩土开挖对工程周边环境的影响，提出建议的周边环境保护措施。

（9）对出入口与通道、风井与风道、施工竖井与施工通道、联络通道等附属工程及隧道断面尺寸变化较大区段，应根据工程特点、场地地质条件和工程周边环境条件进行岩土工程分析与评价。

（10）对地基承载力、地基处理和围岩加固效果等的工程检测提出建议，对工程结构、工程周边环境、岩土体的变形及地下水位变化等的工程监测提出建议。

2. 勘探点间距根据场地的复杂程度、地下工程类别及地下工程的埋深、断面尺寸等特点可按表 2-1 的规定综合确定。

勘探点间距（m）　　　　　　　　　　　　　　表 2-1

| 场地复杂程度 | 复杂场地 | 中等复杂场地 | 简单场地 |
| --- | --- | --- | --- |
| 地下车站勘探点间距 | 10～20 | 20～40 | 40～50 |
| 地下区间勘探点间距 | 10～30 | 30～50 | 50～60 |

3. 勘探点的平面布置应符合下列规定：

（1）地下空间主体勘探点宜沿结构轮廓线布置，结构角点以及出入口与通道、风井与风道、施工竖井与施工通道等附属工程部位应有勘探点控制。

（2）每个地下空间应布置不少于 2 条纵剖面和 3 条有代表性的横剖面。

（3）地下空间采用承重桩时，勘探点的平面布置宜结合承重桩的位置布设。

（4）区间勘探点宜在隧道结构外侧 3～5m 的位置交叉布置。

（5）区间隧道洞口、陡坡段、大断面、异型断面、工法变换等部位以及联络通道、渡线、施工竖井等位置应有勘探点控制，并布设剖面。

（6）山岭隧道勘探点的布置可执行现行行业标准《铁路工程地质勘察规范》TB

10012—2019 的有关规定。

4. 勘探孔深度应符合下列规定：

（1）控制性勘探孔的深度应满足地基、隧道围岩、基坑边坡稳定性分析、变形计算以及地下水控制的要求。

（2）对地下工程，控制性勘探孔进入结构底板以下不应小于 25m，或进入结构底板以下中等风化或微风化岩石不应小于 5m；一般性勘探孔深度进入结构底板以下不应小于 15m，或进入结构底板以下中等风化或微风化岩石不应小于 3m。

（3）对隧道工程，控制性勘探孔进入结构底板以下不应小于 3 倍隧道直径（宽度），或进入结构底板以下中等风化或微风化岩石不应小于 5m，一般性勘探孔进入结构底板以下不应小于 2 倍隧道直径（宽度），或进入结构底板以下中等风化或微风化岩石不应小于 3m。

（4）当采用承重桩、抗拔桩或抗浮锚杆时，勘探孔深度应满足其设计的要求。

（5）当预定深度范围内存在软弱土层时，勘探孔应适当加深。

5. 地下工程控制性勘探孔的数量不应少于勘探点总数的 1/3。采取岩土试样及原位测试勘探孔的数量：地下空间工程不应少于勘探点总数的 1/2，隧道区间工程不应少于勘探点总数的 2/3。

6. 采取岩土试样和进行原位测试应满足岩土工程评价的要求。每个车站或区间工程每一主要土层的原状土试样或原位测试数据不应少于 10 件（组），且每一地质单元的每一主要土层不应少于 6 件（组）。

7. 原位测试应根据需要和地区经验选取合适的测试手段，每个车站或区间工程的波速测试孔不宜少于 3 个，电阻率测试孔不宜少于 2 个。

8. 室内试验除应符合下列规定：

（1）抗剪强度室内试验方法应根据施工方法、施工条件、设计要求等确定。

（2）每一主要土层的静止侧压力系数和热物理指标试验数据不宜少于 3 组。

（3）宜在基底以下压缩层范围内采取岩土试样进行回弹再压缩试验，每层试验数据不宜少于 3 组。

（4）对隧道范围内的碎石土和砂土，应测定颗粒级配；对粉土，应测定黏粒含量。

（5）应采取地表水、地下水试样或地下结构范围内的岩土试样进行腐蚀性试验，地表水岩土试样每处不应少于 1 组，地下水岩土试样每层不应少于 2 组。

（6）在基岩地区应进行岩块的弹性波波速测试，并应进行岩石的饱和单轴抗压强度试验，必要时尚应进行软化试验；对软岩，可进行天然湿度的单轴抗压强度试验。每个场地每一主要岩层的试验数据不应少于 3 组。

9. 在有经验地区，基床系数可通过原位测试与室内试验结合的方式综合确定，必要时通过专题研究或现场 $K_{30}$ 载荷试验确定。

10. 在基岩地区应根据需要提供抗剪强度指标、软化系数、完整性指数、岩体基本质量等级等参数。

11. 岩土的抗剪强度指标宜通过室内试验、原位测试结合当地的工程经验综合确定。

12. 当地下水对车站和区间工程有影响时，应布置长期水文观测孔；对需要进行地下水控制的车站和区间工程，宜进行水文地质试验。

### 2.4.4 高架工程

高架工程详细勘察包括高架车站、高架区间及其附属工程的勘察，除应符合 2.4.2 节的规定外，尚应符合本节要求。

1. 高架工程详细勘察尚应符合下列规定：

（1）查明场地各岩土层类型、分布、工程特性和变化规律；确定墩台基础与桩基的持力层，提供各岩土层的物理力学性质指标；分析桩基承载性状，结合当地经验提供桩基承载力和变形计算参数。

（2）查明溶洞、土洞、人工洞穴、采空区、可液化土层和特殊性岩土的分布与特征，分析其对墩台基础和桩基的危害程度，评价墩台地基和桩基的稳定性，提出建议的防治措施。

（3）采用基岩作为墩台基础或桩基的持力层时，应查明基岩的岩性、构造、岩面变化、风化程度，确定岩石的坚硬程度、完整程度和岩体基本质量等级，判定有无洞穴、临空面、破碎岩体或软弱岩层。

（4）查明水文地质条件，评价地下水对墩台基础及桩基设计和施工的影响；判定地下水和土对建筑材料的腐蚀作用。

（5）查明场地是否存在产生桩侧负摩阻力的地层，评价负摩阻力对桩基承载力的影响，并提出建议的处理措施。

（6）分析桩基施工存在的岩土工程问题，评价成桩的可能性，论证桩基施工对工程周边环境的影响，并提出建议的处理措施。

（7）对基桩的完整性和承载力提出建议的检测方式。

2. 勘探点的平面布置应符合下列规定：

（1）高架车站勘探点应沿结构轮廓线和柱网布置，勘探点间距宜为 15～35m。当桩端持力层起伏较大、地层分布复杂时，应加密勘探点。

（2）高架区间勘探点应逐墩布设，地质条件简单时可适当减少勘探点；地质条件复杂或跨度较大时，可根据需要增加勘探点。

3. 勘探孔深度应符合下列规定：

（1）墩台基础的控制性勘探孔应满足沉降计算和下卧层验算的要求。

（2）墩台基础的一般性勘探孔应达到基底以下 10～15m 或墩台基础底面宽度的 2～3 倍；在基岩地段，当风化层不厚或为硬质岩时，应进入基底以下中等风化岩石地层 2～3m。

（3）桩基的控制性勘探孔深度应满足沉降计算和下卧层验算的要求，应穿透桩端平面以下压缩层厚度；对嵌岩桩，控制性勘探孔应达到预计桩端平面以下 3～5 倍桩身设计直径，并穿过溶洞、破碎带，进入稳定地层。

（4）桩基的一般性勘探孔深度应达到预计桩端平面以下 3～5 倍桩身设计直径，且不应小于 3m；对大直径桩，不应小于 5m。嵌岩桩一般性勘探孔应达到预计桩端平面以下 1～3 倍桩身设计直径。

（5）当预定深度范围内存在软弱土层时，勘探孔应适当加深。

4. 高架工程控制性勘探孔的数量不应少于勘探点总数的 1/3。取样及原位测试孔的数量不应少于勘探点总数的 1/2。

5. 岩土试样和原位测试应符合 2.4.3 节中第 6 条规定。

6. 原位测试应根据需要和地区经验选取合适的测试手段，每个车站或区间工程的波速测试孔不宜少于 3 个。

7. 室内试验应符合下列规定：

（1）当需估算桩基的侧阻力、端阻力和验算下卧层强度时，宜进行三轴剪切试验或无侧限抗压强度试验，三轴剪切试验受力条件应模拟工程实际情况。

（2）需要进行沉降计算的桩基工程，应进行压缩试验，试验最大压力应大于自重压力与附加压力之和。

（3）桩端持力层为基岩时，应采取岩样进行饱和单轴抗压强度试验，必要时尚应进行软化试验；对软岩和锻软岩，可进行天然湿度的单轴抗压强度试验；对无法取样的破碎和极破碎岩石，应进行原位测试。

### 2.4.5 路基、涵洞工程

路基、涵洞工程勘察包括路基工程、涵洞工程、支挡结构及其附属工程的勘察。路基、涵洞工程勘察除应符合 2.4.2 节的规定外，尚应符合本节规定。

1. 一般路基详细勘察应包括下列内容：

（1）查明地层结构、岩土性质、岩层产状、风化程度及水文地质特征；分段划分岩土施工工程等级；评价路基基底的稳定性。

（2）采取岩土试样进行物理力学试验，采取水试样进行水质分析。

2. 高路堤详细勘察应包括下列内容：

（1）查明基底地层结构、岩土性质、覆盖层与基岩接触面的形态；查明不利倾向的软弱夹层，并评价其稳定性。

（2）调查地下水活动对基底稳定性的影响。

（3）地质条件复杂的地段应布置横剖面。

（4）采取岩土试样进行物理力学试验，提供验算地基强度及变形的岩土参数。

（5）分析基底和斜坡稳定性，提出建议的路基和斜坡加固方案。

3. 深路堑详细勘察应包括下列内容：

（1）查明场地的地形、地貌、不良地质作用和特殊地质问题；调查沿线天然边坡、人工边坡的工程地质条件；分析边坡工程对周边环境产生的不利影响。

（2）土质边坡应查明土层厚度、地层结构、成因类型、密实程度及下伏基岩面形态和坡度。

（3）岩质边坡应查明岩层性质、厚度、成因、节理、裂隙、断层、软弱夹层的分布、风化破碎程度；主要结构面的类型、产状及充填物。

（4）查明影响深度范围的含水层、地下水埋藏条件、地下水动态，评价地下水对路堑边坡及结构稳定性的影响，需要时应提供对路堑结构抗浮设计的建议。

（5）建议路堑边坡坡度，分析评价路堑边坡的稳定性，提供边坡稳定性计算参数，提出建议的路堑边坡治理措施。

（6）调查雨期、暴雨量、汇水范围和雨水对坡面、坡脚的冲刷及对坡体稳定性的影响。

4. 支挡结构详细勘察应包括下列内容：

（1）查明支挡地段地形、地貌、不良地质作用、特殊性岩土、地层结构及岩土性质，评价支挡结构地基稳定性和承载力，提供支挡结构设计所需的岩土参数，提出建议的支挡形式和地基基础方案。

（2）查明支挡地段水文地质条件，评价地下水对支挡结构的影响，提出建议的处理措施。

5. 涵洞详细勘察应符合下列规定：

（1）查明地形、地貌、地层、岩性、天然沟床稳定状态、隐伏的基岩斜坡、不良地质作用和特殊性岩土。

（2）查明涵洞场地的水文地质条件，必要时进行水文地质试验，提供水文地质参数。

（3）采取勘探、测试和试验等方法综合确定地基承载力，提供涵洞设计所需的岩土参数。

（4）调查雨期、雨量等气象条件及涵洞附近的汇水面积。

6. 勘探点的平面布置应符合下列规定：

（1）一般路基勘探点间距为 50～100m，高路堤、深路堑、支挡结构勘探点间距可根据场地复杂程度按表 2-2 的规定综合确定。

勘探点间距（m）
表 2-2

| 复杂场地 | 中等复杂场地 | 简单场地 |
| --- | --- | --- |
| 15～30 | 30～50 | 50～60 |

（2）高路堤、深路堑应根据基底和边坡的特征，结合工程处理措施，确定代表性工程地质断面的位置和数量。每个断面的勘探点不宜少于 3 个，地质条件简单时不宜少于 2 个。

（3）深路堑工程遇有软弱夹层或不利结构面时，勘探点应适当加密。

（4）支挡结构的勘探点不宜少于 3 个。

（5）涵洞的勘探点不宜少于 2 个。

7. 控制性勘探孔的数量不应少于勘探点总数的 1/3，取样及原位测试孔数量应根据地层结构、土的均匀性和设计要求确定，不应少于勘探点总数的 1/2。

8. 勘探孔深度应满足下列要求：

（1）控制性勘探孔深度应满足地基、边坡稳定性分析及地基变形计算的要求。

（2）一般路基的一般性勘探孔深度不应小于 5m，高路堤不应小于 8m。

（3）路堑的一般性勘探孔深度应能探明软弱层厚度及软弱结构面产状，且穿过潜在滑动面并深入稳定地层内 2～3m，满足支护设计要求；在地下水发育地段，根据排水工程需要适当加深。

（4）支挡结构的一般性勘探孔深度应达到基底以下不小于 5m。

（5）基础置于土中的涵洞一般性勘探孔深度应按表 2-3 的规定确定。

涵洞的勘探孔深度（m）
表 2-3

| 碎石土 | 砂土、粉土和黏性土 | 软土、饱和砂土等 |
| --- | --- | --- |
| 3～8 | 8～15 | 15～20 |

注：① 勘探孔深度应由结构底板算起。

② 箱形涵洞勘探孔应适当加深。

（6）遇软弱土层时，勘探孔应适当加深。

## 2.5　施工图勘察

地下工程经常会发生因地质条件变化而产生的施工安全事故，因此在施工阶段的勘察非常重要。施工勘察应针对施工方法、施工工艺的特殊要求和施工中出现的工程地质问题等开展工作，提供地质资料，满足施工方案调整和风险控制的要求。施工阶段的勘察主要包括施工中的地质工作以及施工专项勘察工作。

1. 施工阶段施工单位宜开展下列地质工作：

（1）研究工程勘察资料，掌握场地工程地质条件、不良地质作用和特殊性岩土的分布情况，预测施工中可能遇到的岩土工程问题。

（2）调查了解工程周边环境条件变化、周边工程施工情况、场地地下水位变化及地下管线渗漏情况，分析地质与周边环境条件的变化对工程可能造成的危害。

（3）施工中应通过观察开挖面岩土成分、密实度、湿度、地下水情况、软弱夹层、地质构造、裂隙、破碎带等实际地质条件，核实、修正勘察资料。

（4）绘制边坡和隧道地质素描图。

（5）对复杂地质条件下的地下工程应开展超前地质探测工作，进行超前地质预报。

（6）必要时对地下水动态进行观测。

施工地质工作是施工单位在施工过程中的必要工作，也是信息化施工的重要手段。施工阶段施工单位应开展必要的地质工作，然而在实际工作过程中并不仅限于这些工作。

2. 遇下列情况宜进行施工专项勘察工作：

（1）场地地质条件复杂、施工过程中出现地质异常，对工程结构及工程施工产生较大危害。

（2）场地存在暗浜、古河道、空洞、岩溶、土洞等不良地质条件影响工程安全。

（3）场地存在孤石、漂石、球状风化体、破碎带、风化深槽等特殊岩土体对工程施工造成不利影响。

（4）场地地下水位变化较大或施工中发现不明水源，影响工程施工或危及工程安全。

（5）施工方案有较大变更或采用新技术、新工艺、新方法、新材料，详细勘察资料不能满足要求。

（6）基坑或隧道施工过程中出现桩（墙）变形过大、基底隆起、涌水、坍塌、失稳等岩土工程问题，或发生地面沉降过大、地面塌陷、相邻建筑开裂等工程环境问题。

（7）工程降水、土体冻结、盾构始发（接收）井端头、联络通道的岩土加固等辅助工法需要时。

（8）需进行施工勘察的其他情况。

3. 对抗剪强度、基床系数、桩端阻力、桩侧摩阻力等关键岩土参数缺少相关工程经验的地区，宜在施工阶段进行现场原位试验。

4. 施工专项勘察工作应符合下列规定：

（1）搜集施工方案、勘察报告、工程周边环境调查报告以及施工中形成的相关资料。

（2）搜集和分析工程检测、监测和观测资料。

（3）充分利用施工开挖面了解工程地质条件，分析需要解决的工程地质问题。

（4）根据工程地质问题的复杂程度、已有的勘察工作和场地条件等确定施工勘察的方法和工作量。

（5）针对具体的工程地质问题进行分析评价，并提供所需的岩土参数，提出建议的工程处理措施。

## 习题

1. 地下工程勘察的流程主要包括哪几步？

2. 请简述围岩分级的目的。

3. 依据《建筑抗震设计标准》GB/T 50011—2010（2024 年版），建筑施工场地类别包括哪几类？

4. 工程可行性研究勘察的目的是什么？

5. 请简述地下水对地下工程勘察的影响以及应该如何应对。

6. 请简述如何确定勘探孔深度。

# 第3章 地下工程勘察要求

**本章重点**

本章主要阐述每一类地下工程勘察的特殊要求，比如采用的不同方法、布孔要求，提供的具体设计指标与设计要求。

- 了解不同地下工程的施工特点及勘测需求。
- 理解掌握不同地下工程勘测的特殊手段和方法。
- 熟悉不同地下工程在不同勘测阶段的主要任务。

## 3.1 基 坑 工 程

为保证地面向下开挖形成的地下空间在地下结构施工期间能保持安全稳定，故而施作的挡土结构及地下水控制、环境保护等措施称为基坑工程。

基坑工程的勘察一般在工程的详细勘察阶段进行，主要采用钻探、原位测试和室内试验等多种手段的综合方法；当基坑工程场地的岩土工程性质复杂时，应针对特殊岩土进行专题研究，在详细勘察阶段前，可采用调查和测绘、地球物理勘探等方式进行勘探。布置勘探工作时，应考虑勘探对工程场地自然环境的影响和作业安全，防止对架空线路、地下管线与地下设施以及自然环境的破坏。钻孔完工后应及时按要求妥善回填。

对土质基坑勘察时应注意以下几点：

1. 需进行基坑设计的工程，勘察时应包括基坑工程勘察的内容。在初步勘察阶段，应根据岩土工程条件，初步判定开挖可能发生的问题和需要采取的支护措施；在详细勘察阶段，应针对基坑工程设计的要求进行勘察；在施工阶段，必要时尚应进行补充勘察。

2. 基坑工程勘察的范围和深度应根据场地条件和设计要求确定。勘察深度宜为开挖深度的2～3倍，在此深度内遇到坚硬黏性土、碎石土和岩层，可根据岩土类别和支护设计要求减少深度。勘察的平面范围宜超出开挖边界外开挖深度的2～3倍。在深厚软土区，勘察深度和范围尚应适当扩大。在开挖边界外，勘察手段以调查研究、搜集已有资料为主，复杂场地和斜坡场地应布置适量的勘探点。

3. 在受基坑开挖影响和可能设置支护结构的范围内，应查明岩土分布，分层提供支护设计所需的抗剪强度指标。土的抗剪强度试验方法应与基坑工程设计要求一致，符合设计采用的标准，并应在勘察报告中说明。

4. 当场地水文地质条件复杂，在基坑开挖过程中需要对地下水进行控制（降水或隔渗），且已有资料不能满足要求时，应进行专门的水文地质勘察。

5. 当基坑开挖可能产生流砂、流土、管涌等渗透性破坏时，应有针对性地进行勘察，分析评价其产生的可能性及其对工程的影响。当基坑开挖过程中有渗流时，地下水的渗流作用宜通过渗流计算确定。

6. 基坑工程勘察，应进行环境状况的调查，查明邻近建筑物和地下设施的现状、结构特点以及对开挖变形的承受能力。在城市地下管网密集分布区，可通过地理信息系统或其他档案资料了解管线的类别、平面位置、埋深和规模，必要时应采用有效方法进行地下管线探测。

7. 在特殊性岩土分布区进行基坑工程勘察时，可根据《岩土工程勘察规范》GB 50021—2001（2009 年版）的规定进行勘察，对软土的蠕变和长期强度、软岩和极软岩的失水崩解、膨胀土的膨胀性和裂隙性以及非饱和土增湿软化等对基坑的影响进行分析评价。

8. 基坑工程勘察应根据开挖深度、岩土和地下水条件以及环境要求对基坑边坡的处理方式提出建议。

9. 基坑工程勘察应针对以下内容进行分析，并提供有关计算参数和建议：（1）边坡的局部稳定性、整体稳定性和坑底抗隆起稳定性；（2）坑底和侧壁的渗透稳定性；（3）挡土结构和边坡可能发生的变形；（4）降水效果和降水对环境的影响；（5）开挖和降水对邻近建筑物和地下设施的影响。

10. 岩土工程勘察报告中与基坑工程有关的部分应包括下列内容：（1）与基坑开挖有关的场地条件、土质条件和工程条件；（2）提出建议的处理方式、计算参数和支护结构选型；（3）提出建议的地下水控制方法、计算参数和施工控制手段；（4）提出建议的施工方法和施工中可能遇到的问题的防治措施；（5）对施工阶段的环境保护和监测工作的建议。

对岩质基坑，应根据场地的地质构造、岩体特征、风化情况、基坑开挖深度等，按当地标准或当地经验进行勘察。

# 3.2 隧 道 工 程

隧道工程是修建在地下或水下或山体中，铺设铁路或修筑公路以供机动车辆通行的建筑物。根据其所在位置可分为山岭隧道工程、水下隧道工程和城市隧道工程三大类。为缩短距离和避免大坡道而从山岭或丘陵下穿越的称为山岭隧道工程；为穿越河流或海峡而从河下或海底通过的称为水下隧道工程；为适应铁路通过大城市的需要而在城市地下穿越的称为城市隧道工程。这三类隧道工程中修建最多的是山岭隧道工程。

隧道工程地质勘察是指为隧道工程的设计、施工等进行的专门工程地质调查工作。隧道勘察一般分为初步勘察阶段和详细勘察阶段。初步勘察阶段主要是调查选线地段的地形、地质构造、岩性、断层、风化破碎带等地质地貌条件。详细勘察阶段的目的是解决设计、施工中的具体工程地质问题，主要工作有：绘制沿隧道轴线的地质纵剖面图；确定隧道开挖后将遇到的岩层，特别是软弱岩层的具体位置、性质和宽度；确定围岩不同的稳定性分段以及地下水和有害气体的可能涌出地段等；以及根据岩体稳定程度及其他工程地质条件，提出建议的掘进方式等。

### 3.2.1 初步勘察任务与要求

在初步勘察阶段，应初步查明拟建工程场区的工程地质、水文地质条件，分析评价地基基础形式、施工方法的适宜性，预测明挖法施工中的岩土工程问题，提供必要的设计、施工岩土参数，提出复杂或特殊地段的岩土治理初步建议。

初步勘察阶段应进行下列工作：

1. 搜集带地形图的拟建线路平面布置图、线路纵断面、支护形式等有关设计文件、可行性研究勘察报告和岩土工程资料以及沿线地下设施分布图。

2. 初步查明沿线地质构造、地层结构、岩土工程特性、地下水埋藏条件，进行工程地质分区。

3. 初步查明特殊性岩土的类型、成因、分布、规模、工程性质，分析其对工程设计、施工的影响程度。

4. 查明沿线场地不良地质作用的类型、成因、分布、规模、工程性质、发展趋势，分析其对工程设计、施工的影响程度。

5. 初步查明沿线地表水的水位、流量、水质，河湖淤积物的发育、分布，地表水与地下水的水力联系。

6. 初步查明地下水类型、补给、径流、排泄条件、历年最高水位、近3~5年最高水位、地下水动态和周期变化规律。需要进行地下水控制的工程宜设置不少于1组的长期水文观测孔。

7. 对可能采取的地基基础类型、支护形式、地下水控制方案进行初步分析评价。

8. 对环境风险等级较高的工程周边环境，预测可能出现的工程问题，提出建议的预防措施。

### 3.2.2　详细勘察任务与要求

隧道工程的勘察，应为解决选定隧道轴线位置，确定隧道在陆地及江、河、湖、海等水体下的最小覆盖层厚度及其纵断面，盾构类型及盾构正面支撑、开挖、施工方法及联络通道等附属建筑的施工方法，衬砌结构及竖井等地下结构的设计，不良地质条件下施工和运营中的工程问题预测、辅助施工方法、环境保护等工程问题提供勘察资料。

### 3.2.3　盾构法详细勘察的要求

盾构法隧道轴线和盾构始发井、接收井位置的选定，盾构设备选型和刀盘、刀具的选择，盾构管片设计及管片背后注浆设计，盾构推进压力、推进速度、土体改良、盾构姿态等施工工艺参数的确定，盾构始发（接收）井端头加固设计与施工，盾构开仓检修与换刀位置的选定等都与工程地质条件和水文地质条件密切相关。因此，盾构法勘察应为下列工作提供勘察资料：

1. 隧道轴线和盾构始发（接收）井位置的选定

盾构隧道轴线和覆土厚度的确定必须确保施工安全，并且不给周围环境带来不利影响，故应综合考虑地面及地下建筑物的状况、围岩条件、开挖断面大小、施工方法等因素。覆盖层过小，不仅可能造成漏气、喷发（当采用气压盾构时）、上浮、地面沉降或隆起、地下管线破坏等，而且盾构推进时也容易产生蛇行；过大则会影响施工的作业效率，增大工程投入。根据工程经验，盾构隧道的最小覆盖层厚度以控制在1倍开挖直径为宜。

2. 盾构设备选型、设计制造和刀盘、刀具的选择

由于盾构选型与地质条件、开挖和出渣方式、辅助施工方法的选用关系密切，各种盾构的造价、施工费用、工程进度和推进中对周围环境的影响差别又相当大，加之施工中盾构难以更换，所以必须结合地质条件、场地条件、使用要求和施工条件等慎重比选。

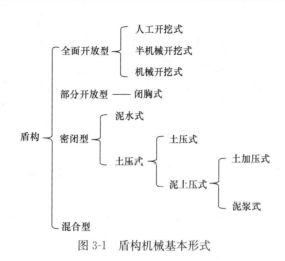

图 3-1　盾构机械基本形式

其中，盾构机械根据前端的构造型式和开挖方式的不同，可大致分为如图 3-1 所示的几种基本形式。

3. 盾构管片及管片背后注浆设计

4. 盾构推进压力、推进速度、盾构姿态等施工工艺参数的确定

5. 土体改良设计

6. 盾构始发（接收）井端头加固设计与施工

7. 盾构井仓检修与换刀位置的选定

8. 工程风险评估、工程周边环境保护及工程监测方案设计

其他隧道工程详细勘察的任务与要求有：

1. 查明场地岩土类型、成因、工程性质与分布，重点查明高灵敏度软土层、松散砂土层、高塑性黏性土层、含承压水砂层、含漂石或卵石地层、软硬不均地层等的分布和特征，分析评价其对盾构施工的影响。

常见的不良岩土条件对盾构法施工的影响主要有以下几个方面：

(1) 高灵敏度软土层：土层流动造成开挖面失稳。

(2) 透水性强的松散砂土层：涌水并引起开挖面失稳和地面下沉。

(3) 高塑性黏性土层：因黏着造成盾构设备或管路堵塞，使开挖难以进行。

(4) 含承压水砂层：突发性的涌水和流砂，随着地层空洞的扩大引起地面大范围的突然塌陷。

(5) 含漂石或卵石地层：难以排除，或因被切削头带动而扰动地层，造成超挖和地层下沉。

(6) 上软下硬复合地层：因软弱层排土过多引起地层下沉，造成盾构在线路方向上的偏离。

因此，以上岩土条件是盾构法的重点勘察内容。

2. 基岩地区应查明岩土分界面位置、岩石坚硬程度、岩石风化程度、结构面发育情况、构造破碎带、岩脉分布与特征等，并评价其对盾构施工的影响。

3. 通过专项勘察查明溶洞、土洞、孤石、风化岩和残积土中的球状风化体、地下障碍物、有害气体的分布规律。

4. 提供砂、卵石层和全、强风化岩的颗粒组成、最大粒径及曲率系数、不均匀系数、耐磨矿物成分及含量、岩石质量指标（RQD 值）、土层的黏粒含量等。

当盾构穿越含有漂石或卵石的地层时，粒径大小、含量及强度对盾构机的选型、设计，以及设备配置等有直接影响。随着盾构技术的发展，在此种含水地层中，采用密闭型盾构施工的实例正在增多，但也不乏因情况不明或设计不周导致机械故障，造成难以推进的例子。所以，当用常规钻孔无法搞清情况时，就应该采用大口径勘探孔以便摸清地质情况，据此设计盾构机切削刀头的前面形状、支承方式，确定刀盘的开口形状和尺寸、刀头的材质和形状、螺旋输送机或其他水力输送机的直径、结构等。由于受到盾构内部作业空

间的限制，输送管道允许采用的口径与盾构内径有关。一般当粒径大于输送管道直径的1/3时，就容易出现堵塞现象，而需在盾构中设置破碎机。

5. 对盾构始发（接收）井及区间联络通道的地质条件进行分析和评价，预测可能发生的岩土工程问题，提出岩土加固范围和方法建议。

盾构始发井（接收）井及联络通道是盾构施工中最容易出现事故的部位，因此，盾构法的岩土工程勘察工作需要对盾构始发（接收）井及盾构区间联络通道的地质条件进行分析和评价，预测可能发生的岩土工程问题，提出对岩土加固范围和方法的建议。

6. 根据隧道围岩条件、断面尺寸和形式，对盾构设备选型及刀盘、刀具的选择以及辅助工法的确定提出建议。

盾构勘察中各项勘察试验的目的如表3-1所示。

7. 根据围岩岩土条件及工程周边环境变形控制要求，对施工工艺参数、不良地质体的处理、管片背后注浆加固、隧道衬砌以及环境保护提出建议。

**各项勘察试验的目的**                                                                                 表3-1

| 勘察项目 | 勘察试验目的 |
| --- | --- |
| 地下水位 | 计算水压力（衬砌及盾构设计用）；决定气压盾构的气压和最小覆土厚度；盾构选型 |
| 孔隙水压力 | 计算水压力 |
| 渗透系数 | 决定降水方法及抽水量；判定注浆难易；选择注浆材料及注浆方法；盾构选型；推求土层的透气系数 |
| 地下水流速、流向 | 分析注浆法和冻结法的可行性 |
| 无侧限抗压强度 | 推算黏性土的抗剪强度；评价开挖面的稳定性 |
| 土的黏聚力 | 计算土压力；盾构选型；推算黏性土强度 |
| 内摩擦角 | 计算土压力；盾构选型；推算砂性土强度；确定剪切破坏区 |
| 变形系数 | 有限元分析的输入参数；计算地层变形量 |
| 泊松比 | 有限元分析的输入参数；计算地层变形量 |
| 标贯击数 | 盾构选型（表示土的强度及密实度）；液化判定 |
| 基床系数 | 计算地层反力 |
| 土的重力密度 | 计算土压力 |
| 孔隙比 | 了解土孔隙的大小；估计注浆率；计算黏性土的固结下沉量 |
| 含水率 | 计算浆体充填量；分析施工稳定性 |
| 颗粒分布曲线 | 明确颗粒粗细；推算渗透系数；测算注入率；选择注浆材料和压注方式；判定砂土液化；开挖面自稳性分析 |
| 液限 | 推算土的稳定性；结合土的灵敏度，选择注入率；估算黏性土固结下沉量 |
| 塑限 | 推算土的稳定性；结合土的灵敏度，选择注入率 |
| 岩石的岩性和风化程度 | 盾构机设计和刀具选择 |
| 岩石的单轴抗压强度 | 盾构机设计和刀具选择 |
| 岩石的RQD值 | 盾构机刀具的配置 |
| 岩石的结构、构造和矿物成分 | 施工参数的选择和刀具磨损的评估 |

8. 盾构法勘察勘探点间距及平面布置应符合下面几点要求，勘探过程中应结合盾构施工要求对勘探孔进行封填，并详细记录钻孔遗留物。

1）勘探点的间距根据地下工程的特点和场地的复杂程度可按照表 3-2 综合确定。

勘探点间距（m）                                                表 3-2

| 类别 | 复杂场地 | 中等复杂场地 | 简单场地 |
| --- | --- | --- | --- |
| 地下车站 | 10～20 | 20～40 | 40～50 |
| 区间隧道 | 10～30 | 30～50 | 50～60 |

2）勘探点应根据工程的结构特点、施工方法和场地条件布置，并符合下列要求：

（1）区间勘探点宜在隧道结构外侧 3～5m 的位置交叉布置。

（2）在区间隧道洞口、陡坡段、大断面、异型断面、工法变换等部位以及联络通道、渡线、施工竖井等处应有勘探点，并布设剖面。

（3）山岭隧道勘探点的布设可执行《铁路工程地质勘察规范》TB 10012—2019 的有关规定。盾构法施工管片背后注浆压力比较大，如钻孔封填不密实，浆液可能沿钻孔喷出地面。此类现象在北京、成都、深圳、广州的城市轨道交通工程盾构施工中均出现过。因此，需要按照要求对勘探孔封填密实，广州市城市轨道交通工程勘察中一般采用水泥砂浆通过钻杆注浆回填至地面。

9. 盾构下穿地表水时应调查地表水与地下水之间的水力联系，分析地表水可能对盾构施工造成的危害。

盾构下穿地表水时，尤其是盾构掘进困难时，受到地表水危害的可能性比较大，因此，岩土工程勘察应对这种情况进行分析。

10. 分析评价隧道下伏的淤泥层及易产生液化的饱和粉土层、砂层对盾构施工和隧道运营的影响，提出建议的处理措施。

淤泥层、液化的饱和粉土层及砂层等会对盾构施工产生很大影响，而且这种影响会持续到运营期间，严重时会影响盾构隧道的稳定性。因此，岩土工程勘察不仅需要分析评价淤泥层、液化的饱和粉土层及砂层对盾构施工安全的影响，还要提出这些不良地层对将来运营期间隧道的稳定性可能产生的影响。

# 3.3 桩 基 工 程

桩基工程是指在施工过程中，用钢管、混凝土或其他材料作为桩身的基础的工程，这些桩基一般都由钢筋混凝土制成。

1. 桩基岩土工程勘察应包括下列内容：

（1）查明场地各层岩土的类型、深度、分布、工程特性和变化规律。

（2）当采用基岩作为桩的持力层时，应查明基岩的岩性、构造、岩面变化、风化程度，确定其坚硬程度、完整程度和基本质量等级，判定有无洞穴、临空面、破碎岩体或软弱岩层。

（3）查明水文地质条件，评价地下水对桩基设计和施工的影响，判定水质对建筑材料的腐蚀性。

（4）查明不良地质作用，可液化土层和特殊性岩土的分布及其对桩基的危害程度，并提出建议的防治措施。

（5）评价成桩可能性，论证桩的施工条件及其对环境的影响。

2．土质地基勘探点间距应符合下列规定：

（1）对端承桩宜为 12～24m，相邻勘探孔揭露的持力层层面高差宜控制为 1～2m。

（2）对摩擦桩宜为 20～35m；当地层条件复杂，影响成桩或设计有特殊要求时，勘探点应适当加密。

（3）复杂地基的一柱一桩工程，宜每柱设置勘探点。

3．桩基岩土工程勘察宜采用钻探和触探以及其他原位测试相结合的方式进行，对软土、黏性土、粉土和砂土的测试手段，宜采用静力触探和标准贯入试验；对碎石土宜采用重型或超重型圆锥动力触探。

4．勘探孔的深度应符合下列规定：

（1）一般性勘探孔的深度应达到预计桩长以下 3～5d（d 为桩径），且不得小于 3m；对大直径桩，不得小于 5m。

（2）控制性勘探孔深度应满足下卧层验算要求；对需验算沉降的桩基，应超过地基变形计算深度。

（3）钻至预计深度遇软弱层时，应予加深；在预计勘探孔深度内遇稳定坚实岩土时，可适当减小。

（4）对嵌岩桩，应钻入预计嵌岩面以下 3～5d，并穿过溶洞、破碎带，到达稳定地层。

（5）对可能有多种桩长方案时，应根据最长桩方案确定。

5．岩土室内试验应满足下列要求：

（1）当需估算桩的侧阻力、端阻力和验算下卧层强度时，宜进行三轴剪切试验或无侧限抗压强度试验；三轴剪切试验的受力条件应模拟工程的实际情况。

（2）对需估算沉降的桩基工程，应进行压缩试验，试验最大压力应大于上覆自重压力与附加压力之和。

（3）当桩端持力层为基岩时，应采取岩样进行饱和单轴抗压强度试验，必要时尚应进行软化试验；对软岩和极软岩，可进行天然湿度的单轴抗压强度试验；对无法取样的破碎和极破碎的岩石，宜进行原位测试。

6．单桩竖向和水平承载力，应根据工程等级、岩土性质和原位测试成果并结合当地经验确定。对地基基础设计等级为甲级的建筑物和缺乏经验的地区，应建议做静载荷试验。试验数量不宜少于工程桩数的 1%，且每个场地不少于 3 个。对承受较大水平荷载的桩，应建议进行桩的水平载荷试验；对承受上拔力的桩，应建议进行抗拔试验。勘察报告应提出估算的有关岩土的基桩侧阻力和端阻力，必要时提出估算的竖向、水平和抗拔承载力。

7．对需要进行沉降计算的桩基工程，应提供计算所需的各层岩土的变形参数，并宜根据任务要求，进行沉降估算。

8．桩基工程的岩土工程勘察报告除应符合《岩土工程勘察规范》GB 50021—2001（2009 年版）中关于岩土工程分析评价和成果报告的要求，并按上述第 6、7 条提供承载力和变形参数外，尚应包括下列内容：

（1）提供可选的桩基类型和桩端持力层；提出建议的桩长、桩径方案。

（2）当有软弱下卧层时，验算软弱下卧层强度。

（3）对欠固结土和有大面积堆载的工程，应分析桩侧产生负摩阻力的可能性及其对桩基承载力的影响，并提供负摩阻力系数和建议的减少负摩阻力的措施。

（4）分析成桩的可能性、成桩和挤土效应的影响，并提出建议的保护措施。

（5）持力层为倾斜地层，基岩面凹凸不平或岩土中有洞穴时，应评价桩的稳定性，并提出建议的处理措施。

# 3.4 沉 井 工 程

沉井是井筒状的结构物，它是在井内挖土，依靠自身重力克服井壁摩阻力后下沉到设计标高，然后经过混凝土封底并填塞井孔，使其成为桥梁墩台或其他结构物的基础。一般在施工大型桥墩的基坑、污水泵站、大型设备基础、人防掩蔽所、盾构拼装井、地下车道与车站水工基础施工围护装置时使用。

1. 勘察的基本要求

沉井为深埋构筑物，在沉井施工和使用期间，将会受到土压力、水压力和浮力、井壁与土的摩阻力和底面反力以及沉井自重和上部结构等的作用，因此，沉井的构造、计算和施工方法与沉井所在地点土的类型和性质及水文地质等有着密切的关系。沉井下沉深度内遇有块石、漂石、沉树等障碍物时很难施工，以往曾发生过由于对勘察工作不重视或因勘察不够细致、准确，而在施工时遇到了事先没有预料到的障碍物、流砂或下卧岩盘标高与地质资料有较大出入或地层均匀性未查明等情况，既延误工期又影响工程质量，故施工前必须有详细的工程地质及水文地质资料。

沉井下沉时会使四周土体产生裂缝、沉陷等破坏现象，从而对沉井周围已有建筑物产生不利的影响。沉井下沉深度越大，影响范围也越大，同时还与地质情况、施工方法以及沉井的平面形状和尺寸有关。当下沉遇有流砂时，其影响范围、塌陷深度较一般情况更大；用水力机械吸泥下沉时，其地面开裂和塌陷范围比吊车抓土、人工挖土大；据实际工程观测，圆形沉井下沉时的破坏范围四周相差不多，而矩形沉井，长边方向的影响范围比短边大，井的四角又较短边小。对于上海地区，在深度 20m 左右，土的内摩擦角很小，用土坡稳定的计算公式对几个不同的沉井进行试算，结果表明土体的破坏范围基本上符合土坡稳定理论。当沉井下沉深度较大时，由于土拱作用，矩形沉井影响范围大于边长的一半，圆形沉井影响范围大于直径的一半时，土坡稳定计算公式已不适用，故土体的破坏棱体角度将随下沉深度的增加而逐渐减小。因此深沉井施工时，土体的破坏范围与浅沉井不同，不应再采用土坡稳定公式计算。

2. 勘探点要求

勘探点数量确定应以用最经济的勘察工作量查明场地地质条件为原则。勘探点的数量与沉井尺寸大小和地质条件复杂程度有关。面积小于 $200m^2$ 的沉井，不少于 2 个勘探点，这样至少可用 1 条地质剖面控制了解场地地层在水平方向上的变化；面积等于或大于 $200m^2$ 的沉井，应在沉井四角（圆形为相互垂直两直径与圆周的交点）附近各布置 1 个勘探点，以控制查明整个沉井场地范围内地层的变化规律。沉井规模较大或地质条件复杂时应酌情加孔。

软土地区，因施工方法和稳定性分析与计算等的需要，勘探孔应适当加深，一般勘探孔应钻至沉井刃脚以下 5m，对刃脚以下的软弱土层，控制性勘探孔应钻穿。

3. 井壁与土体之间的摩阻力大小

对于沉井的结构计算，下沉系数与抗浮稳定验算以及施工等有着直接的关系。根据上海市《地基基础设计规范》DGJ 08—11—2018 及其他资料，井壁与土体之间的摩阻力大小与以下因素有关：

(1) 沉井所在地的土的类型及其物理力学性能和地下水位。

(2) 沉井施工方法，如采用排水或不排水会影响井壁与土体之间的摩阻力。

(3) 沉井下沉深度越大，摩阻力也越大。

(4) 沉井外壁形状自上而下向外倾斜或设台阶时摩阻力将减小。

(5) 泥浆助沉，摩阻力减小。

土的摩阻力随着深度和土质而变化，当沉井深度内有多层不同土层时，单位摩阻力可取各土层厚度的单位摩阻力的加权平均值按式（3-1）计算：

$$f = \sum_{i=1}^{n} f_i k_i \tag{3-1}$$

式中　$f$——多层土的加权平均单位摩阻力（kPa）；

　　　$f_i$——第 $i$ 层土的单位摩阻力（kPa）；

　　　$k_i$——第 $i$ 层土的厚度（m）；

　　　$n$——沉井深度内的土层数。

关于沉井壁上摩阻力的分布，根据经验，对于外壁不设台阶的沉井，一般在 $0\sim5$m 深度范围，单位摩阻力呈直线规律分布，由 0 增长至最大值；在深度 5m 以下，即保持常数值。

井壁与土体之间的摩阻力，可根据沉井所在地区相似土层已有测试资料估算，也可参考以往类似的沉井设计中的摩阻力采用。

4. 沉井地基土承载力

计算沉井下沉阻力，若同时考虑刃脚踏石、隔墙及底梁下的地基反力时，可采用该处地基土的极限承载力。

地基承载力验算一般按式（3-2）进行：

$$N + G \leqslant RF + T \tag{3-2}$$

式中　$N$——沉井顶面上部荷载（kN）；

　　　$G$——沉井的自重（kN）；

　　　$R$——沉井底部地基极限承载力（kPa）；

　　　$F$——沉井底部的支承面积（$m^2$）；

　　　$T$——沉井外侧四周的总摩阻力（kN）。

5. 沉井壁厚度

沉井下沉是靠在井内不断取土使沉井自重克服四周井壁与土体之间的摩阻力和刃脚下土的正面阻力而实现的，所以在设计时，首先要确定沉井在自重作用下是否有足够的重量得以顺利下沉，一般在设计时，先估算沉井外壁与土体之间的摩阻力，然后按下沉系数确定沉井壁厚度（沉井下沉系数取 1.05～1.25）。

《给水排水工程结构设计手册（第二版）》中指出，沉井一般靠自重下沉，当摩阻力较大时，为减小井壁厚度，可采用配重强迫下沉。

《公路桥涵地基与基础设计规范》JTG 3363—2019 规定，为使沉井顺利下沉，沉井重量必须大于井壁与土体之间的摩阻力（不排水下沉的沉井应考虑水的浮力）。

沉井重量扣除浮力作用后，应大于下沉时井壁与土体之间的摩阻力，当刃脚需要嵌入风化层时，应考虑增加重量。

国内外有用触变泥浆助沉的措施，以减少井壁与土体之间的摩阻力，保证沉井顺利下沉，该措施能减轻沉井结构自重，以取得结构设计上的经济效益。

6. 沉井软土下沉

软土中有时会发生突然的下沉，或在很短的时间里发生较大的下沉（一般 1～3m，个别达 5m 以上），这种失控下沉现象与沉井的重量、结构、土质及施工方法有关。

沉井在软土中下沉，如有产生突然沉降的可能性时，应根据施工的实际情况，进行下沉稳定验算，下沉稳定系数 $K$ 按式（3-3）计算通常小于 1，即：

$$K = \frac{G - B}{T + R_1 + R_2} \tag{3-3}$$

式中　　$G$——沉井自重（kN）；

$B$——地下水浮力（kN），排水下沉时为零，不排水下沉时取总浮力的 70%；

$T$——井壁总摩阻力（kN）；

$R_1$——刃脚踏石斜面下土的支承力（kN）；

$R_2$——隔壁和底梁下土垅支承力（kN）。

当 $K<1$ 时，认为下沉是稳定的，$K$ 值一般取 0.80～0.90。

为防止沉井在软土中的突然下沉或减小突然下沉的幅度，结构设计应符合相关的规定，且当井底挖得越深时突沉量也会随之增加，所以当沉井不沉时，应对井壁外侧采取破坏摩阻力的措施，而不得将井底开挖过深。

7. 沉井上浮问题

用于桥梁墩台基础的沉井，面积小、重量大，沉井封底后，井筒内填入素混凝土或砂、卵石、砾石等，抗浮问题不突出；而在给水排水工程中，沉井作为地下构筑物的围护结构，内部是空的，且空间大，所以当地下水位较高时，抗浮问题就比较突出了。

沉井封底后，当沉井总重量小于作用在沉井上的浮力时，特别是停止施工抽水，水位上升时易出现沉井上浮现象，以往曾有过上浮的实例。另外，在一些蓄水池及地下室工程中，若江河或地下水位上升，会出现构筑物上浮的情况。沉井封底后，此时井内积水排干，但井内设备尚未安装，上部结构也未施工，沉井上浮处在最不利阶段。

8. 流砂问题

根据勘察成果，如地下水位以下存在粉土、砂土层时，易产生流砂现象，其影响范围、塌陷深度大，如刃脚处有流砂现象发生，其突沉、倾斜、井内涌砂冒水等现象会更为严重，可能会影响到附近道路、管线及建筑物的安全，故应采取相应措施防止和控制流砂现象，可采用井点降水、水下挖土或水下封底等方法。

9. 沉井四周土体开裂问题

为减小沉井下沉时四周土体开裂、塌陷的影响程度和范围，宜采取均匀挖土、井壁外侧填土等措施。

10. 沉井一般施工方法

（1）排水下沉，当地下水补给量不大，且排水并不困难时，一般都采用排水下沉。排水方式通常有井内排水、井外排水、井点排水等。

（2）不排水下沉，当遇到容易产生涌流的不稳定土层，且地下水补给量较大而排水又有困难时，可采用不排水下沉。在无地下水的土层中，沉井施工不存在排水或不排水施工的问题。在下沉遇到流砂现象时，可采用井点降水、深井点降水、水下挖土或水下封底等方法。当沉井穿越的土层透水性低，井底涌水量小，而无流砂现象时，沉井应力争干封底，并应抓紧时间进行。

沉井采用干封底需在底板上预留集水井，对于多格沉井，在每个井格内均匀设置集水井，并不间断地抽水，待底板达到设计强度后封掉。

## 3.5　大型管线、综合管廊工程

地下综合管廊是将两种或两种以上的管线放置其中而形成的一种公共基础设施，它是城市生命线工程基础设施发展的方向，主要包括管道工程和架空线路工程。

### 3.5.1　管道工程

长输油、气管道线路及其大型穿、跨越工程的岩土工程勘察需遵循以下基本规定。

1. 长输油、气管道工程可分为选线勘察、初步勘察和详细勘察三个阶段。对岩土工程条件简单或有工程经验的地区，可适当简化勘察阶段。

2. 选线勘察应通过搜集资料、测绘与调查，掌握各方案的主要岩土工程问题，对拟选穿、跨越河段的稳定性和适宜性做出评价，并应符合下列要求：

（1）调查沿线地形地貌、地质构造、地层岩性、水文地质等条件，推荐线路越岭方案。

（2）调查各方案通过地区的特殊性岩土和不良地质作用，评价其对修建管道的危害程度。

（3）调查控制线路方案河流的河床和岸坡的稳定程度，提出穿、跨越方案比选的建议。

（4）调查沿线水库的分布情况、近期和远期规划、水库水位、回水浸没和坍岸的范围及其对线路方案的影响。

（5）调查沿线矿产、文物的分布概况。

（6）调查沿线地震动参数或抗震设防烈度。

3. 穿、跨越河流的位置应选择河段顺直、河床与岸坡稳定、水流平缓、河床断面大致对称、河床岩土构成比较单一、两岸有足够施工场地的有利河段，宜避开下列河段：

（1）河道异常弯曲，主流不固定，经常改道。

（2）河床为粉细砂组成，冲淤变幅大。

（3）岸坡岩土松软，不良地质作用发育，对工程稳定性有直接影响或潜在威胁。

（4）断层河谷或发震断裂。

4. 初步勘察应包括下列内容：

（1）划分沿线的地貌单元。

（2）初步查明管道埋设深度内岩土的成因、类型、厚度和工程特性。

（3）调查对管道有影响的断裂的性质和分布。

（4）调查沿线各种不良地质作用的分布、性质、发展趋势及其对管道的影响。

（5）调查沿线井、泉的分布和地下水位情况。

（6）调查沿线矿藏分布及开采和采空情况。

（7）初步查明拟穿、跨越河流的洪水淹没范围，评价岸坡稳定性。

5. 初步勘察应以搜集资料和调查为主。管道通过河流、冲沟等地段宜进行物探。地质条件复杂的大中型河流，应进行钻探。每个穿、跨越方案宜布置勘探点 1～3 个；勘探孔深度应按本节第 7 条的规定执行。

6. 详细勘察应查明沿线的岩土工程条件和水、土对金属管道的腐蚀性，提出工程设计所需要的岩土特性参数。穿、跨越地段的勘察应符合下列规定：

（1）穿越地段应查明地层结构、土的颗粒组成和特性；查明河床冲刷和稳定程度；评价岸坡稳定性，提出护坡建议。

（2）跨越地段的勘探工作应按 3.5.2 节第 4 条和第 5 条的规定执行。

7. 详细勘察勘探点的布置，应满足下列要求：

（1）对管道线路工程，勘探点间距视地质条件复杂程度而定，宜为 200～1000m，包括地质点及原位测试点，并应根据地形、地质条件复杂程度适当增减；勘探孔深度宜为管道埋设深度以下 1～3m。

（2）对管道穿越工程，勘探点应布置在穿越管道的中线上，偏离中线不应大于 3m，勘探点间距宜为 30～100m，并不应少于 3 个；当采用沟埋敷设方式穿越时，勘探孔深度宜钻至河床最大冲刷深度以下 3～5m；当采用顶管或定向钻方式穿越时，勘探孔深度应根据设计要求确定。

8. 抗震设防烈度等于或大于 6 度地区的管道工程，勘察工作应满足《岩土工程勘察规范》GB 50021—2001（2009 年版）第 5.7 节的要求。

9. 岩土工程勘察报告应包括下列内容：

（1）选线勘察阶段，应简要说明线路各方案的岩土工程条件，提出各方案的比选推荐建议。

（2）初步勘察阶段，应论述各方案的岩土工程条件，并推荐最优线路方案；对穿、跨越工程尚应评价河床及岸坡的稳定性，提出穿、跨越方案的建议。

（3）详细勘察阶段，应分段评价岩土工程条件，提出岩土工程设计参数和建议的设计、施工方案；对穿越工程尚应论述河床和岸坡的稳定性，提出建议的护岸措施。

### 3.5.2 架空线路工程

大型架空线路工程，包括 220kV 及其以上的高压架空送电线路、大型架空索道等，需遵循以下基本规定。

1. 大型架空线路工程可分初步设计勘察和施工图设计勘察两阶段；小型架空线路可

合并勘察阶段。

2. 初步设计勘察应符合下列要求：

（1）调查沿线地形地貌、地质构造、地层岩性和特殊性岩土的分布、地下水及不良地质作用，并分段进行分析评价。

（2）调查沿线矿藏分布、开发计划与开采情况；线路宜避开可采矿层；对已开采区，应对采空区的稳定性进行评价。

（3）对大跨越地段，应查明工程地质条件，进行岩土工程评价，推荐最优跨越方案。

3. 初步设计勘察应以搜集和利用航测资料为主。大跨越地段应做详细的调查或工程地质测绘，必要时，辅以少量的勘探、测试工作。

4. 施工图设计勘察应符合下列要求：

（1）平原地区应查明塔基土层的分布、埋藏条件、物理力学性质、水文地质条件及环境水对混凝土和金属材料的腐蚀性。

（2）丘陵和山区除查明本条第（1）款的内容外，尚应查明塔基近处的各种不良地质作用，提出防治措施建议。

（3）大跨越地段尚应查明跨越河段的地形地貌，塔基范围内地层岩性、风化破碎程度、软弱夹层及其物理力学性质；查明对塔基有影响的不良地质作用，并提出防治措施建议。

（4）对特殊设计的塔基和大跨越塔基，当抗震设防烈度等于或大于 6 度时，勘察工作应满足《城市轨道交通岩土工程勘察规范》GB 50307—2012 的要求。

5. 施工图设计勘察阶段，对架空线路工程的转角塔、耐张塔、终端塔、大跨越塔等重要塔基和地质条件复杂地段，应逐个进行塔基勘探。直线塔基地段宜每 3 或 4 个塔基布置 1 个勘探点；深度应根据杆塔受力性质和地质条件确定。

6. 架空线路岩土工程勘察报告应包括下列内容：

（1）初步设计勘察阶段，应论述沿线岩土工程条件和跨越主要河流地段的岸坡稳定性，选择最优线路方案。

（2）施工图设计勘察阶段，应提出塔位明细表，论述塔位的岩土条件和稳定性，并提出建议的设计参数、基础方案以及工程措施。

# 3.6　城市轨道（地铁）工程

为规范城市轨道交通岩土工程勘察工作，做到安全适用、保护环境、确保质量、技术先进、经济合理、控制风险，勘察工作须按《城市轨道交通岩土工程勘察规范》GB 50307—2012 的要求进行。

城市轨道交通岩土工程勘察必须搜集已有的勘察设计与工程周边环境资料，精心设计、精心施工，为工程结构安全、工程周边环境安全以及工程施工安全提交资料完整可靠、评价结论正确的勘察报告。另外，城市轨道交通岩土工程勘察除执行《城市轨道交通岩土工程勘察规范》GB 50307—2012 外，还要符合国家现行有关强制性标准的规定。

### 3.6.1 基本要求

城市轨道交通岩土工程勘察工作的开展应遵循以下基本规定：

1. 城市轨道交通岩土工程勘察应按规划、设计阶段的技术要求，分阶段开展相应的勘察工作。

城市轨道交通工程建设阶段一般包括规划、可研、总体设计、初步设计、施工图设计、工程施工、试运营等阶段。由于城市轨道交通工程投资巨大，线路穿越城市中心地带，地质、环境风险极高，所以工程建设各阶段对工程技术的要求高，各个阶段所解决的工程问题不同，对岩土工程勘察的资料深度要求也不同，如规划阶段应规避对线路方案产生重大影响的地质和环境风险；设计阶段应针对所有的岩土工程问题开展设计工作，并对各类环境提出保护方案。

如不按照建设阶段及各阶段的技术要求开展岩土工程勘察工作，可能会导致工程投资浪费、工期延误，甚至在施工阶段产生重大的工程风险。根据规划和各设计阶段的要求，分阶段开展岩土工程勘察工作，规避工程风险，对轨道交通工程建设意义重大。

2. 城市轨道交通岩土工程勘察应分为可行性研究勘察、初步勘察和详细勘察。施工阶段可根据需要开展施工勘察工作。

岩土工程勘察分阶段开展工作，是一个由浅入深、不断深化的认识过程，通过逐步认识沿线区域及场地工程地质条件，以准确提供不同阶段所需的岩土工程资料。特别在地质条件复杂地区，若不按阶段进行岩土工程勘察工作，轻者使后期工作陷入被动，形成返工浪费，重者给工程造成重大损失或给运营线路留下无穷后患。

鉴于工程地质现象的复杂性和不确定性，按一定间距布设勘探点所揭示的地层信息存在局限性；受周边环境条件限制，部分钻孔在详细勘察阶段无法实施；工程施工阶段周期较长（一般为2～4年），在此期间，地下水和周边环境会发生较大变化；同时在工程施工中经常会出现一些工程问题。因此，城市轨道交通工程在施工阶段有必要开展勘察工作，对地质资料进行验证、补充或修正，必要时应根据实际情况修改设计方案和施工方案。

3. 城市轨道交通工程沿线或场地附近存在对工程设计方案和施工有重大影响的岩土工程问题时，应进行专项勘察。

不良地质作用、地质灾害、特殊性岩土等往往对城市轨道交通工程线位规划、敷设形式、结构设计、工法选择等工程方案产生重大影响，严重时危及工程施工和线路运营的安全。不良地质作用、地质灾害、特殊性岩土等岩土工程问题往往具有复杂性和特殊性，采用常规的勘探手段，在常规的勘探工作量条件下难以查清。因此，对工程方案有重大影响的岩土工程问题应进行专项勘察工作，提出有针对性的工程措施建议，确保工程规划设计经济、合理，工程施工安全、顺利。

例如，西安城市轨道交通工程建设能否穿越地裂缝，济南城市轨道交通工程建设能否避免对泉水产生影响，是西安和济南城市轨道交通工程建设的控制因素，因此两城市都进行了专项岩土工程勘察工作，以专项勘察成果指导了城市轨道交通工程的规划、设计、施工工作。

4. 城市轨道交通岩土工程勘察应取得工程沿线地形图、管线及地下设施分布图等资料，分析工程与环境的相互影响，提出建议的工程周边环境保护措施。必要时根据任务要求开展工程周边环境专项调查工作。

城市轨道交通工程周边存在着大量的地上、地下建（构）筑物、地下管线、人防工程等，会对工程设计方案和工程安全产生重大的影响，同时，轨道交通的敷设形式多采用地下线形式，地下工程的施工容易导致周边环境发生破坏。因此，岩土工程勘察前需要从建设单位获取地形图、地下管线及地下设施分布图，以便勘察单位在勘察期间确保地下管线和设施的安全，并分析工程与周边环境的相互影响。

工程周边环境资料是工程设计、施工的重要依据，地形图及地下管线图往往不能满足周边环境与工程相互影响分析及工程环境保护设计、施工的要求。因此有必要在工程建设中开展周边环境专项调查工作，取得周边环境的详细资料，以便采取环境保护措施，保证环境和城市轨道交通工程建设的安全。

目前，工程周边环境的专项调查工作，是由建设单位单独委托承担环境调查工作的单位，可以是设计单位、勘察单位或其他单位。

5. 城市轨道交通岩土工程勘察应在搜集当地已有勘察资料、建设经验的基础上，针对线路敷设形式以及各类工程的建筑类型、结构形式、施工方法等工程条件开展工作。

搜集当地已有勘察资料和建设经验是岩土工程勘察的基本要求，充分利用已有勘察资料和建设经验可以达到事半功倍的效果。此外，城市轨道交通工程线路敷设形式多，结构类型多，施工方法复杂；不同类型的工程对岩土工程勘察的要求不同，解决的问题不同，因此，针对线路敷设形式以及各类工程的建筑类型、结构形式、施工方法等工程条件开展工作是十分必要的。

6. 城市轨道交通岩土工程勘察应根据工程重要性等级、场地复杂程度等级和工程周边环境风险等级制定勘察方案，采用综合的勘察方法，布置合理的勘察工作量，查明工程地质条件、水文地质条件，进行岩土工程评价，提供设计、施工所需的岩土参数，提出对岩土治理、环境保护以及工程监测等的建议。

城市轨道交通岩土工程勘察等级的划分主要考虑了工程结构类型、破坏后果的严重性、场地工程地质条件的复杂程度、环境安全风险等级等因素，目的是在勘察工作量布置、岩土工程评价、参数获取、工程措施建议等方面突出重点、区别对待。

### 3.6.1.1 工程重要性等级的判断

城市轨道交通工程本身是一个复杂的系统工程，是各类工程和建筑类型的集合体，为了使岩土工程勘察工作更具针对性，根据工程的规模、建筑类型和特点以及因岩土工程问题造成工程破坏或影响正常使用的后果，将工程重要性等级划分为三个等级，详细情况如表 3-3 所示。

**工程重要性等级** 表 3-3

| 工程重要性等级 | 工程破坏的后果 | 工程及建筑类型 |
| --- | --- | --- |
| 一级 | 很严重 | 车站主体及出入口、地下区间、高架桥区间、大中桥梁、地下停车场、控制中心、主变电站 |
| 二级 | 严重 | 路基、涵洞、小桥、车辆段及综合基地内的各类房屋建筑、通道、风井、风道、施工竖井、盾构始发井、盾构接收井、联络通道 |
| 三级 | 不严重 | 次要建筑物、地面停车场 |

### 3.6.1.2　场地复杂程度等级的判断

以《岩土工程勘察规范》GB 50021—2001（2009 年版）为基础，综合考虑城市轨道交通隧道工程的岩土工程问题主要是围岩的稳定性问题，因此地基、边坡岩土性质的条款中增加了围岩部分。场地复杂程度等级可根据地形地貌、工程地质条件、水文地质条件进行划分。

1. 符合下列条件之一者为一级场地（复杂场地）：

（1）地形地貌复杂；（2）建筑抗震危险地段；（3）不良地质作用强烈发育；（4）特殊性岩土需要专门处理；（5）地基、围岩和边坡的岩土性质很差；（6）地下水对工程的影响很大，需要进行专门研究和治理。

2. 符合下列条件之一者为二级场地（中等复杂场地）：

（1）地形地貌较复杂；（2）建筑抗震不利地段；（3）不良地质作用一般发育；（4）特殊性岩土不需要专门处理；（5）地基、围岩或边坡的岩土性质一般；（6）地下水对工程的影响较小。

3. 符合下列条件者为三级场地（简单场地）：

（1）地形地貌简单；（2）抗震设防烈度等于或小于 6 度或对建筑抗震有利地段；（3）不良地质作用不发育；（4）地基、围岩或边坡的岩土性质较好；（5）地下水对工程无影响。

注：① 从一级开始，向二级、三级推定，以最先满足的为准。

② 对建筑抗震有利、不利和危险地段的划分，应按现行国家标准《建筑抗震设计标准》GB/T 50011—2010（2024 年版）的规定确定。

### 3.6.1.3　工程周边环境风险等级的划分

城市轨道交通工程周边环境复杂，不同环境类型与城市轨道交通工程建设的相互影响不同，工程环境风险与环境的重要程度、环境与工程的空间位置关系密切相关。

工程周边环境风险等级可根据工程与工程周边环境的位置关系和相互影响程度、工程周边环境的重要程度及破坏后果的严重程度进行划分。

一级环境风险：工程周边环境与工程相互影响很大，破坏后果很严重。

二级环境风险：工程周边环境与工程相互影响大，破坏后果严重。

三级环境风险：工程周边环境与工程相互影响较大，破坏后果较严重。

四级环境风险：工程周边环境与工程相互影响小，破坏后果轻微。

根据各个城市的经验，对于一级环境风险，需进行专项评估、专项设计和编制专项施工方案；二级环境风险在设计文件中应提出环境保护措施并编制专项施工方案；三级环境风险应在工程施工方案中制定环境保护措施。不同级别环境风险的保护和控制对岩土工程勘察的要求不同。

一般可行性研究阶段应重点关注一级环境风险，并提出规避措施建议；初步勘察阶段应重点关注一级和二级的环境风险，并提出保护措施建议；详细勘察阶段应关注所有环境风险，并提出明确的环境保护措施建议。

例如北京市城市轨道交通工程的环境风险分级如下：

1. 特级环境风险：下穿既有轨道线路（含铁路）。

2. 一级环境风险：下穿重要既有建（构）筑物、重要市政管线及河流，上穿既有轨道线路（含铁路）。

3. 二级环境风险：下穿一般既有建（构）筑物、重要市政道路，邻近重要既有建（构）筑物、重要市政管线及河流。

4. 三级环境风险：下穿一般市政管线、一般市政道路及其他市政基础设施，邻近一般既有建（构）筑物、重要市政道路。

#### 3.6.1.4　岩土工程勘察等级的划分

岩土工程勘察等级可按下列条件划分：

甲级：在工程重要性等级、场地复杂程度等级和工程周边环境风险等级中，有一项或多项为一级。

乙级：勘察等级为甲级和丙级以外的勘察项目。

丙级：工程重要性等级、场地复杂程度等级均为三级且工程周边环境风险等级为四级的勘察项目。

#### 3.6.1.5　场地土类型和场地类别的划分

城市轨道交通工程的云结构类型大体可归属为铁路和建筑两大类，两大类别对岩土工程设计参数的选取有一定的差异，岩土工程勘察时应根据设计单位的要求参照相应的行业规范提供。

一般路基、隧道、跨河桥、跨线桥、高架桥、高架车站中与车站结构完全分开的线路、桥梁等岩土设计参数应参照现行铁路行业规范提供；建筑、房屋等其他结构参照现行建筑行业规范提供；城市轨道交通工程沿线场地和地基地震效应的岩土工程评价参照与结构设计相同行业类别的抗震设计规范。

### 3.6.2　各阶段勘察总要求

#### 3.6.2.1　可行性研究勘察

1. 总体要求

（1）可行性研究勘察应针对城市轨道交通工程线路方案，开展必要的调查和工程地质勘察工作，研究线路场地的地质条件，为线路方案比选提供地质依据。

（2）可行性研究勘察应重点研究影响线路方案的不良地质作用、特殊性岩土及关键工程的工程地质条件。

可行性研究勘察是城市轨道交通工程建设的一个重要环节。城市轨道交通工程在规划可研阶段，就需要考虑众多的影响和制约因素，如城市发展规划、交通方式、预测客流、地质条件、环境设施、施工难度等，这些因素是确定线路走向、埋深和工法时应重点考虑的内容。

影响线路敷设方式、工期、投资的地质因素主要为不良地质作用、特殊性岩土和线路控制节点的工程地质与水文地质问题。因此，这些地质问题是可行性研究阶段勘察工作的重点。

（3）可行性研究勘察应在搜集已有地质资料和工程地质调查与测绘的基础上，开展必要的勘探与取样、原位测试、室内试验等工作。

由于城市轨道交通工程设计中，一般可行性研究阶段与初步设计阶段之间还有总体设计阶段，因此在实际工作中，可行性研究阶段的勘察报告还需要满足总体设计阶段的需要。如果仅依靠搜集资料来编制可行性研究勘察报告则难以满足上述两个阶段的工作需要，因此强调应进行必要的现场勘探、测试和试验工作。

2. 目的与任务

可行性研究勘察的目的是调查城市轨道交通工程线路场地的岩土工程条件、周边环境条件，研究控制线路方案的主要工程地质问题和重要工程周边环境，为线位、站位、线路敷设形式、施工方法等方案的设计与比选、技术经济论证、工程周边环境保护及编制可行性研究报告提供地质资料。

由于比选线路方案、完善线路走向、敷设方式和稳定车站等工作，需要同时考虑对环境的保护和协调，如重点文物单位的保护、既有桥隧、地下设施等，并认识和把握既有地上、地下环境所处的岩土工程背景条件。因此，可行性研究阶段勘察，应从岩土工程角度，提出建议的线路方案与环境保护措施。

轨道交通工程为线状工程，不良地质作用、特殊性岩土以及重要的工程周边环境决定了工程线路敷设形式、开挖形式、线路走向等方案的可行性，影响工程的造价、工期及施工安全。因此，可行性研究勘察应进行下列工作：

（1）搜集区域地质、地形、地貌、水文、气象、地震、矿产等资料，以及沿线的工程地质条件、水文地质条件、工程周边环境条件和当地轨道交通工程及相关工程建设经验。

（2）调查线路沿线的地层岩性、地质构造、地下水埋藏条件等，划分工程地质单元，进行工程地质分区，评价场地稳定性和适宜性。

（3）分析控制线路方案的工程周边环境与线路的相互影响，提出对规避与保护的初步建议。

（4）了解控制线路方案的不良地质作用、特殊性岩土的类型、成因、范围及发展趋势，分析其对线路的危害，提出对规避与防治的初步建议。

（5）研究场地的地形、地貌、工程地质、水文地质、工程周边环境等条件，分析路基、高架、地下等工程方案及施工方法的可行性，提出对线路比选方案的建议。

3. 可行性研究勘察的要求

1）可行性研究勘察的资料搜集应包括下列内容：

（1）工程所在地的气象、水文以及与工程相关的水利、防洪设施等资料。

（2）区域地质、构造、地震及液化等资料。

（3）沿线地形、地貌、地层岩性、地下水、特殊性岩土、不良地质作用和地质灾害等资料。

（4）沿线古城址及河、湖、沟、坑的历史变迁及工程活动引起的地质变化等资料。

（5）影响线路方案的重要建（构）筑物、桥涵、隧道、既有轨道交通设施等工程周边环境的设计与施工资料。

2）可行性研究勘察的勘探工作应符合下列要求：

（1）勘探点间距不宜大于1000m，每个车站应有勘探点。

（2）勘探点数量应满足工程地质分区的要求，每个工程地质单元应有勘探点，在地质条件复杂地段应加密勘探点。

（3）当有两条或两条以上比选线路时，各比选线路均应布置勘探点。

（4）控制线路方案的江、河、湖等地表水及不良地质作用和特殊性岩土地段均应布置勘探点。

(5) 勘探孔深度应满足场地稳定性、适宜性评价、线路方案设计、工法选择等的需要。

可行性研究勘察所依据的线路方案一般都不稳定、不够具体，并且各地的场地复杂程度、线路的城市环境条件也不同，所以以可行性研究勘查的勘探点间距应根据地质条件和实际需要灵活掌握。

广州城市轨道交通工程可行性研究勘察的做法是：沿线路正线 250～350m 布置一个钻孔，每个车站均有钻孔。当搜集到可利用钻孔时，对钻孔进行删减。

北京城市轨道交通工程可行性研究阶段勘察的做法是：沿线路正线每 1000m 布置一个钻孔，同时满足每个车站和每个地质单元均有钻孔控制，对控制线路方案的不良地质条件进行钻孔加密。

另外，可行性研究勘察的取样、原位测试、室内试验的项目和数量应根据线路方案、沿线工程地质和水文地质条件确定。

### 3.6.2.2 初步勘察

1. 总体要求

(1) 初步勘察应在可行性研究勘察的基础上，针对城市轨道交通工程线路敷设形式、各类工程的结构形式、施工方法等开展工作，为初步设计提供地质依据。

初步设计是城市轨道交通工程建设非常重要的设计阶段，初步设计工作往往是在线路总体设计的基础上开展工点设计工作，不同的敷设形式初步设计的内容不同，如初步设计阶段的地下工程一般根据环境及地质条件需完成车站主体及区间的平面布置、埋置深度、开挖方法、支护形式、地下水控制、环境保护、监控量测等的初步方案。初步设计阶段的岩土工程勘察需要满足以上初步设计工作的要求。

因此，本书在提出对初步勘察总的任务要求的基础上，按照线路敷设方式，针对地下工程、高架工程、路基与涵洞工程、地面车站和车辆基地分别提出了初步勘察要求。

(2) 初步勘察应对控制线路平面、埋深及施工方法的关键工程或区段进行重点勘察，并结合工程周边环境提出对岩土工程防治和风险控制的初步建议。

初步设计过程中，对一些控制性工程，如穿越水体、重要建筑物地段、换乘节点等往往需要对位置、埋深、施工方法进行多种方案的比选，因此初步勘察需要为控制性节点工程的设计和比选确定切实可行的工程方案，提供必要的地质资料。

(3) 初步勘察工作应根据沿线区域地质、场地工程地质、水文地质、工程周边环境等条件，采用工程地质调查与测绘、勘探与取样、原位测试、室内试验等多种手段相结合的综合勘察方法。

2. 目的与任务

初步勘察的目的主要是初步查明城市轨道交通工程线路、车站、车辆基地和相关附属设施的工程地质条件、水文地质条件，分析评价地基基础形式和施工方法的适宜性，预测可能出现的岩土工程问题，提供初步设计所需的岩土参数，提出复杂或特殊地段岩土治理的初步建议。

3. 工作内容

(1) 搜集带地形图的拟建线路平面图、线路纵断面图、施工方法等有关设计文件及可行性研究勘察报告、沿线地下设施分布图。

（2）初步查明沿线地质构造、岩土类型及分布、岩土物理力学性质、地下水埋藏条件，进行工程地质分区。

（3）初步查明特殊性岩土的类型、成因、分布、规模、工程性质，分析其对工程的危害程度。

（4）查明沿线场地不良地质作用的类型、成因、分布、规模、工程性质，预测其发展趋势，分析其对工程的危害程度。

（5）初步查明沿线地表水的水位、流量、水质、河湖淤积物的分布，以及地表水与地下水的补排关系。

（6）初步查明地下水类型，补给、径流、排泄条件，历史最高水位，地下水动态和变化规律。

（7）对抗震设防烈度大于或等于6度的场地，应初步评价场地和地基的地震效应。

（8）初步评价水和土对建筑材料的腐蚀性。

（9）对可能采取的地基基础类型、地下工程开挖与支护方案、地下水控制方案进行初步分析评价。

（10）季节性冻土地区应调查场地土的标准冻结深度。

（11）对环境风险等级较高的工程周边环境，分析可能出现的工程问题，提出建议的预防措施。

### 3.6.2.3 详细勘察

1. 总体要求

（1）详细勘察应在初步勘察的基础上，针对城市轨道交通各类工程的建筑类型、结构形式、埋置深度和施工方法等开展工作，满足施工图设计要求。

城市轨道交通工程结构、建筑类型多，一般包括地下车站和地下区间、高架车站和高架区间、地面车站和地面区间以及各类地上、地下通道、出入口、风井、施工竖井、车辆段、停车场、变电站及附属设施等。不同的工程和结构类型的岩土工程问题不同，设计所需的岩土参数不同；地下工程的埋深不同，工程风险不同，因此，需要针对工程的特点、工程的建筑类型和结构形式、结构埋置深度、施工方法提出勘察要求。

（2）详细勘察工作应根据各类工程场地的工程地质、水文地质和工程周边环境等条件，采用勘探与取样、原位测试、室内试验，辅以工程地质调查与测绘、工程物探的综合勘察方法。

2. 目的与任务

为了使勘察工作的布置和岩土工程的评价具有明确的工程针对性，解决工程设计和施工中的实际问题，搜集工程有关资料，了解设计要求是十分重要的工作，这也是勘察工作的基本要求。详细勘察前应搜集附有坐标和地形的拟建工程的平面图、纵断面图、荷载、结构类型与特点、施工方法、基础形式及埋深、地下工程埋置深度及上覆土层的厚度、变形控制要求等资料。

详细勘察应查明各类工程场地的工程地质、水文地质条件，分析评价地基、围岩及边坡稳定性，预测可能出现的岩土工程问题，提出地基基础、围岩加固与支护、边坡治理、周边环境保护方案建议，提供设计、施工所需的岩土参数。

城市轨道交通工程遇到的岩土工程问题概括起来主要为各类建筑工程的地基基础问题，隧道围岩稳定问题，天然边坡、人工边坡稳定性问题，周边环境保护问题等，为分析评价和解决好这些岩土工程问题，详细勘察阶段需要详细查明其地质条件，提出处理措施建议，提供所需的岩土参数。

3. 工作内容

（1）查明不良地质作用的特征、成因、分布范围、发展趋势和危害程度，提出建议的治理方案。

城市轨道交通工程建设一般分布于大中城市人口稠密的地区，危害人类生命财产安全的重大地质灾害，如滑坡、泥石流、危岩、崩塌等情况比较少见，且多数进行了治理。但是，线路经过地面沉降区段、砂土液化地段、地下隐伏断裂和第四系地层中活动断裂、地裂缝等的情况还是比较常见，这些常见的不良地质作用会对城市轨道交通工程的施工安全和长期运营造成危害。

（2）查明场地范围内岩土层的类型、年代、成因、分布范围、工程特性，分析和评价地基的稳定性、均匀性和承载能力，提出对天然地基、地基处理或桩基等地基基础方案的建议，对需进行沉降计算的建（构）筑物、路基等，提供地基变形计算参数。

查明场地内的岩土类型、分布、成因等是岩土工程勘察的基本要求。由于城市轨道交通工程线路较长、结构类型多、地基基础类型多，差异沉降会给工程结构及运营安全带来危害，在软土地区和地质条件复杂地区已出现过此类问题，因此，需要提出对各类工程地基基础方案的建议并对其地基变形特征进行评价。

（3）分析地下工程围岩的稳定性和可挖性，对围岩进行分级和岩土施工工程分级，提出对地下工程有不利影响的工程地质问题及建议的防治措施，提供基坑支护、隧道初期支护和衬砌设计、施工所需的岩土参数。

城市轨道交通地下工程结构复杂、施工工法工艺多，不同工法对地层的适应性不同，例如饱和粉细砂、松散填土层、高承压水地层等地质条件一般会造成矿山法施工隧道掌子面失稳和突涌；软弱土层会导致盾构法施工隧道管片错台、衬砌开裂、渗水等问题。这些工程地质问题会影响地下工程土方开挖、支护体系施工和隧道运行的安全。基坑、隧道岩土压力及计算模型，以及基坑、隧道的支护体系变形是地下工程设计计算的主要内容。岩土工程勘察需要为这些工程问题的解决提供岩土参数。

（4）分析边坡的稳定性，提供边坡稳定性计算参数，提出边坡治理的工程措施建议。城市轨道交通涉及在山区、丘陵地区或穿越邻近环境以及开挖会遇到天然边坡和人工边坡等问题，因此，详细勘察应该分析边坡稳定性，并提供相关参数，提出相应的治理措施。

（5）查明对工程有影响的地表水的分布、水位、水深、水质、防渗措施、淤积物分布及地表水与地下水的水力联系等，分析地表水对工程可能造成的危害。

城市轨道交通工程经常要穿越和跨越江、河、湖、沟、渠、塘等各种类型的地表水。地表水是控制线路工程的重要因素，而且施工风险极高，易产生灾难性的后果，如上海城市轨道交通4号线联络通道的坍塌导致江水灌入隧道，北京城市轨道交通也发生过雨后河水上涨灌入隧道的情况。因此查明地表水的分布、水位、水深、水质、防渗措施、淤积物分布及地表水与地下水的水力联系等，对工程施工安全风险控制十分重要。

（6）查明地下水的埋藏条件，提供场地的地下水类型、勘察时水位、水质、岩土渗透系数、地下水位变化幅度等水文地质资料，分析地下水对工程的作用，提出建议的地下水控制措施。

（7）判定地下水和土对建筑材料的腐蚀性。

（8）分析工程周边环境与工程的相互影响，提出建议的环境保护措施。

城市轨道交通工程一般邻近或穿越地下管线、既有轨道交通、周边建（构）筑物、桥梁以及文物等，这些工程周边环境与城市轨道交通工程存在着相互影响；工程周边环境保护是城市轨道交通工程建设的一项重要工作、也是一个难点。因此，根据岩土工程条件及城市轨道交通工程的建设特点分析环境与工程的相互作用，提出环境拆、改、移及保护等措施建议，是城市轨道交通工程勘察的一项重要工作。

（9）应确定场地类别，对抗震设防烈度大于6度的场地，应进行液化判别，提出建议的处理措施。

（10）在季节性冻土地区，应提供场地土的标准冻结深度。

### 3.6.2.4 施工勘察

城市轨道交通工程尤其是地下工程，经常发生因地质条件变化而产生的施工安全事故，因此施工勘察非常重要。施工勘察应针对施工方法、施工工艺的特殊要求和施工中出现的工程地质问题等开展工作，提供地质资料，满足施工方案调整和风险控制的要求。施工勘察主要包括施工中的地质工作以及施工专项勘察工作。

1. 施工单位的主要地质工作

施工地质工作是施工单位在施工过程中的必要工作，是信息化施工的重要手段。施工阶段施工单位应开展的必要的地质工作如下叙述，但在实际工作中不限于这些工作。

（1）研究工程勘察资料，掌握场地工程地质条件及不良地质作用和特殊性岩土的分布情况，预测施工中可能遇到的岩土工程问题。

（2）调查了解工程周边环境条件变化、周边工程施工情况、场地地下水位变化及地下管线渗漏情况，分析地质与周边环境条件的变化对工程可能造成的危害。

（3）施工中应通过观察开挖面岩土成分、密实度、湿度、地下水情况、软弱夹层、地质构造、裂隙、破碎带等实际地质条件核实、修正勘察资料。

（4）绘制边坡和隧道地质描述图。

（5）复杂地质条件下的地下工程开展超前地质探测工作，进行超前地质预报。

（6）必要时对地下水动态进行观测。

2. 勘察单位的主要工作

除以上施工中的地质工作外，遇下列情况建设单位应委托勘察单位进行施工专项勘察：

（1）场地地质条件复杂、施工过程中出现地质异常，对工程结构及工程施工产生较大危害。

由于钻孔为点状地质信息，地质条件复杂时在钻孔之间会出现大的地层异常情况，超出详细勘察报告分析推测范围。施工过程中常见的地质异常主要包括地层岩性出现较大的变化，地下水位明显上升，出现不明水源，出现新的含水层或透镜体。

（2）场地存在暗浜、古河道、空洞、岩溶、土洞等不良地质条件影响工程安全。

（3）场地存在孤石、漂石、球状风化体、破碎带、风化深槽等特殊岩土体对工程施工造成不利影响。

在施工过程中经常会遇见暗浜、古河道、空洞、岩溶、土洞以及卵石地层中的漂石、残积土中的孤石、球状风化等增加施工难度、危及施工安全的地质条件。这些地质条件在前期勘察工作中虽已发现，但其分布具有随机性，同时受详细勘察精度和场地条件的影响，难以查清其确切分布状况。因此，在施工阶段有必要开展针对性的勘察工作以查清此类地质条件，为工程施工提供依据。比如广州城市轨道交通针对溶洞、孤石等委托原勘察单位开展了施工阶段的专门性勘察工作，钻孔间距达到 3～5m；北京城市轨道交通 9 号线针对卵石地层中的漂石对盾构和基坑护坡桩施工的影响，委托原勘察单位开展了施工阶段的专门勘察工作，采用了人工探井、现场颗分试验等勘察手段。

（4）场地地下水位变化较大或施工中发现不明水源，会影响工程施工或危及工程安全。由于勘察阶段距离施工阶段的时间跨度较大，场地周边环境可能会发生较大变化，常见的包括场地范围内埋设了新的地下管线、周边出现新的工程施工、既有管线发生渗漏等。

（5）施工方案有较大变更或采用新技术、新工艺、新方法、新材料时，详细勘察资料不能满足要求。

（6）基坑或隧道施工过程中出现桩（墙）变形过大、基底隆起、涌水、坍塌、失稳等岩土工程问题，或发生地面沉降过大、地面塌陷、相邻建筑开裂等工程环境问题。

在地下工程的施工过程中出现桩（墙）变形过大、开裂、基坑或隧道出现涌水、坍塌和失稳等意外情况，或发生地面沉降过大等岩土工程问题，需要查明地质情况为工程抢险和恢复施工提供依据。

（7）工程降水，土体冻结，盾构始发（接收）井端头、联络通道的岩土加固等辅助工法需要时。

一般城市轨道交通工程的盾构始发（接收）井、联络通道加固，工程降水，冻结等辅助措施的施工方案在施工阶段方能确定，详细勘察阶段的地质工作往往缺乏针对性，需要在施工阶段补充相应的岩土工程资料。

施工阶段需进行的专项勘察工作内容主要是从以往勘察和工程施工工作中总结出来的，这些内容往往对城市轨道交通工程施工的安全和解决工程施工中的重大问题起重要作用，需要在施工阶段重点查明。

（8）需进行施工勘察的其他情况。

施工阶段由于地层已开挖，为验证原位试验提供了良好条件，建议在缺少工程经验的地区开展关键参数的原位试验为工程积累资料。因此，在对抗剪强度、基床系数、桩端阻力、桩侧摩阻力等关键岩土参数缺少相关工程经验的地区，宜在施工阶段进行现场原位试验。

#### 3.6.2.5　施工勘察要求

施工勘察是专门为解决施工中出现的问题而进行的勘察，因此，施工勘察的分析评价，以及提出的岩土参数、工程处理措施建议应具有针对性。施工专项勘察工作应符合下列规定：

1. 搜集施工方案、勘察报告、工程周边环境调查报告以及施工中形成的相关资料。

2. 搜集和分析工程检测、监测和观测资料。

3. 充分利用施工开挖面了解工程地质条件，分析需要解决的工程地质问题。

4. 根据工程地质问题的复杂程度、已有的勘察工作和场地条件等确定施工勘察的方法和工作量。

5. 针对具体的工程地质问题进行分析评价，并提供所需的岩土参数，提出对工程处理措施的建议。

# 3.7 人 防 工 程

1. 本节适用于人工开挖的无压地下洞室的岩土工程勘察。

2. 地下洞室勘察的围岩分级方法应与地下洞室设计采用的标准一致。

3. 可行性研究勘察应通过搜集区域地质资料、现场踏勘和调查，了解拟选方案的地形地貌、地层岩性、地质构造、工程地质、水文地质和环境条件，做出可行性评价，选择合适的洞址和洞口。

4. 初步勘察应采用工程地质测绘、勘探和测试等方法，初步查明选定方案的地质条件和环境条件，初步确定岩体质量等级（围岩类别），对洞址和洞口的稳定性做出评价，为初步设计提供依据。

5. 初步勘察时，工程地质测绘和调查应初步查明下列问题：

（1）地貌形态和成因类型。

（2）地层岩性、产状、厚度、风化程度。

（3）断裂和主要裂隙的性质、产状、充填、胶结、贯通及组合关系。

（4）不良地质作用的类型、规模和分布。

（4）地震地质背景。

（6）地应力的最大主应力作用方向。

（7）地下水类型、埋藏条件、补给、排泄和动态变化。

（8）地表水的分布及其与地下水的关系、淤积物的特征。

（9）洞室穿越地面建筑物、地下构筑物、管道等既有工程时的相互影响。

6. 初步勘察时，勘探与测试应符合下列要求：

（1）采用浅层地震剖面法或其他有效方法圈定隐伏断裂、构造破碎带，查明基岩埋深、划分风化带。

（2）勘探点宜沿洞室外侧交叉布置，勘探点间距宜为100～200m，采取试样和原位测试勘探孔不宜少于勘探孔总数的2/3；控制性勘探孔深度，对岩体基本质量等级为Ⅰ级和Ⅱ级的岩体宜钻入洞底设计标高下1～3m；对Ⅲ级岩体宜钻入3～5m；对Ⅳ级、Ⅴ级的岩体和土层，勘探孔深度应根据实际情况确定。

（3）每一主要岩层和土层均应采取试样，当有地下水时应采取水试样；当洞区存在有害气体或地温异常时，应进行有害气体成分、含量或地温测定；对高地应力地区，应进行地应力量测。

（4）必要时，可进行钻孔弹性波或声波测试、钻孔地震CT或钻孔电磁波CT测试。

（5）室内岩石试验和土工试验项目，应按《岩土工程勘察规范》GB 50021—2001

（2009 年版）的规定执行。

7. 详细勘察应采用以钻探、钻孔物探和测试为主的勘察方法，必要时可结合施工导洞布置洞探，详细查明洞址、洞口、洞室穿越线路的工程地质和水文地质条件，分段划分岩体质量等级（围岩类别），评价洞体和围岩的稳定性，为设计支护结构和确定施工方案提供资料。

8. 详细勘察应进行下列工作：

（1）查明地层岩性及其分布，划分岩组和风化程度，进行岩石物理力学性质试验。

（2）查明断裂构造和破碎带的位置、规模、产状和力学属性，划分岩体结构类型。

（3）查明不良地质作用的类型、性质、分布，并提出建议的防治措施。

（4）查明主要含水层的分布、厚度、埋深，地下水的类型、水位、补给、排泄条件，预测开挖期间出水状态、涌水量和水质的腐蚀性。

（5）城市地下洞室需降水施工时，应分段提出工程降水方案和有关参数。

（6）查明洞室所在位置及邻近地段的地面建筑和地下构筑物、管线状况，预测洞室开挖可能产生的影响，提出防护措施。

9. 详细勘察可采用浅层地震勘探和孔间地震 CT 或孔间电磁波 CT 测试等方法，详细查明基岩埋深、岩石风化程度、隐伏体（如溶洞、破碎带等）的位置，在钻孔中进行弹性波波速测试，为确定岩体质量等级（围岩类别）、评价岩体完整性、计算动力参数提供资料。

10. 详细勘察时，勘探点宜在洞室中线外侧 6～8m 交叉布置，山区地下洞室按地质构造布置，且勘探点间距不应大于 50m；城市地下洞室的勘探点间距，岩土变化复杂的场地宜小于 25m，中等复杂的宜为 25～40m，简单的宜为 40～80m。

采集试样和原位测试勘探孔数量不应少于勘探孔总数的 1/2。

11. 详细勘察时，第四系中的控制性勘探孔深度应根据工程地质条件、水文地质条件、洞室埋深、防护设计等需要确定；一般性勘探孔可钻至基底设计标高下 6～10m。控制性勘探孔深度，可按本节第 6 条第（2）款的规定执行。

12. 详细勘察的室内试验和原位测试，除应满足初步勘察的要求外，对城市地下洞室尚应根据设计要求进行下列试验：

（1）采用承压板边长为 30cm 的载荷试验测定地基基床系数。

（2）采用面热源法或热线比较法进行热物理指标试验，计算热物理参数，如导温系数、导热系数和比热容。

（3）当需提供动力参数时，可用压缩波波速 $u$ 和剪切波波速 $v$ 计算求得，必要时，可采用室内动力性质试验，提供动力参数。

13. 施工勘察应配合导洞或毛洞开挖进行，当发现与勘察资料有较大出入时，应提出建议的修改设计和施工方案。

14. 地下洞室围岩的稳定性评价应采用工程地质分析与理论计算相结合的方法，可采用数值法或弹性有限元图谱法。

15. 当洞室可能产生偏压、膨胀压力、岩爆和其他特殊情况时，应进行专门研究。

16. 详细勘察阶段地下洞室岩土工程勘察报告，除按《城市轨道交通岩土工程勘察规范》GB 50307—2012 的要求执行外，尚应包括下列内容：

（1）划分围岩类别。

（2）提出对洞址、洞口、洞轴线位置的建议。

（3）对洞口、洞体的稳定性进行评价。

（4）提出建议的支护方案和施工方法。

（5）评价对地面变形和既有建筑的影响。

## 习题

1. 基坑工程勘察中，怎样确定合适的勘察深度？

2. 岩土工程勘察报告中与基坑工程有关的部分应包括哪些内容？

3. 请简述如何对盾构设备、刀盘和刀具进行选择，需要考虑哪些因素？

4. 有哪些不良地质条件会对盾构施工产生影响？

5. 城市轨道交通工程分为哪几个工程重要性等级？

6. 在初步勘察人防工程时，工程地质测绘和调查应初步查明哪些问题？

# 第4章 工程地质调查与测绘

**本章重点**

● 了解工程地质调查与测绘的测试范围。

● 理解掌握工程地质调查与测绘的内容。

● 熟悉工程地质调查与测绘的基本方法。

## 4.1 概　　述

工程地质调查与测绘是勘测工作的手段之一，是最基本的勘察方法和基础性工作，它是采用室内收集资料、现场调查访问、地质测量、航测、遥感解译等方法，查明拟建场地的工程地质要素，并绘制相应的工程地质图件、编制相关说明的工作。工程地质调查与测绘应包括工程场地的地形地貌、地层岩性、地质构造、工程地质条件、水文地质条件、不良地质作用和特殊性岩土等。

"测绘"是指按有关规范规程的规定要求所进行的地质填图工作；"调查"是指达不到有关规范规程规定的要求所进行的地质填图工作，如降低比例尺精度、适当减少测绘程序、缩小测绘面积或针对某一特殊工程地质问题等。对复杂的建筑场地应进行工程地质测绘，对中等复杂的建筑场地可进行工程地质测绘或调查，对简单或已有地质资料的建筑场地可进行工程地质调查。

工程地质调查与测绘宜在可行性研究或初步勘察阶段进行。在可行性研究阶段搜集资料时，宜包括航空相片、卫星相片的解译结果；在详细勘察阶段可对某些专门地质问题做补充调查。工程地质调查与测绘的目的是通过调查与测绘掌握场地主要工程地质问题，结合区域地质资料对地下工程场地的稳定性、适宜性做出评价，划分场地复杂程度，分析工程建设中存在的岩土工程问题，提出建议的防治措施，并为各勘察阶段的勘探与测试工作布置提供依据。

## 4.2 工程地质调查与测绘的范围

工程地质测绘的范围应包括建设场地及其附近地段，应按勘察阶段所确定的线路、建（构）筑物平面范围及邻近地段开展地质调查与测绘工作，其范围应满足线路方案比选和建（构）筑物选址、地质条件评价的需要。

以解决实际问题为前提，具体可考虑如下要求：

1. 工程建设可能诱发地质灾害地段，其工作范围应包含可能的地质灾害发生的范围。

2. 对工程建设有影响的不良地质作用、特殊性岩土、断裂构造、地下富水区、既有建筑工程等地段应扩大工作范围。

3. 对查明测区地层岩性、地质构造、地貌单元等问题有重要意义的邻近地段。

4. 当地质条件特别复杂或需进行专项研究时，工作范围应专门研究确定。

## 4.3　工程地质调查与测绘的比例尺和精度要求

1. 比例尺的选择

工程地质测绘的比例尺一般分为以下三种：

(1) 小比例尺测绘：比例尺 1:5000～1:50,000，一般在选址勘察时采用。

(2) 中比例尺测绘：比例尺 1:2000～1:5000，一般在初步勘察时采用；

(3) 大比例尺测绘：比例尺 1:500～1:2000，适用于详细勘察阶段，当地质条件复杂或建筑物重要时，比例尺可适当放大。

《城市轨道交通岩土工程勘察规范》GB 50307—2012 规定测绘用图比例尺宜选用比最终成果图大一级的地形图作为底图，在可行性研究勘察阶段选用 1:1000～1:2000；在初步勘察、详细勘察和施工勘察阶段选用 1:500～1:1000；在工程地质条件复杂地段应适当放大比例尺。

2. 测绘精度

测绘的精度要求主要是指图幅的精确度；精确度包括测绘填图时所划分单元的最小尺寸以及实际单元的界线在图上标定时的误差大小两个方面。

1) 测绘填图时所划分单元的最小尺寸一般为 2mm，即大于 2mm 者均应标示在图上，根据这一要求，各种单元体标示在图上的容许误差为 2mm 乘图幅比例尺分母。在实际工作中还应结合工程的要求，对建筑工程具有重要影响的地质单元，即使小于 2mm，也用扩大比例尺的方法标示在图上，并注明其实际数据：对与建筑工程关系不大且相近似的几种单元，可合并标示。

2) 实际单元的界线在图上标定时的误差

水利水电及铁路系统规定，在图上的误差为 2mm。

《岩土工程勘察规范》GB 50021—2001（2009 年版）规定，地质界线和地质观测点的测绘精度在图上不应低于 3mm。

《公路工程地质勘察规范》JTG C20—2011 规定，工程地质图上的地质界线与实际地质界线的误差在图上的距离不应大于 3mm。

《城市轨道交通岩土工程勘察规范》GB 50307—2012 规定，(1) 在可行性研究勘察阶段地层单位划分到"阶"或"组"，岩体年代单位划分到"期"；在初步勘察、详细勘察和施工勘察阶段均划分到"段"；第四系应划分不同的成因类型，年代应划分到"世"；(2) 地质界线、地质观察点测绘在图上的位置误差不应大于 2mm；(3) 地质单元体在图上的宽度大于或等于 2mm 时，均应在图上表示；有特殊意义或对工程有重要影响的地质单元体，在图上的宽度小于 2mm 时，应采用扩大比例尺的方法标示并加以注明。

## 4.4　工程地质调查与测绘的方法

1. 像片成图法

利用地面摄影或航空（卫星）摄影像片，先在室内进行解译，划分地层岩性、地质构造、地貌、水系和不良地质作用等，并在像片上选择若干点和路线，去实地进行校对修正，绘成底图，然后再转绘成图。其方法步骤是：先采用目视、光学仪器或计算机等方法对航空照片、卫星照片进行地质解译；再结合区域地质资料，调绘整理成图、表和文字说明；最后到实地验证地质解译成果，经补充修改最后成图。野外工作应包括：检查解译标志、检查解译结果、检查外推结果、对室内解译难以获得的资料进行野外补充。在利用遥感影像资料解译进行工程地质测绘时，现场检验地质观测点数宜为工程地质测绘点数的30%～50%。

2. 实地测绘法

实地工程地质测绘方法一般有三种：

（1）路线法。沿一定的路线穿越测绘场地，详细观察沿途地质情况并把观测路线和沿线查明的地质现象、地质界线、地貌界线、构造线、岩性、各种不良地质现象等填绘在地形图上。路线形式有直线形或 S 形等，用于各类比例尺的测绘。

（2）布点法。根据地质条件复杂程度和不同的比例尺的要求，预先在地形图上布置一定数量的观测点及观测路线。观测路线的长度应满足各类勘察的要求，路线避免重复，尽可能以最优观察路线达到最广泛地观察地质现象的目的。布点法适用于大、中比例尺测绘，是工程地质测绘的基本方法。

（3）追索法。沿地层、地质构造的延伸方向和其他地质单元界线布点追索，以便追索某些重要地质现象（如标志层、矿层、地质界线、断层等）的延展变化情况和地质体的轮廓，是一种针对某些局部复杂构造布置地质观察路线的方法。追索法多用于大比例尺测绘或专项地质调查，是一种辅助测绘方法，常配合前两种方法使用。对于一些中、小型地质体，采用追索法还可起到全面圈定其分布范围的作用，在这种情况下，也可将追索法称为圈定法。在航空像片解译程度良好的地区，可直接依据其影像标志圈定某些地质体的范围，以减少地面追索的工作量。

## 4.5　地质观测点布置要求

地质观测点的布置应符合下列规定：

1. 地质观测点应布置在具有代表性的岩土露头、地层界线、断层及重要的节理、地下水露头、不良地质、特殊岩土界线等处。

2. 地质观测点密度应根据技术要求、地质条件和成图比例尺等因素综合确定，其密度应能控制不同类型地质界线和地质单元体的变化。

3. 地质观测点的定位应根据精度要求和地质复杂程度选用目测法、半仪器法、仪器法。对构造线、地下水露头、不良地质作用等重要的地质观测点，应采用仪器定位。

《岩土工程勘察规范》GB 50021—2001（2009 年版）规定，地质观测点的密度应根据场地的地貌、地质条件、成图比例尺和工程要求等确定，并应具代表性。

《水利水电工程地质测绘规程》SL/T 299—2020规定，地质点的间距应控制在相应比例尺图上距离2~3cm。

《公路工程地质勘察规范》JTG C20—2011规定，工程地质调绘点在图上的密度为每100mm×100mm不得少于4个。

地质观测点的定位所采用的标测方法对成图的质量影响重大，所以应当根据不同比例尺的精度要求和地质条件的复杂程度采用不同的方法。一般情况下，目测法适合于小比例尺的工程地质测绘，通常在可行性研究勘察阶段采用，该法系根据地形、地物以目估或步测距离标测；半仪器法适合于中比例尺的工程地质测绘，因此多在初步勘察阶段采用，它借助于罗盘仪、气压计等简单的仪器测定方位和高度，使用徒步或测绳量测距离；仪器法则适合于大比例尺的工程地质测绘，常用于详细勘察阶段，它借助于经纬仪、水准仪等较精密的仪器测定地质观测点的位置和高程。另外，对于有特殊意义的地质观测点，如地质构造线、软弱夹层、地下水露头以及对工程有重要影响的不良地质现象，或为了解决某一特殊的岩土工程问题时，也宜采用仪器法测定其位置和高程。

# 4.6 工程地质调查与测绘的内容

工程地质调查与测绘工作应包括下列内容：

1. 地形地貌

地形地貌是工程地质条件中对建筑物选址影响最大的要素。对地形地貌研究的内容包括：

（1）地形与地貌的形态，划分地貌单元，确定成因类型，分析其与基底岩性和新构造运动的关系。

（2）微地貌特征及其与地层岩性、地质构造和不良地质作用的联系。

（3）调查地形的形态及其变化情况。

（4）植被的性质及其与各种地形要素的关系。

（5）阶地分布和河漫滩的位置及其特征，古河道、牛轭湖等的分布和位置。

2. 地层岩性

地层岩性是工程地质条件中最基本的要素，也是研究各种地质现象的基础。对地层岩性研究的内容包括：

（1）地层的时代和填图单位。

（2）各类岩土层的分布、岩性、岩相及成因类型。

（3）岩土层的层序、接触关系、厚度及其变化规律。

（4）岩土的工程性质等。

3. 地质构造

地质构造是工程地质条件中对建筑物危害最严重的要素。对地质构造的研究内容包括：

（1）岩层的产状及各种构造形迹的分布、形态和规模。

（2）软弱结构面（带）的产状及其性质，包括断层的位置、类型、产状、断距、破碎带宽度及充填胶结情况。

（3）岩土层各种接触面及各类构造岩的工程特性。

（4）近期构造活动的形迹、特点及与地震活动的关系等。

（5）节理、裂隙的产状、性质、宽度、成因和充填胶结程度。

4. 水文地质条件

水文地质条件影响建筑物地基基础的安全稳定性，对水文地质条件研究的内容包括：从地下水水头的分布、类型、水量、水质等入手，并结合必要的勘探、测试工作，查明测区内地下水的类型、分布情况和埋藏条件；含水层、透水层和隔水层（相对隔水层）的分布，各含水层的富水性和它们之间的水力联系；地下水的补给、径流、排泄条件及动态变化；地下水与地表水之间的补、排关系；地下水的物理性质和化学成分等。应在此基础上分析水文地质条件对岩土工程实践的影响。

5. 第四纪地质

对第四纪地质研究的主要内容有：

（1）确定沉积物的年代。

（2）划分第四纪沉积物的成因、类型。

（3）第四纪沉积物的岩性分类及其变化规律，包括根据第四纪沉积物的特征进行岩性划分及土的命名，沉积物在水平和垂直方向上的变化规律以及特殊性土的研究。

6. 建筑砂石料

建筑砂石料影响建筑物基础形式及建筑结构形式的选择，对建筑材料的研究应结合工程建筑的要求，就地寻找适宜的天然建材，做出质量和储量评价。

7. 人类活动对场地稳定性的影响

测区内或测区附近人类的某些工程、经济活动往往会影响建筑场地的稳定性。如人工洞穴、地下采空、大挖大填、抽（排）水和水库蓄水引起的地面沉降、地表塌陷、诱发地震，渠道渗漏引起的斜坡失稳等，都会对场地稳定性带来不利影响，对它们的调查应予以重视。此外，场地内如有古文化遗迹和古文物，应妥善保护发掘，并向有关部门报告。

## 习题

1. 请分别解释"测绘"和"调查"。

2. 请简述工程地质调查与测绘的范围。

3. 实地工程地质测绘方法一般有哪几种？

4. 第四纪地质勘测的主要内容有哪几方面？

5. 工程地质调查与测绘工作包括哪些内容？

# 第 5 章　钻孔取样及室内土工试验

**本章重点**

- 明确钻孔取样的钻进方法和技术要求。
- 学习取样方法的适用范围和取土器的基本参数。
- 掌握不扰动土样的采样方法。
- 了解室内土工试验的种类。
- 掌握各种室内土工试验的具体方法。

## 5.1　钻　孔　取　样

当需查明岩土的性质和分布，采取岩土试样或进行原位测试时，可采用钻探、井探、槽探、洞探和地球物理勘探等。勘探方法的选取应符合勘察目的和岩土的特性。

在岩土工程勘察中，钻孔是最广泛采用的一种勘探手段，可以鉴别、描述土层，岩土取样，进行标准贯入试验或波速测试等。钻孔取样是利用动力机械和钻具向指定的地层进行钻孔的施工工作。钻孔取样借助于钻探直接取得拟定深度和直径的岩芯、土样、水样、气样等试物样品，用以分析鉴定地质岩层及构造，对岩土体观察、鉴别或进行各种物理力学的试验以确定土的物理力学性质和地层形成年代，或者钻凿专门供长期观测地下水位动态变化的钻孔。在采取土样时，应尽量减少对其进行扰动，要采取原状土样（能保持原有的天然结构未受破坏的土样），与原状土样相对的土样称为扰动土样（试样的天然结构已遭受破坏）。在实际勘探过程中，要取得完全不受扰动的原状土样比较困难，主要是由于土样脱离母体后，原来所受到的围压突然解除，土样的应力状态发生了变化；钻孔取样过程中，钻具在钻压时会对周围土体产生扰动；采取土样的取土器有一定的壁厚、长度和面积，在其压入过程中，会使土样受到一定的扰动。

### 5.1.1　钻进方法

我国岩土工程勘探常用的钻探方法有冲击钻探、回转钻探、振动钻探和冲洗钻探，按动力来源又可将它们分为人力和机械两种。其中机械回转钻探的钻进效率高，孔深大，又能采取岩芯，因此在岩土工程钻探中使用最广，钻探方法适用范围如表 5-1 所示。

（1）冲击钻探，是利用钻具重力和下落过程中产生的冲击力使钻头冲击孔底岩土体并使其产生破坏，从而达到在岩土层中钻进的目的。它包括冲击钻探和锤击钻探，根据适用工具不同还可以分为钻杆冲击钻探和钢绳冲击钻探。对于硬质岩土层（岩石层或碎石土），一般采用孔底全面冲击钻进；对于其他土层，一般采用圆筒形钻头刃口借助于钻具冲击力切削土层钻进。

（2）回转钻探，是采用底部焊有硬质合金的圆环状钻头进行钻进，钻进时一般要施加一定的压力，使钻头在旋转中切入岩土层以达到钻进的目的。它包括岩芯钻探、无岩芯钻探和螺旋钻探，岩芯钻探为孔底环状钻进，螺旋钻探为孔底全面钻进。

（3）振动钻探，是采用机械动力产生的振动力，通过连接杆和钻具传到钻头。振动力的作用使钻头能更快地破碎岩土层，因而钻进较快。该方法适合用在砂土层中，特别适合用在颗粒组成相对均匀细小的中细砂土层中。

（4）冲洗钻探，是一种利用高压水流冲击孔底土层，使之结构破坏，土颗粒悬浮并最终随水流循环流出孔外的钻进方法。由于是靠水流直接冲洗，因此无法对土体结构及其他相关特性进行观察鉴别。

钻探方法适用范围 　　　　　　　　　表 5-1

| 钻探方法 | | 钻进地层 | | | | | 勘察要求 | |
| --- | --- | --- | --- | --- | --- | --- | --- | --- |
| | | 黏性土 | 粉土 | 砂土 | 碎石土 | 岩石 | 直接鉴别、采取不扰动试样 | 直接鉴别、采取扰动试样 |
| 回转 | 螺旋钻探 | ++ | + | + | － | － | ++ | ++ |
| | 无岩芯钻探 | ++ | ++ | ++ | + | ++ | － | － |
| | 岩芯钻探 | ++ | ++ | ++ | + | ++ | ++ | ++ |
| 冲击 | 冲击钻探 | － | + | ++ | ++ | － | － | － |
| | 锤击钻探 | ++ | ++ | ++ | + | － | ++ | ++ |
| | 振动钻探 | ++ | ++ | ++ | + | － | + | － |
| | 冲洗钻探 | + | ++ | ++ | － | － | － | ++ |

注：++：适用；+：部分适用；－：不适用。

选择钻探方法应考虑的原则包括：

（1）地层特点和钻探方法的相关性。

（2）能保证以一定的精度鉴别地层，了解地下水情况。

（3）尽量避免或减轻对取样段的扰动影响。

### 5.1.2　钻孔取样技术要求

钻孔施工的一般要求：

1）当需查明岩土的性质和分布，采取岩土试样或进行原位测试时，可采用钻探、井探、槽探、洞探和地球物理勘探等方法。勘探方法的选取应符合勘察目的和岩土的特征。

2）布置勘探工作时应考虑勘探对工程自然环境的影响，防止对地下管线、地下工程和自然环境的破坏。钻孔、探井和探槽完工后应妥善回填。

3）静力触探、动力触探作为勘探手段时，应与钻探等其他勘探方法配合使用。

4）进行钻探、井探、槽探和洞探时，应采取有效措施，确保施工安全。

5）勘探浅部土层可采用的钻探方法有：小口径麻花钻（或提土钻）钻进、小口径勺形钻钻进、洛阳铲钻进。

6）钻探口径和钻具规格应符合现行国家标准的规定。成孔口径应满足取样、测试和钻进工艺的要求。

7）钻进深度和岩土分层深度的量测精度不应大于±5cm，地下水位量测允许偏差为±20mm。

8）钻探的回次进尺应在保证获得准确地质资料的前提下，根据地层条件和岩芯管长度确定。钻进时回次进尺不应超过岩芯管的长度。

9）在砂土、碎石土等取芯困难地层中钻进时，应控制回次进尺或回次时间，以确保分层与描述的要求。对鉴别地层天然湿度的钻孔，在地下水位以上应进行干钻，当必须加水或使用循环液时，采用双层岩芯管钻进。

10）当需确定岩石质量指标 RQD 时，应采用 75mm 口径（N 型）双层岩芯管和金刚石钻头。

11）钻探现场编录柱状图应按钻进回次逐项填写，在每一回次中发现变层时应分行填写，不得将若干回次或若干层合并一行记录。现场记录不得誊录转抄，误写之处可以划去，在旁边进行更正，不得在原处涂抹修改。为便于对现场记录检查核对或进一步编录，勘探点应按要求保存岩土芯样。

12）土芯应保存在土芯盒或塑料袋中，每一回次至少保留一块土芯。岩芯应全部存放在岩芯盒内，顺序排列，统一编号。岩土芯样应保存到钻探工作检查验收为止，必要时应在合同规定的期限内长期保存，也可在检查验收结束后拍摄岩土芯样的彩色照片，纳入勘察成果资料。

13）钻孔完工后，可根据不同要求选用合适材料进行回填。临近堤防的钻孔应采取干泥球回填，泥球直径以 2cm 左右为宜。回填时应均匀投放，每回填 2m 进行一次捣实。对隔水有特殊要求时，可用 4：1 的水泥、膨润土浆液通过泥浆泵由孔底逐渐向上灌注回填。

工程地质钻探的岩芯采取率应符合表 5-2 的规定。

工程地质钻探岩芯采取率 表 5-2

| 岩土类型 | | 岩芯采取率（%） |
|---|---|---|
| 土类 | 黏性土、粉土 | ≥90 |
| | 砂土 | ≥70 |
| | 碎石土 | ≥50 |
| 基岩 | 滑动面和重要结构面上下 5m 范围内 | ≥70 |
| | 强风化带、中风化带 | ≥70 |
| | 强风化带、全风化带、构造破碎带 | ≥65 |
| | 完整岩层 | ≥80 |

### 5.1.3 取样方法及适用范围

岩土试样根据其扰动情况可分为Ⅰ、Ⅱ、Ⅲ、Ⅳ四个等级，不同室内试验对试样的扰动等级要求不同，具体如表 5-3 所示。

土试样质量等级 表 5-3

| 级别 | 扰动程度 | 试验内容 |
|---|---|---|
| Ⅰ | 不扰动 | 土的定名、含水率、密度、强度试验、固结试验 |
| Ⅱ | 轻微扰动 | 土的定名、含水率、密度 |
| Ⅲ | 显著扰动 | 土的定名、含水率 |
| Ⅳ | 完全扰动 | 土的定名 |

不扰动是指原位应力状态虽已改变，但土的结构、密度和含水率变化很小，能满足室内试验各项要求。

除地基基础设计等级为甲级的工程外，在工程技术要求允许的情况下可用Ⅱ级土试样进行强度和固结试验，但宜先对土试样受扰动程度做抽样鉴定，判定用于试验的适宜性，并结合地区经验使用试验成果。

表 5-3 虽然给出了根据扰动程度进行土样质量等级划分的依据，但是土样扰动程度的确定也具有一定难度，土试样扰动程度的鉴定有多种方法，大致可分以下几类：

（1）现场外观检查，观察土样是否完整，有无缺失，取样管或衬管是否挤扁、弯曲、卷折等。

（2）测定回收率，回收率取 $H/L$，$H$ 是指取样时取样器贯入孔底以下土层的深度；$L$ 是指土样长度，可取土试样毛长，即可从试样顶端算至取土器刃口，下部如有脱落可不扣除。回收率等于 0.98 左右是最理想的，大于 1.0 或小于 0.95 是土样受扰动的标志。

（3）X 射线检验，可发现裂纹、孔洞及粗粒包裹体等土样可能受到扰动的标志。

（4）室内试验评价，由于土的力学性质参数对试样的扰动十分敏感，土样受扰动的程度可以通过力学性质试验反映出来，最常见的试验判别方法有两种。一是根据应力-应变关系评价，随着土样扰动程度的增加，破坏应变增加，峰值应力降低，应力-应变关系曲线趋于平缓。根据国际土力学及基础工程协会取样分会资料，不同地区对不扰动土试样做不排水压缩试验得出的破坏应变值 $\varepsilon_f$ 分别是：加拿大黏土 1%；日本海相黏土 6%；法国黏土 3%～8%；新加坡海相黏土 2%～5%。如果测得的破坏应变值大于上述特征值，该土样即可认为是受扰动的。根据压缩曲线特征评定，定义扰动指数 $I_D = \Delta e_0/\Delta e_m$，其中 $\Delta e_0$ 为原位孔隙比与土样在先期固结压力处孔隙比的差值；$\Delta e_m$ 为原位孔隙比与重塑土在上述压力处孔隙比的差值。如果先期固结压力未能确定，可改用体积应变 $\varepsilon_v$ 作为评定指标：

$$\varepsilon_v = \Delta V/V = \Delta e/(1+e_0) \tag{5-1}$$

式中　$e_0$——土样的初始孔隙比；

　　　$\Delta e$——加荷至自重压力时的孔隙比变化量。

我国沿海部分地区对扰动程度进行评价的标准如表 5-4 所示。

扰动程度评价标准　　　　　　　　　　　　　　　表 5-4

| 扰动程度评价指标 | 几乎未扰动 | 少量扰动 | 中等扰动 | 很大扰动 | 严重扰动 | 资料来源 |
|---|---|---|---|---|---|---|
| $\varepsilon_f$ | 1%～3% | 3%～5% | 5%～6% | 6%～10% | >10% | 上海 |
| $\varepsilon_f$ | 3%～5% | 3%～5% | 3%～5% | >10% | >15% | 连云港 |
| $I_D$ | <0.15 | 0.15～0.30 | 0.30～0.50 | 0.50～0.75 | >0.75 | 上海 |
| $\varepsilon_v$ | <1% | 1%～2% | 2%～4% | 4%～10% | >10% | 上海 |

需要说明的是，上述指标的特征值受多种因素控制，它不仅与土样扰动程度有关，而且还受土的沉积类型、应力历史等条件影响，同时也与试验方法有关。因此对于不同地区，不同土质类型是无法找到统一的判断标准的，各个地方应在反复试验、积累数据的基础上建立适合于自身的标准。此外，上述标准只是取样后对其扰动状态的事后判断，为了能取到合乎要求的土试样，重点应当放在取样前的精心准备和取样过程的严格控制，这才是对土试样进行质量等级划分的指导思想所在。

### 5.1.4 取土器的基本技术参数

**1. 直径**

取土器直径的大小关系到土试样质量，设计取土器直径应考虑下列因素：

（1）取样方法：取土时土试样与取土筒内壁产生摩擦而造成土试样边缘扰动，此扰动带的宽度与取样方法、土层性质等有关。根据已有资料，当取土器技术参数选择适当，采用压入或重锤少击法取样时，扰动带的宽度一般在10mm左右。

（2）土层性质：对于易扰动的软土，取土器直径不应小于100mm，对于湿陷性黄土，不应小于120mm；砂土可采用直径较小的取土器，以免提取时脱落土试样。

（3）环刀直径：目前土工试验所用的环刀直径，其规格有多种，土样直径除去扰动带宽度后，尚应稍大于环刀直径。

此外，尚应考虑取样长度和目前所生产的管材直径，取土器愈长，则其直径应相应增大。

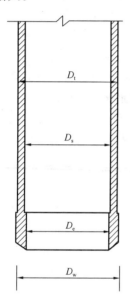

图 5-1　取土器间隙比

**2. 内间隙比**

取土管内径（$D_s$）和管靴刃口内径（$D_e$）之差与管靴刃口内径之比称内间隙比（$C_i$，%），如图5-1所示。

$$C_i = \frac{D_s - D_e}{D_e} \times 100\% \tag{5-2}$$

不同的土类可采用不同的内间隙比。内间隙比的大小主要控制土试样与取土器内壁摩擦引起的压密扰动和减少掉样现象。如内间隙比过大，则扰动宽度增加；过小则难以保证采取率。

**3. 外间隙比**

取土器管靴外径（$D_w$）和取土管外径（$D_t$）之差与取土管外径之比称外间隙比（$C_o$，%），如图5-1所示。

$$C_o = \frac{D_w - D_t}{D_t} \times 100\% \tag{5-3}$$

外间隙比要选择适当，以减小取土器外壁与孔壁的摩擦，从而减小取土器进入土层的阻力。但外间隙比不宜太大，否则会增加取土器的面积比，也就增加土试样的扰动程度。

**4. 面积比**

取土器外径所包围的最大断面积和不扰动土试样断面积之差与不扰动土试样断面积之比称面积比（$A_r$，%）。

$$A_r = \frac{D_w^2 - D_e^2}{D_e^2} \times 100\% \tag{5-4}$$

取土器面积比越小，则土试样所受的扰动程度就越小。要使面积比小，关键是减小取土器壁厚。但取土器壁太薄容易产生变形而影响土试样质量。因此，在保证取土器壁有足够的强度和刚度的前提下，尽量使面积比设计得最小。取土器的基本技术参数如表5-5～表5-7所示。

贯入型取土器技术标准　　　　表 5-5

| 取土器 | | 主参数（mm） | 刃口角度（°） | 面积比 $A_r$（%） | 内间隙比 $C_i$（%） | 外间隙比 $C_o$（%） | 衬管长度（mm） | 衬管材料 | 废土管长度 |
|---|---|---|---|---|---|---|---|---|---|
| 薄壁取土器 | 敞口 | 取样管内径 75；100 | 7～10 | ≤10 | 0～1.0 | — | — | — | — |
| | 自由活塞 | 取样管外径 75 | 5～10 | ≤10 | 0 | — | — | — | — |
| | | 取样管外径 108 | 5～10 | 10～13 | 0.5～1.0 | — | — | — | — |
| | 水压固定活塞 | 取样管外径 108 取样管外径 75 | 5～10 | ≤10 | 0 | — | — | — | — |
| | | 取样管外径 127 取样管外径 100 | | 10～13 | 0.5～1.0 | — | — | — | — |
| | | 取样管外径 146 取样管外径 120 | | | | — | — | — | — |
| | 固定活塞 | 取样管外径 75 | 5～10 | ≤10 | 0 | — | — | — | — |
| | | 取样管外径 108 | | 10～13 | 0.5～1.0 | — | — | — | — |
| 束节式取土器 | | 下节壁管外径 65、环刀内径 61.8 | 5～10 | 0～0.65 | 0～0.65 | — | 下节薄壁管长度 185 | 塑料、酚醛层纸或用环刀 | ≥200mm |
| | | 下节薄壁管外径 83、环刀内径 79.8 | | 0～0.5 | 0～0.5 | — | 下节薄壁管长度 203 | | |
| 黄土取土器 | | 取土器衬管内径 120 | 10～12 | 0.8～1.5 | 0.8～1.5 | 0.8～1 | 150；200；220 | 塑料、酚醛层纸或镀薄铁皮 | 200mm |
| 厚壁取土器 | | 取样管外径 89；108 | — | 0.5～1.5 | 0.5～1.5 | 0～2 | 150；200；300 | 塑料、酚醛层纸或镀薄铁皮 | ≥200mm |

回转型取土器技术标准　　　　表 5-6

| 取土器类型 | | 外管外径（mm） | 土样直径（mm） | 衬管长度（mm） | 内管超前距离（mm） |
|---|---|---|---|---|---|
| 三重管 | 单动 | 108 | 75 | 1200～1500 | 20～70 |
| | | 146 | 110 | | |
| | 双动 | 108 | 75 | 1200～1500 | 20～80 |
| | | 146 | 110 | | |

内置环刀取土器技术标准       表 5-7

| 外管外径 (mm) | 环刀内径 (mm) | 管靴下节 | | 管靴长度 (mm) | 面积比 (%) | 内间隙比 (%) | 刃角 (°) | 管靴超前量 (mm) | 废土管长度 (mm) |
| --- | --- | --- | --- | --- | --- | --- | --- | --- | --- |
| | | 外径 | 长度 | | | | | | |
| 89 | 61.8 | 64.8 | 35～50 | ≥85 | ≤10 | | | | ≥140 |
| 108 | 79.8 | 83.6 | 35～50 | ≥75 | ≤10 | 0% | 8～10 | 30～50 | ≥160 |
| 127 | 100.9 | 104.9 | 35～50 | ≥75 | ≤10 | | | | ≥180 |

### 5.1.5 不扰动土样的采取方法

1. 采样方法

土样的采取方法是指将取土器压入土层中的方式及过程。采取方法应根据不同地层、不同设备条件来选择。常见的取样方法有如下几种：

(1) 连续压入法。连续压入法也称组合滑轮压入法，即采用一组组合滑轮装置将取土器一次快速地压入土中，一般应用于人力钻或机动钻在浅层软土中的采样情况下。由于取土器进入土层的过程是快速、均匀的，历时较短，因此能够使土样较好地保持其原状结构，土样的边缘扰动很小甚至几乎看不到扰动的痕迹。由于连续压入法具有上述优越性，在软土层中应尽量用此法取样。

(2) 断续压入法，即取土器进入土层的过程不是连续的，而是要通过两次或多次间歇性压入才能完成的，其效果不如连续压入法，因此仅在连续压入法无法压入的地层中采用。断续压入时，要防止将钻杆上提而造成土样被拔断或冲洗液侵入对土样造成破坏。

(3) 击入法。此法在较硬或坚硬土层中采样采用，它采用吊锤打击钻杆或取土器进行土样的采取。在钻孔上面用吊锤打击钻杆而使取土器切入土层的方法称为上击式；在孔下用吊锤或加重杆直接打击取土器而进行取土的方法称为下击式。采用上击式取土方法时，锤击能量是由钻杆来传递的，如钻杆过长则在锤击力作用下会产生弯曲，弯曲到一定程度即会对土样产生附加的扰动，因此钻杆的长度应当有所限制，即不应当超过某一临界长度 $L$，临界长度 $L$ 可由欧拉公式求得：

$$L = \sqrt{\frac{CEJ}{P}} \tag{5-5}$$

式中    $P$ ——垂直锤击力；

       $E$ ——钻杆钢材弹性模量，取 $2.2 \times 10^6 \, \mathrm{kg/cm^3}$；

       $J$ ——钻杆转动惯量，$J = \frac{\pi}{64}(d_1^4 - d_0^4)$，其中 $d_1$、$d_2$ 分别是钻杆的内、外径；

       $C$ ——系数，取 $\pi^2/4$。

当取样深度小于临界长度 $L$ 时，钻杆不会产生明显的纵向弯曲，采用上击式取土是有效的；但当取样深度大于 $L$ 时，钻杆柱产生了纵向弯曲，最大弯曲点接触孔壁，使传至取土器的冲击力大大减弱，在这种情况下上击式取土效果差。另外，钻杆本身也是一个弹性体，当重锤下击时，极易产生回弹振动，因而容易造成土样扰动。由于存在上述缺点，上击式取土方法只用于浅层硬土中。

下击式取土方法由于重锤或加重杆在孔下直接打击取土器，避免了上击式取土方法所存在的一些问题。因此，它具有效率高、对土样扰动小、结构简单、操作方便等优点。下击式取土方法采用在孔下取土器钻杆上套一穿心重杆的方法，用人力或机械提动重杆使之往复打击取土器而进行取土。在提动重杆或重锤时，应使提动高度不超过允许的滑动距离，以免将取土器从土中拔出而拔断土样。

（4）回转压入法机械回转钻进时，可用回转压入式取土器（双层取土器）采取深层坚硬土样或砂样。取土时，外管旋转刻取土层，内管承受轴心压力而压入取土。由于外管与内管为滚动式接触，因此内管只承受轴向压力而不回转，外管刻取的土屑随冲洗液循环而携出孔外。如果泵量过小，则土屑不能全部排出孔口而可能妨碍外管钻进，甚至进入内、外管之间造成堵卡，使内管随外管转动而扰动土样。回转压入取土过程中应尽量不要提动钻具，以免提动内管而拔断土样，即使在不进尺的情况下提动钻具，也应控制提动距离，使之不超过内管与外管的可滑动范围。

由于不同的取样方法和取样工具对土样的扰动程度不同，因此，《岩土工程勘察规范》GB 50021—2001（2009 年版）对于不同等级土试样适用的取样方法和工具做出了具体规定，其内容具体如表 5-8 所示。

不同等级土试样的取样工具和方法　　　　　　　　　　　　　　　表 5-8

| 土试样质量等级 | 取样工具和方法 | | 适用土类 | | | | | | | | | | |
| --- | --- | --- | --- | --- | --- | --- | --- | --- | --- | --- | --- | --- | --- |
| | | | 黏性土 | | | | | 粉土 | 砂土 | | | | 砾砂、碎石土、软岩 |
| | | | 流塑 | 软塑 | 可塑 | 硬塑 | 坚硬 | | 粉砂 | 细砂 | 中砂 | 粗砂 | |
| Ⅰ | 薄壁取土器 | 固定活塞 | ++ | ++ | + | − | − | + | + | − | − | − | |
| | | 水压固定活塞 | ++ | ++ | + | − | − | + | + | − | − | − | |
| | | 自由活塞 | − | + | ++ | | | + | + | − | − | − | |
| | | 敞口 | + | + | + | | | + | + | − | − | − | |
| | 回转取土器 | 单动三重管 | − | + | ++ | ++ | + | ++ | ++ | ++ | | ++ | + |
| | | 双动三重管 | − | − | − | + | ++ | | | | | ++ | + |
| | 探井（槽）中刻取块状土样 | | ++ | ++ | ++ | ++ | ++ | ++ | ++ | ++ | ++ | ++ | ++ |
| Ⅱ | 薄壁取土器 | 水压固定活塞 | ++ | ++ | + | − | − | + | + | − | − | − | |
| | | 自由活塞 | + | ++ | ++ | − | − | + | + | − | − | − | |
| | | 敞口 | ++ | ++ | ++ | − | − | + | + | − | − | − | |
| | 回转取土器 | 单动三重管 | − | + | ++ | ++ | + | ++ | ++ | ++ | | ++ | ++ |
| | | 双动三重管 | − | − | − | ++ | | | | | | ++ | ++ |
| | 厚壁敞口取土器 | | + | ++ | ++ | ++ | ++ | ++ | + | + | | | |
| Ⅲ | 厚壁敞口取土器 | | ++ | ++ | ++ | ++ | ++ | ++ | ++ | + | | | |
| | 标准贯入器 | | ++ | ++ | ++ | ++ | ++ | ++ | ++ | ++ | ++ | ++ | |
| | 螺纹钻头 | | ++ | ++ | ++ | ++ | + | | | | | | |
| | 岩芯钻头 | | ++ | ++ | ++ | ++ | ++ | ++ | ++ | + | + | + | + |
| Ⅳ | 标准贯入器 | | ++ | ++ | ++ | ++ | ++ | ++ | ++ | + | | | |
| | 螺纹钻头 | | ++ | ++ | ++ | ++ | ++ | | | | | | |
| | 岩芯钻头 | | ++ | ++ | ++ | ++ | ++ | ++ | ++ | ++ | ++ | ++ | ++ |

注：① ++：适用；+：部分适用；−：不适用。

②采取砂土试样时，应有防止试样脱落的补充措施。

③有经验时，可采用束节式取土器代替薄壁取土器。

从表 5-8 中可以看出，对于质量等级要求较低的Ⅲ、Ⅳ级土样，在某些土层中可利用钻探的岩芯钻头或螺纹钻头以及标准贯入试验的贯入器进行取样，而不必采用专用的取土器。由于没有黏聚力，无黏性土取样过程中容易发生土样散落，所以从总体上讲，无黏性土对取样器的要求比黏性土要高。

钻孔取样的效果不单纯取决于采用什么样的取土器，还取决于取样全过程的操作技术。在钻孔中采取Ⅰ、Ⅱ级土样时，应满足下列要求：

（1）在软土、砂土地层中宜采用泥浆护壁；如使用套管，应保持管内水位等于或稍高于地下水位，取样位置应低于套管底 3 倍孔径的距离。

（2）采用冲洗、冲击、振动等方式钻进时，应在预计取样位置 1m 以上改用回转钻进。

（3）下放取土器前应仔细清孔，清除扰动土，孔底残留浮土厚度不应大于取土器废土段长度（活塞取土器除外）。

（4）采取土试样宜用快速静力连续压入法。

（5）具体操作方法应按现行标准《建筑工程地质勘探与取样技术规程》JGJ/T 87—2012 执行。

2. 贯入式取土器取样操作要求

（1）取土器应平稳下放，不得冲击孔底。取土器下放后，应核对孔深与钻具长度，发现残留浮土厚度超过规定时，应提起取土器重新清孔。

（2）采取Ⅰ级原状土试样，应采用快速、连续的静压方式贯入取土器，贯入速度不小于 0.1m/s，利用钻机的给进系统施压时，应保证具有连续贯入的足够行程；采取Ⅱ级原状土试样，可使用间断静压方式或重锤少击方式。

（3）在压入固定活塞取土器时，应将活塞杆牢固地与钻架连接起来，避免活塞向下移动；在贯入过程中监视活塞杆的位移变化时，可在活塞杆上设定相对于地面固定点的标志，测记其高差，活塞杆位移量不得超过总贯入深度的 1%。

（4）贯入取样管的深度宜控制在总长的 90% 左右；贯入深度应在贯入结束后仔细量测并记录。

（5）提升取土器之前，为切断土样与孔底土的联系，可以回转 2~3 圈或者稍加静置之后再提升。

（6）提升取土器应做到均匀平稳，避免磕碰。

3. 回转式取土器取样操作要求

（1）采用单动、双动二（三）重管采取原状土试样，必须保证平稳回转钻进，使用的钻杆应事先校直；为避免钻具抖动造成土层的扰动，可在取土器上加接重杆。

（2）冲洗液宜采用泥浆，钻进参数宜根据各场地地层特点通过试钻确定或根据已有经验确定。

（3）取样开始时应将泵压、泵量减至能维持钻进的最低限度，然后随着进尺的增加，逐渐增加至正常值。

（4）回转取土器应具有可改变内管超前长度的替换管靴；内管管口至少应与外管齐平，随着土质变软，可使内管超前增加 50~150mm；对软硬交替的土层，宜采用具有自动调节功能的改进型单动二（三）重管取土器。

（5）对硬塑以上的硬质黏性土，密实砾砂、碎石土和软岩中可使用双动三重管取样器采取原状土试样；对于非胶结的砂、卵石层，取样时可在底靴上加置逆爪。

（6）采用无泵反循环钻进工艺，可以用普通单层岩芯管采取砂样；在有充足经验的地区和可靠操作的保证下，可作为Ⅱ级原状土试样。

4．土样处理

1）土样的卸取

取土器提出地面之后，要小心地将土样连同容器（衬管）卸下，并应符合下列要求：

（1）以螺钉连接的薄壁管，卸下螺钉即可取下取样管。

（2）对丝扣连接的取样管、回转型取土器，应采用链钳、自由钳或专用扳手卸开，不得使用管钳之类易于使土样受挤压或使取样管受损的工具。

（3）采用外管非半合管的带衬管取土器时，应使用推土器将衬管与土样从外管推出，并应事先将推土端土样削至略低于衬管边缘，防止推土时土样受压。

（4）对各种活塞取土器，卸下取样管之前应打开活塞气孔，消除真空。

2）土样的现场检验

对钻孔中采取的Ⅰ级原状土试样，应在现场测量取样回收率。取样回收率大于 1.0 或小于 0.95 时，应检查尺寸量测是否有误，土样是否受压，根据情况决定土样废弃或降低级别使用。

3）封装、标识、贮存和运输

Ⅰ、Ⅲ级土试样应妥善密封，防止湿度变化，土试样密封后置于温度及湿度变化小的环境中，严防曝晒或冰冻。土样采取之后至开土试验之间的贮存时间不宜超过两周。

土样密封可选用下列方法：

将上、下两端各去掉约 20mm，加上一块与土样截面面积相当的不透水圆片，再浇灌蜡液，至与容器齐平，待蜡液凝固后扣上胶或塑料保护帽。

用匹配的盒盖将两端盖严后，将所有接缝用纱布条蜡封或用胶带封口。每个土样封蜡后均应填贴标签，标签上下应与土样上下一致，并牢固地粘贴于容器外壁。土样标签应记载下列内容：工程名称或编号、孔号、土样编号、取样深度、土类名称、取样日期、取样人姓名等。土样标签记载应与现场钻探记录相符，取样的取土器型号、贯入方法、锤击时击数、回收率等应在现场记录中详细记载。

运输土样应采用专用土样箱包装，土样之间用柔软缓冲材料填实。一箱土样总重不宜超过 40kg，在运输中应避免振动。对易振动液化和水分离析的土试样，不宜长途运输，宜在现场就近进行试验。

4）岩石试样

岩石试样可利用钻探岩芯制作或在探井、探槽、竖井和平洞中刻取，采取的毛样尺寸应满足试块加工的要求。在特殊情况下，试样形状、尺寸和方向由岩体力学试验设计确定。

# 5.2　室内土工试验

## 5.2.1　岩土试验项目和试验方法

本节主要内容是关于岩土试验项目和试验方法的选取以及一些原则性问题的规定，具体的操作和试验仪器规格则应按现行国家标准《土工试验方法标准》GB/T 50123—2019、《工程岩体试验方法标准》GB/T 50266—2013 和行业标准《公路土工试验规程》JTG 3430—2020 的规定执行。由于岩土试样和试验条件不可能完全代表现场的实际情况，故规定在岩土工程评价时，宜将试验结果与原位测试成果或原型观测反分析成果比较，并做必要的修正后选用。

尽管有很多种岩土工程原位测试方法，但是绝大多数岩土材料的物理力学参数还是需要依靠室内试验来测试的，有些参数的测试只能靠室内试验来完成，如土粒相对密度的测定、颗粒成分的测定、土的密度的测定等。因此室内试验与原位测试应当是相互补充、相辅相成的。

室内试验的方法有很多种，根据大类可分为如下几种：

① 土的物理性质试验，如颗粒级配试验，土粒相对密度试验，含水率试验，密实度试验，液、塑限试验等。

② 土的静力性质试验，如土压缩、固结试验。

③ 土的抗剪强度试验，如直剪试验、各种常规三轴试验、无侧限抗压强度试验等。

④ 土的动力性质试验，如动三轴试验、共振柱试验、动单剪试验等。

⑤ 室内的岩石试验是指岩块试验，其目的是测定岩石的物理力学性质。其中物理性质试验有：含水率试验、颗粒密度和块体密度试验、吸水性试验、膨胀性试验、耐崩解试验；力学性质试验有：单轴抗压强度试验、三轴压缩强度试验、直接剪切试验、抗拉强度试验等。

试验项目和试验方法应根据工程要求和岩土性质的特点确定。一般的岩土试验，可以按标准的、通用的方法进行。但是，岩土性质和现场条件中存在的许多复杂情况，包括应力历史、应力场、边界条件、非均质性、非等向性、不连续性等，如工程活动引起的新应力场和新边界条件，使岩土体与岩土试样的性状之间存在不同程度的差别。试验时应尽可能模拟实际，使试验条件尽可能接近实际，使用试验成果时不要忽视这些差别。对特种试验项目，应制定专门的试验方案。制备试样前，应对岩土的重要性状做肉眼鉴定和简要描述。

### 5.2.2 土的物理性质试验

各类工程均应测定下列土的分类指标和物理性质指标：

砂土：颗粒级配、体积质量、天然含水率、天然密度、最大和最小密度。

粉土：颗粒级配、液限、塑限、体积质量、天然含水率、天然密度和有机质含量。

黏性土：液限、塑限、体积质量、天然含水率、天然密度和有机质含量。

注意：

对砂土，如无法取得Ⅰ级、Ⅱ级、Ⅲ级土试样时，可只进行颗粒级配试验。

目测鉴定不含有机质时，可不进行有机质含量试验。

#### 5.2.2.1 颗粒级配试验

土的固体骨架是由颗粒粒径大小不同的土粒组成的。根据粒径的大小可以将土颗粒分为 6 个粒组：漂石或块石组、卵石或碎石组、圆砾或角砾组、砂粒组、粉粒组、黏粒组。粒组的分界粒径对应为：200mm、20mm、2mm、0.075mm、0.005mm（共 5 个）。颗粒级配试验的目的就是要测定土样中各粒组的相对百分含量。

颗粒级配试验又分为两种不同的试验方法：一是筛分法；二是静水沉降分析法（它又包括密度计法和移液管法两种）。

#### 5.2.2.2　土的相对密度试验

土粒相对密度定义为土粒在 105～110℃温度下烘至恒量时的质量与 4℃时同体积纯水质量的比值。土粒相对密度是土的三相比例指标三个基本指标之一（另外两个是土的密度和含水率），有了这三个基本指标，就可以通过换算得到其余所有的三相比例指标，如干密度、饱和密度、孔隙比、孔隙率等。因此土粒相对密度是一个重要的指标，实际上土粒相对密度数值的大小与组成土颗粒的岩石及矿物的成分有关，如组成土颗粒的矿物成分的密度大，则相对密度值也大，反之则小。

土粒相对密度试验的目的就是测定土颗粒的相对密度。目前测定土颗粒相对密度共有三种方法：相对密度瓶法、浮称法和虹吸筒法。相对密度瓶法适合于测定粒径小于 5mm 的土颗粒组成的土；而浮称法适用于粒径大于或等于 5mm 的土颗粒组成的土，且其中粒径大于 20mm 的土颗粒的质量应小于土总质量的 10%；虹吸筒法也适用于粒径大于或等于 5mm 的土颗粒组成的土，但要求粒径大于 20mm 的土颗粒的质量大于或等于土总质量的 10%。相对密度瓶法及浮称法结果比较稳定，而虹吸筒法结果不稳定。

#### 5.2.2.3　界限含水率试验

黏性土的物理状态及力学性质与其含有的水量具有密切的关系。当含水率很小时，黏性土比较坚硬，处于固体或半固体状态而具有较高的力学强度；随着土中含水率的增大，土逐渐变软，表现为在外力作用下可塑造成任意形状，而且在外力撤除后可以维持塑造后的形状，这时的土处于可塑状态；当含水率进一步增加时，土变得非常软弱，以至于不能保持一定的形状而呈流动状态，这时土处于流塑、流动状态。土这种由于含水率不同所表现出来的不同物理状态统称为黏性土的稠度状态。而随含水率的变化，黏性土由一种稠度状态转变到另一种稠度状态，相应于转变点的含水率就叫作界限含水率或稠度界限。最重要的界限含水率有两个：一是土由可塑状态转变到流塑、流动状态的界限含水率，称为液限；二是由半固态转变到可塑状态的界限含水率，称为塑限。

我国一般用锥式液限仪法来测定土的液限，美国、日本等国家多采用碟式液限仪来测定土的液限。而塑限在以前一般采用手工滚搓法测定，由于该方法采用手工操作，受人为因素影响较大，试验结果不稳定，后来在锥式液限仪法的基础上推出了联合测定法，该方法可同时测定土的液限和塑限。

#### 5.2.2.4　砂的相对密度

黏性土的物理力学性质主要受含水率影响，而砂土的性质则主要受其密实程度的影响，因此测定砂土的密实程度是很重要的，由于各种砂的颗粒组成、分选程度、磨圆程度有所区别，对不同种类的砂，用绝对密度指标并不一定能准确反映其密实程度，因此应测试各种砂的相对密度。砂的相对密度试验是分别测试砂的最小干密度和最大干密度，然后利用式（5-6）～式（5-8）计算得到砂土的相对密度。

$$e_{max} = \frac{\rho_w G_s}{\rho_{min}} - 1 \tag{5-6}$$

$$e_{min} = \frac{\rho_w G_s}{\rho_{max}} - 1 \tag{5-7}$$

$$D_r = \frac{e_{\max} - e_0}{e_{\max} - e_{\min}} \tag{5-8}$$

式中　$G_s$——砂土颗粒的相对密度；

　　　$\rho_w$——水的相对密度；

　　　$\rho_{\min}$——砂土的最小干密度；

　　　$\rho_{\max}$——砂土的最大干密度；

　　　$D_r$——砂土的相对密度，取值为 0～1，数值越大表示砂土越密实；

　　　$e_0$——砂土的天然孔隙比；

$e_{\max}$、$e_{\min}$——砂土的最大和最小孔隙比。

#### 5.2.2.5　有机质含量试验

土中有机质的含量对于土的性质（特别是黏性土）有较大的影响，当有机质含量增大时，饱水时土的含水率也会增大，土的力学性质会变得很差，如有机质含量较高的淤泥或淤泥质土。有机质含量试验目的是测定土中有机质的含量，以前测定土中有机质含量采用灼烧失重法，现行国家标准《土工试验方法标准》GB/T 50123—2019 规定，要采用重铬酸钾（$K_2Cr_2O_7$）容量法。

### 5.2.3　土的压缩固结试验

在外荷载作用下，地基土中的孔隙水和气体逐渐排出，土体积缩小的性质称为土的压缩性。描述土的压缩性的指标有：压缩系数、压缩指数、压缩模量、体积压缩系数等，这些指标就是通过压缩试验来测定的。

对于砂土和碎石土，在外荷载的作用下，其压缩变形在很短的时间就可以完成；但对于细粒土特别是黏性土，因为土中孔隙直径很小，渗透性差，孔隙水和气体排出速度较慢，一般而言，土的压缩不是瞬间就能完成的，而是在外荷载作用下，先产生超静孔隙水（气）压力，随着时间的推移，多余的孔隙水（气）逐渐排出，超静孔压逐渐消散，压缩变形逐渐稳定，这一过程就称为土的固结。描述土的固结特性的主要参数是土的固结系数（对具体的土层有垂直向和水平向之分），这一指标就是通过固结试验测得的。

采用常规固结试验求得的压缩模量和一维固结理论进行沉降计算，是目前广泛应用的方法。由于压缩系数和压缩模量的值随压力段而变，所以当采用压缩模量进行沉降计算时，固结试验最大压力应大于土的有效自重压力与附加压力之和，试验成果可用 $e$-$p$ 曲线整理，压缩系数和压缩模量的计算应取自土的有效自重压力至土的有效自重压力与附加压力之和的压力段；当考虑深基坑开挖卸荷和再加荷影响时，应进行回弹试验，其压力的施加应模拟实际的加、卸荷状态。

按不同的固结状态（正常固结、欠固结、超固结）进行沉降计算，是国际上通用的方法。当考虑土的应力史进行沉降计算时，试验成果应按 $e$-$\lg p$ 曲线整理，确定先期固结压力并计算压缩指数和回弹指数。施加的最大压力应满足绘制完整的 $e$-$\lg p$ 曲线。为计算回弹指数，应在估计的先期固结压力之后进行一次卸荷回弹，再继续加荷，直至完成预定的最后一级压力。

当需进行沉降历时关系分析时，应选取部分土试样在土的有效压力与附加压力之和的压力下做详细的固结历时记录，并计算固结系数。

沉降计算时一般只考虑主固结，不考虑次固结，但对于厚层高压缩性软土工程，次固结沉降可能占相当分量，不应忽视。任务需要时应取一定数量的土试样测定次固结系数，用以计算次固结沉降及其历时关系。

除常规的沉降计算外，有的工程需建立较复杂的土的力学模型进行应力应变分析。当需进行土的应力应变关系分析，为非线性弹性、弹塑性模型提供参数时，可进行三轴压缩试验，试验方法宜符合下列要求：

进行围压与轴压相等的等压固结试验，应采用 3 个或 3 个以上不同的固定围压，分别使试样固结，然后逐级增加轴压直至破坏，取得在各级围压下的轴向应力与应变关系，供非线性弹性模型的应力应变分析用；各级围压下宜分别进行 1~3 次回弹试验。

当需要时，除上述试验外，还要在三轴仪上进行等向固结试验，即保持围压与轴压相等；逐级加荷，取得围压与体积应变关系，计算相应的体积模量，供弹性、非线性弹性、弹塑性等模型的应力应变分析用。

### 5.2.4  土的抗剪强度试验

土的强度就是指抗剪强度，土的抗剪强度指标有两个，一是内摩擦角，二是黏聚力。土的抗剪强度试验目的就是测定土的内摩擦角和黏聚力（对于无黏性土，其黏聚力等于0）。土的抗剪强度室内试验主要有两类，一类是直接剪切试验（简称直剪试验）；另一类是三轴剪切试验（简称三轴试验）。

#### 5.2.4.1  直接剪切试验

直接剪切试验采用直接剪切仪，直剪仪分为应变控制式和应力控制式，前者是等速推动试样产生位移，同时测定相应的剪切力；后者则是对试件分级施加水平剪应力测定相应的位移。目前我国普遍采用的是应变控制式剪切仪。

直接剪切试验的优点是，仪器设备简单、操作方便；其缺点是：①剪切面限定在上、下盒之间的平面上，而不是土样最薄弱的面上；②剪切破坏面上，剪应力分布不均，在试样边缘出现应力集中；③剪切过程中，土样剪切面逐渐缩小，而计算时仍按原面积计算；④试验时，不能严格控制试样的排水条件，不能测得孔隙水压力。

#### 5.2.4.2  三轴剪切试验

三轴剪切试验是测定土的抗剪强度的一种较为完善的方法，它可以在很大程度上克服直接剪切试验的缺点。它是将土样制成圆柱状的试样，用不透水的薄层橡皮膜套好放入充满水的压力室内，通过围压系统给试样施加一定大小的各向相等的围压 $\sigma_3$，然后再给试样在垂直方向上分级施加轴向压力 $\sigma_1$，使得试样在偏应力 $\Delta\sigma = \sigma_1 - \sigma_3$ 的作用下受剪，当偏应力增加到一定程度，试样就会在某个最不利的应力组合面上发生剪切破坏。这样每一个试样在一定的围压 $\sigma_3$ 下都有一个破坏的大主应力 $\sigma_1$，利用它们，就可以在 $\tau$-$\sigma$ 坐标系中得到一个极限应力圆。多组试样在不同围压下进行试验可得到多个极限应力圆，这些极限应力圆的公共切线称为土的强度包线。强度包线在纵轴的截距即为土的黏聚力，而强度包线与横轴的夹角即为土的内摩擦角，这就是我们要测定的土的抗剪强度指标。

三轴试验测得的抗剪强度指标有两种，一是总应力指标，它是根据总应力圆得到的；二是有效应力指标，它是根据有效应力（总应力减去孔隙水压力）圆得到的。两种指标究竟如何选用，需根据实际工程情况决定。

根据试验时土样在围压下是否允许固结和剪切过程中是否允许排水，三轴试验又可分为如下三种：

① 不固结不排水剪试验（UU）：土样在周围压力下施加轴向压力直至剪切破坏的全过程中均不允许排水。

② 固结不排水剪试验（CU）：允许土样在周围压力作用下充分排水固结，但是在施加轴向压力至剪切破坏的过程中不允许土样排水，一般要测定剪切过程中的孔隙水压力。

③ 固结排水剪试验（CD）：允许土样在周围压力作用下充分排水固结，并且在施加轴向压力至剪切破坏的过程中允许土样充分排水。由于要求在剪切过程中允许土样充分排水，因此要求控制剪切速率，以保证产生的孔隙水压力能及时充分消散。由于试验过程中孔隙水压力始终为零，因此固结排水剪试验测得的指标为有效应力指标。

### 5.2.5 土的动力性质试验

土的动力性质试验主要有动三轴试验、动单剪试验及共振柱试验，其试验方法、测试内容及存在问题如表5-9所示。本节只介绍动三轴试验的试验方法及基本原理。

土的动力性质试验的试验内容及存在的问题

表5-9

| 试验名称 | 试验方法 | 测试内容 | 存在问题 |
|---|---|---|---|
| 动三轴试验 | 将圆柱形试样在给定的压力下固结，然后施加激振力，使土样在剪切面上的剪应力产生周期性交变 | （1）动弹性模量、动阻尼比及其与动应变的关系；<br>（2）既定循环周数下的动应力与动应变关系；<br>（3）饱和土的液化剪应力与动应力循环周数的关系 | 应力条件与现场相差较大 |
| 动单剪试验 | 在试样容器内制成一个封闭于橡皮膜的方形试样，其上施加垂直压力，使容器的一对侧壁在交变剪切力作用下做往复运动 | | 试样成形困难、应力分布不均 |
| 共振柱试验 | 试样为空心或实心圆柱形，一端固定，另一端施加周期交变的扭转激振力使土样发生扭转振动 | 测定小应变时动弹性模量和动阻尼比 | 试样制备困难，不易密封，操作较繁琐 |

动三轴试验采用振动三轴仪进行试验，振动三轴仪与前述常规三轴仪基本类似，其主要区别在于，它能够对土样施加垂直向的呈周期性变化的激振力。

试验主要分两大步，第一步是给试样施加静荷载，让土样在一定压力下固结，荷载的大小视需要而定；第二步是（一般在不排水条件下）施加动荷载，动荷载的频率、振动波形，按预先设定的由小到大变化，进行分级试验；同时记录在动荷载作用下的动荷载及动变形量，用于计算各级动荷载条件下既定振动周数时的动应力和动应变，以及据此得到的动应力、动应变滞回环。根据应力、应变滞回环可以计算土体的动弹性模量和阻尼比。

动三轴试验仪主要由三大部分构成，即试样容器、荷载施加装置及量测部分。其中试样容器部分与静态三轴仪相近，量测部分对于各种动三轴仪也基本相同，不同之处主要在于动荷载施加部分，即动荷载的产生和施加方法的不同。根据动荷载施加系统的不同，目前国内外常见的振动三轴仪分为如下几种：①电磁激振式振动三轴仪、②惯性激振式振动三轴仪、③液压脉动式振动三轴仪、④气压激振式振动三轴仪等。各种动荷载施加系统的激振力幅值必须平衡稳定、波形规则对称，幅值相对偏差和半周期相对偏差不宜大于 10%。

### 5.2.6 岩石的物理性质试验

#### 5.2.6.1 含水率试验

含水率试验采用烘干失重法，适合于不含结晶水矿物的岩石，即通过称取一定质量具有天然含水率的岩石样品在 $105\sim110℃$ 温度下烘至恒量时，称得干燥岩石的质量，烘干前的岩石质量减去干燥岩石的质量（即蒸发掉的水的质量）与干燥岩石的质量之比即为岩石的含水率，一般用百分数表示。

技术要点：

① 保持天然含水率的试样应在现场采取，不得采用爆破或湿钻法取样。试件在采取、运输、储存、试样制备过程中，含水率变化不应超过 1%。

② 每个试件的尺寸应大于组成岩石的最大颗粒的 10 倍。

③ 每个试件的质量不小于 40g。

④ 每组试件数量不宜少于 5 个。

#### 5.2.6.2 颗粒密度试验

（1）试验方法及原理

颗粒密度试验采用相对密度瓶法，适合于所有岩石，即通过粉碎机将岩石粉碎成岩粉（对于含磁性矿物的岩石用研棒研碎），使之全部通过 0.25mm 筛，将岩粉在 $105\sim110℃$ 温度下烘干，再冷却至室温，称取一定质量干燥岩粉，采用测土粒相对密度的方法进行试验。岩石颗粒密度采用式（5-9）计算。

$$\rho_s = \frac{m_s}{m_1 + m_s - m_2} \rho_0 \tag{5-9}$$

式中　$\rho_s$ ——岩石颗粒密度（g/cm³）；

$\rho_0$ ——试验时采用的纯水或中性液体在试验温度下的密度（g/cm³）；

$m_s$ ——干岩粉质量（g）；

$m_1$ ——相对密度瓶加满水或中性液体时的质量（g）；

$m_2$ ——相对密度瓶加入岩粉后再加满纯水或中性液体时的质量（g）。

（2）试验技术要点

除岩石粉碎制样过程之外，其他要求同土粒相对密度试验的要求。

#### 5.2.6.3 块体密度试验

（1）试验方法及原理

块体密度试验采用量体积法、水中称量法或蜡封法。各种试验方法原理及适用条件如下：

① 量体积法首先将岩样制成易于测量体积的规则形状（如长方形、正方形、圆柱形等），然后称其质量，测量其体积，两者相比即可得到密度。量体积法可以在其天然状态下测定岩石的天然密度，也可在岩石试件烘干后测其干密度。量体积法对于可以制备成规则形状的试件的各类岩石均可采用。

② 水中称重法的具体试验原理及要求见 5.2.6.4 吸水性试验的相关部分。该方法适合于除遇水崩解、溶解及干缩湿胀性岩石之外的各类岩石。

③ 蜡封法采用的原理及方法与测定土样密度的蜡封法试验基本相同，其主要区别在于岩石试验的蜡封法有测天然密度和干密度之分，在测干密度时，需要将试件在 105～110℃温度下烘 24h，然后将其放在干燥容器内冷却至室温，再称其质量，其他步骤也基本相同。其计算公式与测定土样密度的蜡封法试验类似。

$$\rho_d = \frac{m_s}{\dfrac{m_1 - m_2}{\rho_w} - \dfrac{m_1 - m_s}{\rho_0}} \tag{5-10}$$

$$\rho = \frac{m}{\dfrac{m_1 - m_2}{\rho_w} - \dfrac{m_1 - m_s}{\rho_n}} \tag{5-11}$$

式中　$\rho_d$、$\rho$——分别为岩石的干密度和天然密度（g/cm³）；

$\rho_n$、$\rho_w$——分别为蜡和纯水在试验温度时的密度（g/cm²）；

$m_s$、$m$——分别为烘干的岩石试件质量和天然湿度岩石试件的质量（g）；

$m_1$、$m_2$——分别蜡封试件质量和在水中称得的质量（g）。

（2）试验技术要点

① 量体积法：制成的规则试件尺寸应大于岩石最大颗粒尺寸的 10 倍。试件尺寸应多点量测取其平均值，测量精度应满足要求（高或边长、直径的量测读数应精确至 0.01mm，误差不大于 0.3mm，质量称量精确至 0.01g）。

② 岩石密度蜡封法试验与土样密度蜡封法试验的技术要求基本一致，但要求测定天然密度的岩石试件要进行含水率测试。

### 5.2.6.4　吸水性试验

（1）试验方法及原理

岩石的吸水性试验包括岩石吸水率试验和岩石饱和吸水率试验两部分，该试验适合于遇水不崩解的岩石。岩石吸水率试验的目的是测定岩石在自由浸水状态下的吸水率，而岩石饱和吸水率试验是在岩石放在水中煮沸或抽真空状况下测定岩石的吸水率。在测定岩石吸水率或饱和吸水率的同时应采用水中称重法测定岩石块体的密度。岩石吸水性试验可以采用规则形状的岩石试件或不规则形状的岩石试件（形状不规则时岩石试件宜为边长40～60mm 的浑圆状岩块）。

试验时，首先将岩块在 105～110℃温度下烘 24h，然后将其放在干燥容器内冷却至室温，再称得其质量 $m_s$。然后，如果是测定吸水率，则将岩石试件置于水中自由浸泡 48h，取出试件沾去表面水分称其质量 $m_s$；如果是测定饱和吸水率，则需将试件置于煮沸容器中煮沸 6h 以上，然后将试件连同煮沸容器及水一起冷却至室温（如采用抽真空方法，真空压力表的读数宜为 100kPa，抽真空时间不得少于 4h，直至无气泡逸出为止），取出试件沾去表面水分称其质量 $m_p$。最后，再将饱和试件重新置于水中称其质量 $m_w$。则岩石的吸水率 $w_a$、饱和吸水率 $w_{sa}$、干密度 $\rho_d$ 分别用式（5-12）～式（5-14）计算。

$$w_a = \frac{m_0 - m_s}{m_s} \times 100\% \tag{5-12}$$

$$w_{sa} = \frac{m_p - m_s}{m_s} \times 100\% \tag{5-13}$$

$$\rho_d = \frac{m_s}{m_p - m_s} \rho_w \tag{5-14}$$

式中　　$\rho_{\mathrm{w}}$——水在试验温度时的密度（g/cm³）。

（2）技术要点

① 浸水至 1/2 及 3/4 高度处，6h 后全部淹没试件，然后再让试件自由浸水 48h 后，方可称量浸水后的质量。

② 如需采用水中称量法测定岩石试块的天然密度，需称量在试样烘干前的质量 $m$，然后按式（5-15）计算岩石试块的天然密度 $\rho$。

$$\rho = \frac{m}{m_{\mathrm{p}} - m_{\mathrm{w}}}\, \rho_{\mathrm{w}} \tag{5-15}$$

### 5.2.6.5　膨胀性试验

岩石膨胀性试验包括岩石自由膨胀试验、岩石侧向约束膨胀性试验和岩石膨胀压力试验。岩石自由膨胀试验适用于测定遇水不易崩解的岩石，而岩石侧向约束膨胀性试验和岩石膨胀压力试验适用于各类岩石。

（1）试验方法及原理

岩石自由膨胀试验是将岩块制成圆柱形的试件，然后测定试件在水中自由浸泡稳定（试件尺寸不再有明显增加时为止）后试件尺寸的变化情况，试件尺寸浸水后的变化率用式（5-16）和式（5-17）计算。

$$V_{\mathrm{H}} = \frac{\Delta H}{H} \times 100\% \tag{5-16}$$

$$V_{\mathrm{D}} = \frac{\Delta D}{D} \times 100\% \tag{5-17}$$

式中　　$V_{\mathrm{H}}$、$V_{\mathrm{D}}$——分别为岩石的轴向和径向自由膨胀率（%）；

$H$、$\Delta H$——分别为岩石试件的轴向高度和浸水后膨胀变形值（mm）；

$D$、$\Delta D$——分别为岩石试件的直径和浸水后膨胀变形值（mm）。

岩石侧向约束膨胀试验是将岩块制成圆柱形的试件，并将其置于内径和试件直径相同的内壁涂有凡士林的金属套环内，然后测定试件在水中自由浸泡稳定后试件高度的变化情况，试件尺寸浸水后的变化率用式（5-18）计算。

$$V_{\mathrm{HP}} = \frac{\Delta H_1}{H} \times 100\% \tag{5-18}$$

式中　　$V_{\mathrm{HP}}$——岩石侧向约束膨胀率（%）；

$\Delta H_1$——岩石试件侧向约束条件下浸水后轴向高度膨胀变形值（mm）。

岩石膨胀压力试验是将岩块制成圆柱形的试件，并将其置于内径和试件直径相同的内壁涂有凡士林的金属套环内，然后让试件在水中浸泡，同时在试件轴向施加并调节荷载使得岩石试件高度在整个浸泡过程中（浸泡总时间不少于 48h）不发生变化，当施加的荷载稳定后记录荷载的值，则岩石的膨胀压力 $P_{\mathrm{s}}$ 用式（15-19）计算。

$$P_{\mathrm{s}} = \frac{F}{A} \tag{5-19}$$

式中　　$P_{\mathrm{s}}$——岩石膨胀压力（MPa）；

$F$——岩石浸水后，保持其高度不变的稳定的轴向荷载（N）；

$A$ ——岩石试件截面积（mm²）。

（2）技术要点

试件尺寸应满足下列要求：

① 岩石自由膨胀试验或侧向约束膨胀试验时，试件浸水后，测读岩石膨胀变形的千分表读数在开始 1h 内应每 10min 测读变形 1 次，以后每 1h 测读 1 次，直至连续 3 次测读的差小于 0.001mm 时为止，即可认为岩石膨胀变形已稳定，浸水试验时间不得少于 48h。

② 试验过程中，水位应保持不变，水温变化不大于 2℃。

③ 岩石膨胀压力试验时，应在浸水之前施加 0.01MPa 压力的荷载，每 10min 测读变形 1 次，直至 3 次读数不变。试件浸水后，要观测测量变形的千分表读数，当变形量大于 0.001mm 时，要调节施加的荷载，使得试件的高度在试验过程中始终不变，此时即可认为岩石膨胀变形已稳定，浸水试验时间不得少于 48h。

④ 试件浸水后，开始时应每 10min 测读变形 1 次，当连续 3 次测读的差小于 0.001mm 时，改为每 1h 测读 1 次，直至连续 3 次测读的读数差小于 0.001mm 时，即可认为岩石膨胀变形已稳定，并记录稳定的荷载。

试验结束后，应描述试件表面的崩解、泥化和软化现象。

### 5.2.6.6 耐崩解试验

岩石耐崩解试验适用于测定黏土类岩石和风化岩石，这类岩石在水的作用下，会有一部分岩石崩解成细小的岩石碎块，耐崩解试验就是要测定岩石抵抗崩解的能力。

1）试验方法及原理

试验时，首先将不少于 10 块，每块质量为 40～60g 的浑圆状岩块试样放入高 100mm、直径 140mm、筛孔直径 2mm 的专用圆柱状筛筒中，再将其在 105～110℃ 温度下烘干至恒量，然后放在干燥容器内冷却至室温，称得其质量 $m$；然后，将烘干冷却后的筛筒连同岩块试样放入水槽中，注水至筛筒滚动轴上 20mm 后，滚动转轴，使筛筒在水中以 20r/min 的速度转动滚筛，这样岩块试样崩解成直径 2mm 以下的碎块部分将被筛出筛筒，转动 10min 后，停止滚筛，将滚筛筒和残留的试样取出在 105～110℃ 温度下烘干至恒量，然后放在干燥容器内冷却至室温，再称得残余岩石试样的质量。重复上述过程（根据需要可进行 5 个循环），称得最后残余试样的烘干质量 $m_r$，则表征岩石耐崩解性的定量指标的耐崩解系数用式（5-20）计算。

$$I_{d2} = \frac{m_r}{m_s} \tag{5-20}$$

式中　$I_{d2}$ ——岩石（二次循环）耐崩解系数（%）；

　　　$m_s$ ——原岩石试件烘干质量（g）；

　　　$m_r$ ——残余岩石试件烘干质量（g）。

2）技术要点

（1）岩石试样应在现场采取，并使其保持天然含水率。

（2）试验过程中，水温应保持在 20±2℃ 范围内。

### 5.2.7 岩石的力学性质试验

岩石的室内力学试验主要包括：单轴抗压强度试验、单轴压缩变形试验、三轴压缩强度试验、抗拉强度试验、直剪试验等。

### 5.2.7.1 单轴抗压强度试验

1）试验方法及原理

单轴压缩强度试验适合于能制成规则试件的各类岩石。一般将试件制成一定尺寸，两端具有平整平面的圆柱状，然后将其放在压力试验机上，以 0.5～1.0MPa/s 的速度加荷直至破坏，同时记录破坏荷载和加荷过程中试件出现的情况，然后按式（5-21）计算岩石单轴抗压强度。

$$R = \frac{P}{A} \tag{5-21}$$

式中   $R$ ——岩石单轴抗压强度（MPa）；

     $P$ ——试件破坏荷载（N）；

     $A$ ——试件截面积（mm$^2$）。

2）试验技术要点

（1）试件可用岩芯或岩块加工而成。试件在采取、运输、制备过程中应避免产生裂缝。

（2）试件尺寸应符合下列要求：圆柱体直径宜为 48～54mm，含大颗粒的岩石，试件直径应大于岩石最大颗粒直径的 10 倍；试件高度与直径之比宜为 2.0～2.5。

（3）试件精度应符合下列要求：两端面的平整度误差不得大于 0.05mm，端面应垂直于试件轴线，最大偏差不大于 0.25°；沿试件高度的直径误差不大于 0.3mm。

（4）试件的含水状态可根据需要选择：天然含水状态、烘干状态、饱和状态等。同一含水状态下，每组试验试件数量不得少于 3 个。

### 5.2.7.2 单轴压缩变形试验

1）试验方法及原理

单轴压缩变形试验也是适合于能制成规则试件的各类岩石。试件制作及采用压力试验机加荷的过程与单轴压缩强度试验基本相同，不同的是要采用电阻应变片及相应的电桥电路（常用惠斯顿电桥）测量和记录加荷过程中试件的应变发展情况，并绘制试验试件的荷载－轴向应变及横向应变关系曲线，然后按式（5-22）和式（5-23）计算岩石的平均弹性模量和平均泊松比。

$$E_{av} = \frac{\sigma_b - \sigma_a}{\varepsilon_{lb} - \varepsilon_{la}} \tag{5-22}$$

$$\mu_{av} = \frac{\varepsilon_{db} - \varepsilon_{da}}{\varepsilon_{lb} - \varepsilon_{la}} \tag{5-23}$$

式中   $E_{av}$ ——岩石平均弹性模量（MPa）；

     $\mu_{av}$ ——岩石平均泊松比；

   $\sigma_a$、$\sigma_b$ ——应力-轴向应变关系曲线上直线段始点和终点对应的应力值（MPa）；

   $\varepsilon_{la}$、$\varepsilon_{lb}$ ——应力-轴向应变关系曲线上直线段始点和终点对应的应变值；

   $\varepsilon_{da}$、$\varepsilon_{db}$ ——应力为 $\sigma_a$、$\sigma_b$ 时对应的横向应变值。

也可以利用破坏时的轴向荷载计算得到岩石的单轴抗压强度。

2）试验技术要点

（1）试件的要求、加载要求及含水率的要求和单轴抗压强度试验相同。

（2）试验时，电阻应变片应满足下列要求：①电阻片阻栅长度应大于岩石颗粒直径的10倍，并应小于试件的半径；②同一试件所选定的工作片与补偿片的规格、灵敏度系数应相同，电阻差值不应大于±0.2Ω；③电阻应变片应牢固粘贴于试件中部表面，并应避开裂隙或斑晶。纵向或横向的应变片数量不得少于2片，其绝缘电阻应大于200MΩ。

### 5.2.7.3 三轴压缩强度试验

1）试验方法及原理

岩石三轴压缩强度试验适合于能制成圆柱形试件的各类岩石。岩石三轴试验的方法和原理与土的三轴压缩（剪切）试验十分相似，它也是通过在不同侧向压力下测定一组岩石试件的轴向极限压力，从而在 $\tau$-$\sigma$ 坐标图上得到一组极限应力圆，这组极限应力圆的公切线就是强度包线，利用强度包线在纵轴上的截距和倾角可以得到岩石的三轴抗压强度参数（黏聚力及内摩擦角）。

2）试验技术要点

（1）圆柱形试件的直径应为承压板直径的 0.98～1.00，试件的端面平整度、精度及其他要求同单轴抗压强度试验要求。

（2）试验时，同一含水状态下，每组试件数量不少于5个。

（3）以 0.05MPa/s 的加荷速度同时施加侧向压力和轴向压力至试验预定的侧向压力值，并使得侧向压力在后续试验过程中始终保持不变。

（4）0.5～1.0MPa/s 的加荷速度施加轴向荷载，直至试件完全破坏，记录破坏荷载。当试件破坏时有完整破坏面时，应量测破坏面与最大主应力作用面（一般即水平面）的夹角。

### 5.2.7.4 抗拉强度试验

岩石抗拉强度试验适合于能制成规则试件的各类岩石。抗拉强度试验采用劈裂法，是在试件直径方向上施加一对线性荷载，使试件沿直径方向破坏。试验时，采用压力试验机的专用夹头对半夹住试件的两端，以 0.3～0.5MPa/s 的速度施加拉力荷载，直至试件断裂破坏，记录破坏荷载，然后按式（5-24）计算岩石的抗拉强度。

$$\sigma_t = \frac{P}{A} \qquad (5-24)$$

式中　$\sigma_t$——岩石单轴抗拉强度（MPa）；

　　　$P$——试件破坏荷载（N）；

　　　$A$——试件受拉截面积（mm²）。

### 5.2.7.5 直剪试验

1）试验方法及原理

岩石直剪试验适合于岩块、岩石结构面以及混凝土与岩石胶结面的剪切试验。岩石直剪试验的方法原理与土的直剪试验相类似。试验时，将制备好的岩石试件装入上、下剪切盒中，并使预定剪切面位于上、下盒的交界面处，试件与剪切盒之间的空隙要用填料填实。然后对试件施加一定的垂直向荷载并使之在后续剪切过程中保持不变，最后施加水平剪切荷载，使岩石试件沿预定剪切面发生剪切破坏。水平剪切荷载的施加应分级进行，每级荷载为预估最大剪切荷载的 1/12～1/8，每级荷载施加后，测读稳定的剪切位移和法向位移，直至试件剪切破坏为止。在不同的法向压力下重复上述试验，即可得到不同法向压力下，剪切面上的破坏剪应力，将它们绘制在 $\tau$-$\sigma$ 坐标图上，并连成一条直线，该直线在纵轴上的截距和倾角就是岩石直接剪切试验的抗剪强度参数（黏聚力 $c$、内摩擦角 $\varphi$）。

2）试验技术要点

（1）岩石试件的直径不得小于 50mm，试件的高度应与直径或边长相等。如对岩石结构面进行剪切试验，则结构面应位于试件中部，并与端面基本平行；混凝土与岩石胶结面剪切试验的试样应为方块体，边长不宜小于 150mm，其胶结面也应位于试件中部。混凝土骨料的最大粒径不得大于试件边长的 1/6。

（2）每组试件数量不应少于 5 个。

## 习题

1. 我国岩土工程勘探常用的钻探方法有 _____、_____、_____ 和 _____；按动力来源又将它们分为 _____ 和 _____ 两种。

2. 简述各类钻探方法的适用范围。

3. 简述钻孔取样的基本要求。

4. 详述不扰动土样的采取方法。

5. 简述室内土工试验的种类。

6. 详述三轴剪切试验的基本原理和种类。

# 第6章 原 位 测 试

**本章重点**

- 明确原位测试的基本概念和优点。
- 了解原位测试的种类和适用范围。
- 理解各种原位测试试验的基本原理。
- 掌握各种原位测试试验的测试流程和方法。
- 学习各种原位测试试验的数据处理方法。

## 6.1 引 言

在岩土体所处的位置，基本保持岩土原来的结构、湿度和应力状态，对岩土体进行的测试称为原位测试。现场原位测试主要提供下列成果供场地特征与地基模型分析使用：

(1) 岩土指标和土分类。

(2) 土层剖面。

(3) 岩土参数确定。

现场原位测试具有以下优点：

(1) 可用于不能取样（如粗粒土）或取样扰动会显著影响室内试验结果时。

(2) 可以测试比室内试验更大规模的场地。

(3) 测试是现场原位进行的，即在现场原应力状态，并保持原有的粒径和组构分布。

(4) 可以获得近乎连续的测试记录，可以进行土分类，并得到非常好的土层剖面。

(5) 原位测试通常比取样、室内试验更快捷，因此可能更便宜。

综上，对于难以取得高质量原状土样的土类（软塑～流塑软土、砂类土、碎石土），应主要通过原位测试的试验方法取得试验指标，并基于其试验指标与土的工程性质的研究结果（相关关系），评价土的工程性能，确定岩土工程设计参数。有些土类虽然可以取得原状土样，但因取样后的条件变化等，其试验结果与实际之间仍然存在差异，因此应积极推进原位测试方法。

地下工程勘察常用的原位测试技术有：标准贯入试验、静力触探试验、十字板剪切试验、旁压试验、扁铲侧胀试验、圆锥动力触探试验、载荷试验、现场直接剪切试验、岩体原位应力测试、波速测试。

## 6.2 标准贯入试验

### 6.2.1 试验简介

标准贯入试验是在钻孔内的预定深度采用 63.5kg 锤、落距 76cm 自由落锤，预击

15cm 后，记录每 10cm 和累计 30cm 的锤击数（$N$ 值），并可通过对开管式的贯入器（Split-barrel sampler）采集扰动样。

标准贯入试验实际上仍属于动力触探试验范畴，所不同的是标准贯入试验的贯入器不是圆锥探头，而是标准规格的圆筒形探头（由两个半圆筒合成的取土器）。通过标准贯入试验，从贯入器中还可以取得该试验深度的土样，可对土层进行直接观察，利用散装土样可以进行鉴别土类的有关试验。与圆锥动力触探试验相似，标准贯入试验并不能直接测定地基土的物理力学性质，而是通过与其他原位测试手段或室内试验成果进行对比，建立关系式，积累地区经验，才能用于评定地基土的物理力学性质。

利用标准贯入试验指标 $N$，并结合地区经验，可实现以下目的：

（1）评价地基土的物理状态。

（2）评价地基土的力学性能参数。

（3）计算天然地基的承载力。

（4）计算单桩极限承载力及对场地成桩的可能性做出评价。

（5）评价场地砂土和粉土的液化可能性及其液化等级。

标准贯入试验操作简单，地层适应性广，适用于砂土、粉土和一般黏性土，尤其适用于不易钻探取样的砂土和砂质粉土，但当土中含有较大碎石时使用受到限制。标准贯入试验的缺点是离散性比较大，故只能粗略地评定土的工程性质。

### 6.2.2　仪器设备

标准贯入试验设备原先并不标准，各国和不同地区采用的各部件的规格有所差异。国际土力学及基础工程协会（ISSMFE）于 1957 年成立专门委员会开展研究工作，以解决标准贯入试验的标准化问题，在 1988 年第一届国际触探试验会议提出标准贯入试验国际标准建议稿，并于 1989 年获得通过，开始执行。

标准贯入试验设备主要由贯入器、穿心锤和触探杆（钻杆）三部分组成，如图 6-1 所示。

（1）贯入器

标准规格的贯入器是由对开管和管靴两部分组成的探头。对开管是由两个半圆管合成的圆筒形取土器，管靴是一个底端带刃口的圆筒体。两者通过丝扣连接，管靴起到固定对开管的作用。贯入器的外径、内径、壁厚、刃角与长度参数及其他标准贯入试验设备参数如表 6-1 所示。

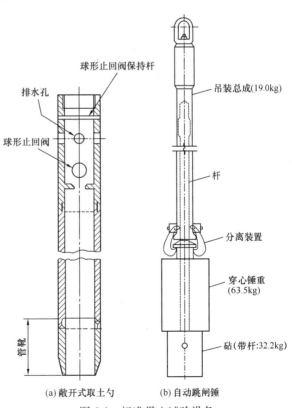

(a) 敞开式取土勺　　(b) 自动跳闸锤

图 6-1　标准贯入试验设备

| 标准贯入试验设备 | | | 表 6-1 |
|---|---|---|---|
| 穿心锤 | | 锤的质量（kg） | 63.5 |
| | | 落距（cm） | 76 |
| 贯入器 | 对开管 | 长度（mm） | ＞500 |
| | | 外径（mm） | 51 |
| | | 内径（mm） | 35 |
| | 管靴 | 长度（mm） | 50～76 |
| | | 刃口角度（°） | 18～20 |
| | | 刃口单刃厚度（mm） | 1.6 |
| 触探杆 | | 直径（mm） | 42 |
| | | 相对弯曲 | ＜1/100 |

（2）穿心锤

重 63.5kg 的铸钢件，中间有一直径为 45mm 的穿心孔，此孔为放导向杆用。国外、国内的穿心锤除了重量相同外，锤形上不完全统一，有直筒形或上小下大的锤形，甚至套筒形。落锤能量受落距控制，落锤方式有自动脱钩和非自动脱钩两种。目前国内外已普遍使用自动脱钩装置，国际上仍有采用手拉钢索提升落锤的方法。

（3）触探杆

触探杆又叫钻杆，国际上多用直径为 50mm 或 60mm 的无缝钢管，而我国则常用直径为 42mm 的工程地质钻杆。钻杆与穿心锤连接处设置一锤垫。

我国目前采用的标准贯入试验设备与国际标准一致，各设备部件符合表 6-1 的规定。

### 6.2.3　试验基本原理

标准贯入试验是利用一定的落锤能量（锤的质量 63.5kg，落距 76cm）将标准规格的贯入器贯入土中，根据打入土中 30cm 的锤击数 $N$，来判别土的工程性质的一种现场测试方法。其试验原理与动力触探试验十分相似，因此关于动力触探的试验原理也适用于标准贯入试验，但是标准贯入试验与动力触探试验在贯入器上的差别，决定了其基本原理的独特性。在贯入过程中，整个贯入器对端部和周围土体将产生挤压和剪切作用，标准贯入试验所使用的贯入器是空心的，因此，在冲击力作用下，将有一部分土挤入贯入器，其工作状态和边界条件十分复杂。

影响标准贯入试验的因素有很多，主要有以下两个方面：

1）钻孔孔底土的应力状态

不同的钻进工艺（回转、水冲等）、孔内外水位的差异、钻孔直径的大小等，都会改变钻孔底土体的应力状态，因此会对标准贯入试验结果产生重要影响。

2）锤击能量

通过实测，即使是自动自由落锤，传输给探杆系统的锤击能量也有很大的波动，变化范围达到±（45%～50%），对于不同单位、不同机具、不同操作水平，锤击能量的变化范围更大。

### 6.2.4　试验方法与技术要求

标准贯入试验需与钻探配合，以钻机设备为基础，按以下技术要求和试验步骤进行：

（1）标准贯入试验孔采用回转钻进，尽可能减小对孔底土的扰动，并保持孔内水位略高于地下水水位，以免出现涌砂和塌孔。当孔壁不稳时，可用泥浆护壁。

（2）先钻进至需要进行标准贯入试验位置的土层标高以上 15cm 处，然后清除残土，此时应避免试验土受到扰动。清孔后换用标准贯入器，并量得深度尺寸。

（3）采用自动脱钩的自由锤击法进行标准贯入试验，并减小导向杆与锤之间的摩擦阻力。试验过程中，应避免锤击时偏心和晃动，保持贯入器、探杆、导向杆连接后的垂直度。

（4）将贯入器垂直打入试验土层中，锤击速率应小于 30 击/min。先打入 15cm 不计锤击数，继续贯入土中 30cm，记录其锤击数，此击数即为标准贯入击数 $N$。

（5）提出贯入器，将贯入器中土样取出进行鉴别描述并记录，然后换钻具继续钻进至下一需要进行试验的深度上部 15cm 处，再重复上述操作。一般每隔 1.0～2.0m 进行一次试验。

（6）在不能保持孔壁稳定的钻孔中进行试验时，应下套管以保护孔壁稳定或采用泥浆进行护壁。

# 6.3　静力触探试验

### 6.3.1　试验简介

静力触探试验（Static cone penetration test，简称 CPT），是利用准静力以恒定的贯入速率将一定规格和形状的圆锥探头通过一系列探杆压入土中，同时测记贯入过程中探头受到的阻力，根据测得的贯入阻力大小来间接判定土的物理力学性质的现场试验方法。

静力触探技术始于 1917 年，但直到 1932 年，荷兰工程师 Barentsen 才成为世界上第一个进行静力触探试验的人，故静力触探试验有时又称为荷兰锥（DutchCone）试验。由于静力触探试验具有连续、快速、精确、可以在现场通过贯入阻力变化了解地层变化及其物理力学性质等优点，静力触探技术无论在仪器设备、测试方法，还是成果的解释与应用方面都取得了很大的进展，尤其是 20 世纪 90 年代以来，静力触探探头的研制朝着多功能化发展，在探头上增加了许多新功能，如测温、测斜、地磁、土壤电阻和地下水 pH 等物理指标的测量，以及采用静力触探探杆传递量测数据的无绳静力触探仪的问世开拓了静力触探技术新的应用领域。

最初采用机械式静力触探试验，试验方法和过程比较繁琐，锥尖的形式也是各种各样的。后来，欧洲采用统一规格的标准探头，圆锥夹角为 60°，锥底面积为 10cm²，摩擦套筒的表面积为 150cm²。至 20 世纪 60 年代，电测静力触探机被研制出来，各测量参数均采用电子测量。电子探头的最显著的优点是其良好的重复性、高精度及数据的连续测读，为数据采集及数据处理的自动化提供了条件。

根据静力触探试验结果，并结合地区经验，该试验可以用于以下目的：

（1）对土类定名，并划分土层的界面。

（2）评定地基土的物理、力学、渗透性质的相关参数。

（3）确定地基承载力。

（4）确定单桩极限承载力。

（5）判定地基土液化的可能性。

静力触探试验适用于软土、一般黏性土、粉土、砂土和含有少量碎石的土，但不适用于含较多碎石、砾石的土层和密实的砂层。与传统的钻探方法相比，静力触探试验具有速度快、劳动强度低、清洁、经济等优点，而且可连续获得地层的强度和其他方面的信息，不受取样扰动等人为因素的影响。对于地基土在竖向变化比较复杂，用其他常规勘探试验手段不可能大密度取土或测试，以及在饱和砂土、砂质粉土及高灵敏性软土中的钻探取样不易达到技术要求，或者在其他无法取样的情况下，静力触探试验均具有它独特的优越性。因此，在适宜于使用静力触探试验的地区，该技术普遍受到欢迎，但是静力触探试验不能对土进行直接的观察、鉴别。

### 6.3.2 仪器设备

静力触探试验设备包括标定设备和触探贯入设备。前者包括测力计或力传感器和加、卸荷用的装置（标定架或压力罐）及辅助设备等，主要是在室内通过率定设备和率定探头求出地层阻力和仪表读数之间的关系，以得到探头率定系数，要求新探头或使用一个月后的探头都应及时进行率定；后者由贯入系统和量测系统两部分组成，下面对触探贯入设备进行详细介绍。

1. 贯入系统

贯入系统主要由贯入装置、探杆和反力装置三部分组成。

（1）贯入装置

贯入装置主要为静力触探机，按其加压方式不同可划分为液压式、手摇链条式和电动机械式三种。

（2）探杆

探杆是将贯入力传递给探头的媒介。为了保证触探孔的垂直，探杆应采用高强度的无缝合金钢管制造，同时应对其加工质量和每次使用前的平直度、磨损状态进行严格检查。

（3）反力装置

当把探头压入土层时，若无反力装置，整个触探仪要上抬，所以反力装置的作用是不使其上抬。一般采用的方法有三种：一是地锚反作用，二是压重物，三是地锚与重物联合使用。如将触探机装在汽车上，利用汽车的重量作反力，实际上还是属于压重物的方法，车载静力触探也可以同时使用2~4个地锚，增加部分反力。

2. 量测系统

静力触探试验是根据探头贯入地层中所受阻力的大小及变化来判断场区地质条件的，因此，对阻力的准确量测与记录是关系到整个试验工作质量好坏的关键。

目前在工程实践中常用的探头有单桥探头、双桥探头、孔压探头（图6-2）和其他多功能探头。

其中，孔压探头是一种比较新的探头类型，它不仅可以同时测定锥尖阻力 $q_c$、侧摩阻力 $f_s$ 和孔隙水压力 $u$，而且还能在停止贯入时量测超孔隙水压力的消散过程，直至达到稳定的静止孔隙水压力。与传统静力触探相比，孔压静力触探除了具有一般触探的功能外，还可以根据孔压消散的原理评定土的渗透性和固结特性。

### 6.3.3 试验方法与技术要求

在静力触探试验工作之前，应注意搜集场区既有的工程地质资料，根据地质复杂程度

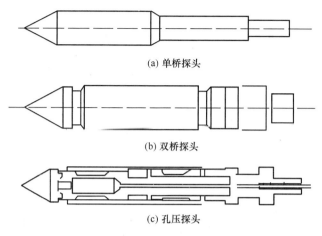

(a) 单桥探头

(b) 双桥探头

(c) 孔压探头

图 6-2 常用探头示意图

及区域稳定性，结合建筑物平面布置、工程性质等条件确定触探孔位、深度，选择使用的探头类别和触探设备。

1. 孔压探头的饱和处理

探头饱和过程一般包括以下几个方面的内容：

(1) 过滤器的脱气。

(2) 孔压应变腔的抽气和注液。

(3) 孔压探头的组装。

(4) 孔压探头饱和度的保持措施。

2. 触探机的位置和高度

(1) 应注意用水平尺校准机座。

(2) 留意原有钻孔距离对触探测试结果的影响。

(3) 探杆平直度的检查。

3. 触探仪的贯入

在进行贯入试验时，如果遇到密实、粗颗粒或含碎石颗粒较多的土层，在试验之前，应该先预钻孔。预钻孔应该在粗颗粒土的顶层进行，有时也使用套筒来防止孔壁的坍塌。在软土或松散土中，预钻孔应该穿过硬壳层。如果需要用孔压探头量测孔压，那么，该预钻孔的地下水位以上部分应用水充满。

4. 孔压消散试验

孔压消散试验可在地下水位以下任何指定深度进行。试验前，操作者可事先通过钻探资料确定进行孔压消散试验的深度。当探头贯入到指定深度时，就应立即开始孔压消散试验。

5. 试验的终止

当遇到以下情况时，应该终止静力触探试验的贯入：

(1) 要求的贯入长度或深度已经达到。

(2) 圆锥触探仪的倾斜度已经超过了量程范围。

(3) 反力装置失效。

（4）试验记录显示异常。

任何对试验设备可能造成损坏的因素都可以使试验被迫终止。图 6-3 显示了一个典型的混合剖面图。

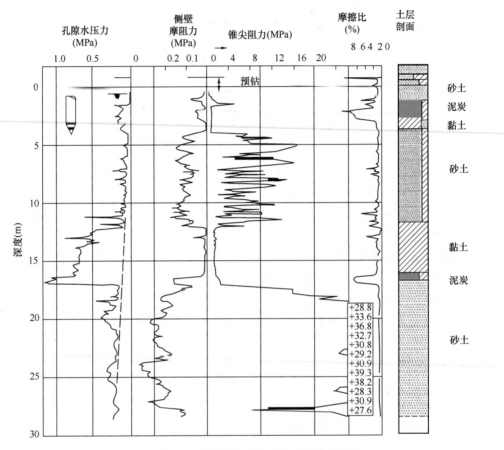

图 6-3　孔压静力触探测试和导出参数的剖面图

在试验期间的任何时候，贯入都可以停止，孔压静力触探保持不动，测量孔隙水压力随时间的变化（许多标准还要求记录锥尖阻力和侧壁摩阻力），这被称为孔隙水压力"消散试验"，该试验可用于确定固结系数。当消散后有孔隙水压力残余，可以评价原位静止孔隙水压力与深度的关系。

### 6.3.4　原始数据的修正

**1. 锥尖阻力的修正**

无论是采用常规探头还是采用孔压探头，在孔压触探试验过程中，量测的土层对探头的阻力都会受到孔隙水压力的影响。当采用孔压探头时，可以依据试验中量测的孔压值求得锥尖阻力和侧壁摩阻力。当孔压量测过滤器位于触探仪的 $u_2$ 位置时（图 6-4），锥尖阻力可用式（6-1）来修正。

$$q_t = q_c - (1-a)u_2 \tag{6-1}$$

式中　$q_c$——量测锥尖阻力；

$u_2$——位于圆锥和摩擦筒之间的孔压测试值；

$a$——有效面积比，范围一般为 $0.55\sim0.9$。

2. 侧壁摩阻力修正

当同时在探头的 $u_2$ 和 $u_3$ 位置安装孔压量测装置时，可以采用式（6-2）对侧壁摩阻力进行修正。

$$f_t = f_s - \frac{u_2 A_{sb} - u_3 A_{st}}{\Lambda_s} \qquad (6-2)$$

该修正对细粒土最重要，在细粒土中超孔隙水压力的影响很显著，建议使用修正后的数据来进行土层分析和类别划分。

### 6.3.5　静力触探结果解译

（1）重度

利用孔压静力触探实测资料来估算土层重度，Larsson 和 Mulabdic（1991）通过对在瑞士、挪威和英国的试验资料的分析，提出采用净锥尖阻力（$q_t - \sigma_{v0}$）和孔压参数比 $B_q$ 对土的密度或重度进行粗略估计，如图 6-5 所示。由于计算（$q_t - \sigma_{v0}$）和 $B_q$ 时也要用到土层密度（或重度），因此在使用该图时，需要迭代计算。

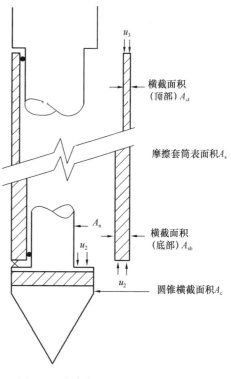

图 6-4　孔隙水压力对贯入阻力的影响

（2）超固结比

土的超固结比（OCR），定义为历史上土层受到的最大有效固结应力与当前有效应力之比。Lunne（1997）推荐采用孔压静力触探测试参数直接估计黏性土 OCR 的方法：

$$\mathrm{OCR} = k\left(\frac{q_t - \sigma_{v0}}{\sigma'_{v0}}\right) \qquad (6-3)$$

式中　$k$——变化范围为 $0.2\sim0.5$，通常取 $0.33$。

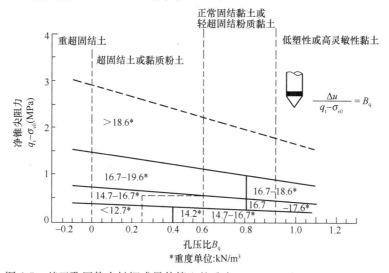

图 6-5　基于孔压静力触探成果估算土的重度（Larsson 和 Mulabdic，1991）

（3）侧压力系数

Kulhawy 和 Mayne（1990）建议采用式（6-4）来估算 $K_0$ 值，$K_0$ 的测试值来源于自钻式旁压仪测试结果，二者之间有一定离散型，因此该式也是近似估计。

$$K_0 = 0.1\left(\frac{q_t - \sigma_{v0}}{\sigma'_{v0}}\right) \tag{6-4}$$

（4）灵敏度

土的灵敏度定义为不扰动土的不排水抗剪强度与完全重塑土的不排水抗剪强度的比值。由于侧壁摩阻力为重塑土抗剪强度的函数，因此，Schmertmann（1978）建议用摩阻比 $R_f$（%）来估算土的灵敏度。

$$S_t = \frac{N_s}{R_f} \tag{6-5}$$

式中　$N_s$——待定的常数，Schmertmann 建议 $N_s$ 取值 15；Robertson 和 Campanella（1988）在比较从孔压试验和十字板试验得出的灵敏度值后，提出 $N_s = 6$；Rad 和 Lunne 提出 $N_s$ 在 5～10 之间。

（5）不排水抗剪强度

对黏土，由于其参数确定的复杂性，采用原位测试结果得到一个稳定参数的方法无疑是最好的。一般采用没有体积变化的总应力分析假设，通过贯入资料得出不排水剪切强度（$c_u$ 或 $S_u$）。基于孔压静力触探资料，采用经验公式法，根据实测锥尖阻力估算 $S_u$：

$$S_u = \frac{q_c - \sigma_{v0}}{N_k} \tag{6-6}$$

式中　$N_k$——经验圆锥系数，根据已有的研究成果，取值范围为 11～19。

（6）压缩模量

土的变形特征参数包括固结指数（$C_c$、$C_s$、$C_r$）和弹性模量（$E$、$G$、$K$、$B$），还有蠕变参数。土的变形参数一般以土的模量表示，总体来讲，土的模量是应力历史、应力和应变水平、排水条件和应力路径方向的函数。要考虑这些因素，土的模量的估计会变得很复杂，在实际中常用的模量是一维的压缩模量 $E_s$。

基于孔压静力触探资料估计的土的压缩模量 $E_s$，可以表示成净锥尖阻力 $q_n$ 的函数。对于超固结黏土，Senneset（1982，1989）建议采用如下线性模型：

$$E_i = \alpha_i q_n = \alpha_i(q_t - \sigma_{v0}) \tag{6-7}$$

式中　$\alpha_i$——系数，对于大多数黏土，变化范围为 5～15。

对于正常固结黏土，有类似的关系式：

$$E_n = \alpha_n q_n = \alpha_n(q_t - \sigma_{v0}) \tag{6-8}$$

根据 Senneset（1989）的建议，$\alpha_n$ 取值范围为 4～8。

Kulhawy 和 Mayne（1990）提出下面的关系式：

$$E_s = 8.25(q_t - \sigma_{v0}) \tag{6-9}$$

# 6.4　十　字　板　试　验

## 6.4.1　简介

十字板剪切试验（Vane shear test，简称 VST）是一种通过对插入地基土中的规定形状和尺寸的十字板头施加扭矩,使十字板头在土体中等速扭转形成圆柱状破坏面,经过换算评定地基土不排水抗剪强度的现场试验。十字板剪切试验是 1928 年在瑞士由 Olsson 首先提出的,我国于 1954 年开始使用,目前已成为一种在地基土评价中普遍使用的原位测试方法。十字板剪切试验适用于原位测定饱和软黏性土的抗剪强度,所测得的抗剪强度值,相当于试验深度处天然土层在原位压力下固结的不排水抗剪强度。由于十字板剪切试验不需要采取土样,避免了土样扰动及天然应力状态的改变,是一种有效的现场测定土的不排水强度的试验方法。

十字板剪切试验根据十字板仪的不同可分为机械式十字板剪切试验和电测式十字板剪切试验;根据贯入方式的不同又可分为预钻孔十字板剪切试验和自钻式十字板剪切试验(Self-boring vane shear test,简称 SBVST)。从技术发展和使用方便的角度,自钻式电测十字板仪具有明显的优势。

十字板剪切试验可用于以下目的:

(1) 测定原位应力条件下饱和软黏性土的不排水抗剪强度。

(2) 评定饱和软黏性土的灵敏度。

(3) 计算地基的承载力。

(4) 判断软黏性土的固结历史。

十字板剪切试验在我国沿海软土地区被广泛使用,它可在现场基本保持原位应力条件下进行扭剪,适用于灵敏度 $S_t \leqslant 10$、固结系数 $C_v \leqslant 100 \mathrm{m}^2/\mathrm{s}$ 的均质饱和软黏性土。对于不均匀土层,特别是夹有薄层粉细砂或粉土的软黏性土,十字板剪切试验会有较大的误差,使用时必须谨慎。本章将以预钻式十字板剪切试验为主加以论述。

### 6.4.2 试验原理与设备

1. 试验原理

十字板剪切试验的原理,即在某深度的饱和软黏性土中钻孔并插入规定形状和尺寸的十字板头,施加扭转力矩,将土体剪切破坏,测定土体抵抗扭损的最大力矩,通过换算得到土体不排水抗剪强度 $C_u$ 值(假定 $\varphi \approx 0$)。十字板头旋转过程中假设在土体产生一个高度为 $H$(十字板头的高度)、直径为 $D$(十字板头的直径)的圆柱状剪损面,并假定该剪损面的侧面和上、下底面上每一点土的抗剪强度都相等。在剪损过程中土体产生的最大抵抗力矩 $M$ 由圆柱侧表面的抵抗力矩 $M_1$ 和圆柱上、下底面的抵抗力矩 $M_2$ 两部分组成,即 $M = M_1 + M_2$。

根据十字板剪切试验结果,土体不排水抗剪强度如下:

$$C_u = \frac{2R}{\pi D^2 \left( \dfrac{D}{3} + H \right)} (P_f - f) \tag{6-10}$$

式中　$C_u$——十字板抗剪强度;

$D$——十字板头直径;

$H$——十字板头高度;

$P_f$——剪损土体的总作用力;

$f$——轴杆与土体间的摩擦力和仪器机械阻力,在试验时通过使十字板仪与轴杆脱离进行测定;

$R$——施力转盘半径。

2. 仪器设备

十字板剪切试验所需仪器设备包括十字板头、试验用探杆、贯入主机和测力与记录等试验仪器。目前使用的十字板剪切仪主要有两种：机械式十字板剪切仪和电测式十字板剪切仪。机械式十字板剪切试验需要用钻机或其他成孔机械预先成孔，然后将十字板头压入至孔底以下一定深度进行试验；电测式十字板剪切试验可采用静力触探贯入主机将十字板头压入指定深度进行试验。

常用的十字板为矩形，高径比 $H/D=2$，如图 6-6 和图 6-7 所示。国外推荐使用的十字板尺寸与国内常用的十字板尺寸不同，如表 6-2 所示。

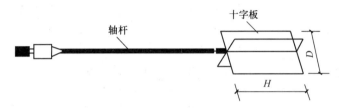

图 6-6　十字板头

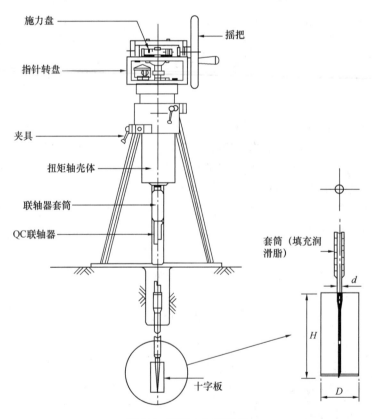

图 6-7　现场十字板设备

国内外常用的十字板尺寸                                         表 6-2

| 十字板尺寸 | $H$（mm） | $D$（mm） | 板厚 $t$（mm） |
|---|---|---|---|
| 国外 | 125±25 | 62.5±12.5 | 2 |
| 国内 | 100 | 50 | 2～3 |
|  | 150 | 75 | 2～3 |

### 6.4.3 十字板剪切试验流程

在试验之前，应对机械式十字板剪切仪的开口钢环测力计或电测式十字板剪切仪的扭力传感器进行标定，而试验点位置的确定应根据场地内地基土层钻探或静力触探试验结果，并依据工程要求进行。

用机械式十字板剪切仪现场测定软黏性土的不排水抗剪强度和残余强度等的基本方法和要求如下：

（1）先钻探开孔，下直径为 127mm 的套管至预定试验深度以上 75cm，再用提土器逐段清空至套管底部以上 15cm 处，并在套管内灌水，以防止软土在孔底涌起及尽可能保持试验土层的天然结构和应力状态。

关于下套管问题，已有一些勘察单位只在孔口下一套 3～5m 的长套管，只要保持满水，可同样达到维护孔壁稳定的效果，这样可大大简化试验程序。

（2）将十字板头、离合器、导轮、试验钻杆等逐节拧紧接好，下入孔内至十字板与孔底接触。各杆件要直，各接头必须拧紧，以减小不必要的扭力损耗。

（3）接导杆、安装底座，并使其固定在套管上，然后将十字板徐徐压入土中至预定试验深度，并应静止 2～3min。

（4）用摇把套在导杆上向右转动，使十字板离合齿啮合。

（5）安装传动部件，转动底盘使固定套锁定在底座上，再微动手柄使特制键落入键槽内；将角位移指针对准刻度盘的零位，装上量表并调至零位。

（6）按顺时针徐徐转动扭力装置上的旋转手柄，转速约为 1°/10s。十字板头每转 1°测记钢环变形读数一次，直至读数不再增大或开始减小时，即表示土体已被剪损，此时施于钢环的作用力（以钢环变形值乘以钢环变形系数算得）就是原状土剪损的总作用力 $P_f$ 值。

（7）拔下连接导杆与测力装置的特制键，套上摇把，连续转动导杆、轴杆和十字板头 6 圈，使土完全扰动，再按步骤（6）以同样的剪切速度进行试验，可得重塑土的总作用力 $P_f'$ 值。

（8）拔下控制轴杆与十字板头连接的特制键，将十字板轴杆向上提 3～5cm，使连结轴杆与十字板头的离合器处于离开状态，然后仍按步骤（6）可测得轴杆与土间的摩擦力和仪器机械阻力 $f$ 值。

则试验深度处原状土十字板抗剪强度为：

$$C_u = k(P_f - f) \tag{6-11}$$

（9）完成上述基本试验步骤后，拔出十字板，继续钻进，进行下一深度的试验。

### 6.4.4 十字板剪切试验的适用条件及其特点

十字板剪切试验只适用于测定饱和软黏性土的抗剪强度，对于具有薄层粉砂、粉土夹层的软黏性土，测定结果往往偏大，而且成果比较分散；它对于含有砂层、砾石、贝壳、树根及其他未分解有机质的土层是不适用的，故在进行十字板剪力试验前，应先进行勘探，摸清土层分布情况。

对于正常固结的饱和软黏性土，十字板剪切试验能反映出软黏性土的天然强度随深度而增大的规律，但室内试验指标成果比较分散，难以反映强度随深度而增大的变化规律。现场十字板剪切试验强度比室内试验（无侧限抗压强度试验、三轴不排水剪力试验、室内十字板剪力试验等）测值大，故在应用十字板剪切试验成果时，尚需考虑下列影响因素：

（1）相关研究认为，十字板剪切破坏面实为带状（或至少不是理想的圆柱状），则实际剪切破坏面较计算者大，因此使计算的 $c_u$ 值偏大，特别在稍硬的黏性土中偏大更多。

（2）十字板抗剪强度 $c_u$ 主要由破坏面上的有效应力控制。十字板剪切试验虽被认为是不排水剪，实际上在规定的 $1°/10s$ 剪切速率下，仍存在着排水的可能性，导致十字板剪切试验所得的"不排水抗剪强度"偏大。对于具有不同渗透特性的地基土，采用不同的剪切速率更合理一些。

# 6.5　扁铲侧胀试验

### 6.5.1　概述

扁铲侧胀试验（Flat dilatometer test，简称 DMT）最早是 20 世纪 70 年代末由意大利人 SilvanoMarchetti 提出的一种原位测试的方法，其最初在北美和欧洲地区应用，现已应用到全球 40 多个国家和地区。在我国，越来越多的单位开始将扁铲侧胀试验应用到岩土工程勘察。国家标准《岩土工程勘察规范》GB 50021—2001（2009 年版）和一些地方、行业标准首次将该原位测试方法列入，其中我国行业标准《铁路工程地质原位测试规程》TB 10018—2018 还对该测试技术和成果应用做了具体规定。但扁铲侧胀试验在我国开展较晚，总体来讲目前仍处于积累工程经验阶段。

扁铲侧胀试验是利用静力或锤击动力将一扁平铲形探头压（贯）入土中，达到预定试验深度后，利用气压使扁铲探头上的钢膜片侧向膨胀，分别测得膜片中心侧向膨胀不同距离（分别为 0.05mm 和 1.10mm 这两个特定位置）时的气压值，根据测得的压力与变形之间的关系获得地基土参数的一种现场试验。扁铲侧胀试验能够比较准确地反映小应变条件下土的应力应变关系，测试成果的重复性比较好。

扁铲侧胀试验的成果结合当地实践经验，可以用于以下目的：

（1）评价土的类型。

（2）确定黏性土的塑性状态。

（3）计算土的静止侧压力系数和侧向基床系数等。

根据国外已有的研究成果，基于扁铲侧胀试验结果，还可以用于评价土的应力历史（超固结比 OCR）、黏性土和砂土的强度指标。如果同时进行了扁铲消散试验，也可以评价黏性土的固结系数和渗透系数。

扁铲侧胀试验适用于软土、一般黏性土、粉土、黄土和松散至中密的砂土。一般在软弱、松散土中适宜性好，而随着土的坚硬程度或密实程度的增加，适宜性较差。与其他的原位测试技术一样，将扁铲侧胀试验应用于新的土类或新的地区时，应通过对比研究，建立适合于研究对象的扁铲侧胀试验指标与岩土工程参数的经验关系式或半经验半理论关系式，不宜照搬、套用现成的公式。

### 6.5.2 扁铲侧胀试验基本原理

根据《岩土工程勘察规范》GB 50021—2001（2009 年版），扁铲侧胀试验最好使用静力均匀地将探头压入土中。扁铲探头是一个具有特定规格的不锈钢钢板，在扁铲的一侧安装了一圆形钢膜片（图 6-8）。扁铲探头通过一条穿过探杆的气电管路（Pneumatic-electrical cable）与地表的测控箱连接，气电管路用以传输气压和传递电信号。测控箱通过气压管和一个气源相连接，以提供气压使膜片膨胀。测控箱起到控制气压力和提示采样的中枢作用。常规的扁铲侧胀试验仪器布置如图 6-9 所示。

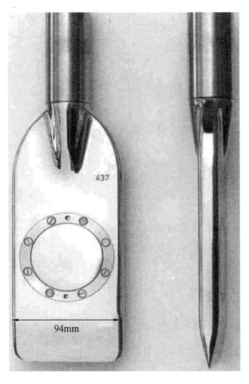

图 6-8 扁铲探头

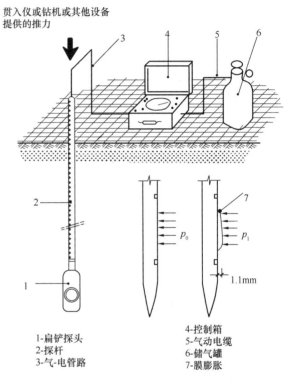

图 6-9 扁铲侧胀试验仪器布置图

试验由贯入扁铲探头开始，在贯入至某一深度后暂停，使用测控箱操作使膜片充气鼓胀，在充气鼓胀过程中得到如下两个读数：

（1）$A$ 读数，膜片鼓胀距离基座 0.05mm 时的气压值。

（2）$B$ 读数，膜片鼓胀距离基座 1.10mm 时的气压值。

在到达 $B$ 点之后，通过测控箱上的气压调控器释放气压，使膜片缓慢回缩到距离基座 0.05mm 时，此时的气压值记为 $C$ 读数。

扁铲压力增量 $\Delta p$ 与被测试土的性质 $E/(1-\mu^2)$ 直接相关。

通过校准校正压力读数 $A$、$B$ 和 $C$，以考虑膜的刚度，然后将它们转换为称为 $p_0$、$p_1$ 和 $p_2$ 的压力。利用 $p_0$、$p_1$ 和 $p_2$，以及原位孔隙水压力和竖向应力，得出三个扁铲侧胀仪参数，即：

（1）材料指数 $I_D$。

（2）水平应力指数 $K_D$。

（3）扁铲侧胀仪模量 $E_D$。

图 6-10 显示了层状砂土和黏土沉积物的典型扁铲侧胀试验结果。扁铲侧胀试验适用于砂土、粉砂和黏土，它们的粒径比膜直径（60mm）小，强度范围很广，从极软的黏土到坚硬的土或软岩。尽管扁铲刀片足够坚固，可以贯入厚度不超过约 0.5m 的砾石层，但它不适用于砾石。扁铲侧胀试验还被用于多种直接工程设计，例如黏土和砂土中浅基础的沉降计算、桩的轴向承载力、桩的侧向性能、压实控制、砂土液化和滑动面探测。

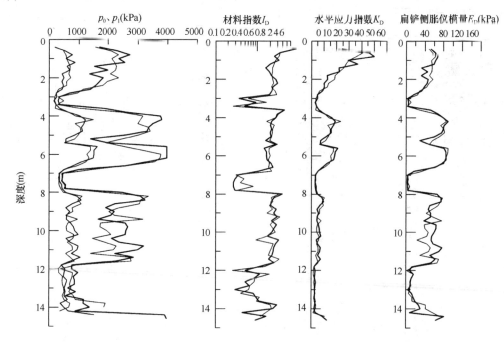

图 6-10 层状砂土和黏土沉积物的典型扁铲侧胀试验曲线

### 6.5.3 测试流程

1）扁铲探头贯入速度应控制在 2cm/s 左右，试验点的间距可取 20～50cm。在贯入过程中，排气阀始终是打开的。当扁铲探头达到预定深度后，进行如下测试操作：

（1）关闭排气阀缓慢打开微调阀，在蜂鸣器停止响的瞬间记下气压值，即 $A$ 读数。

（2）继续缓慢加压，直至蜂鸣器响时记下气压值，即 $B$ 读数。

（3）立即打开排气阀，并关闭微排阀以防止膜片过分鼓胀而损坏膜片。

（4）接着将探头贯入至下个试验点，在贯入过程中，排气阀始终打开，重复下一次试验。

如在试验中需要获得 $C$ 读数，应在步骤（3）中打开微排阀而非打开排气阀，使其缓慢降压直至蜂鸣器停后再次响起（膜片离基座为 0.05mm）时，此时记下的读数为 $C$ 值。

2）加压的速率对试验的结果有一定影响，因而应将加压速率控制在一定范围内。压力从 0 到 $A$ 值应控制在 15s 之内测得，而 $B$ 值应在 $A$ 读数后的 15～20s 内获得，$C$ 值在 $B$ 读数后约 1min 获得。这个速率是气电管路为 25m 长的加压速率，对于大于 25m 的气电管路可适当延长。

3) 试验过程中应注意校核差值 $B-A$ 是否出现 $B-A<\Delta A+\Delta B$。如果出现，应停止试验检查是否需要更换膜片。

4) 试验结束后，应立即提升探杆，从土中取出扁铲探头，并对扁铲探头膜片进行标定，获得试验后的 $\Delta A$、$\Delta B$ 值。$\Delta A$、$\Delta B$ 应在允许范围内，并且试验前后 $\Delta A$、$\Delta B$ 值相差不应超过 25kPa，否则试验数据不能使用。

# 6.6　旁　压　试　验

### 6.6.1　概述

旁压试验（Pressuremeter test，简称 PMT）是在 1933 年由德国工程师 Kogler 发明的，它是利用旁压器对钻孔壁施加横向均匀应力，使孔壁土体发生径向变形直至破坏，利用量测仪器量测压力与径向变形的关系，推求地基土力学参数的一种原位测试方法，亦称横压试验。

旁压试验按将旁压器放置在土层中的方式分为预钻式旁压试验、自钻式旁压试验和压入式旁压试验。预钻式旁压试验是事先在土层中预钻一竖直钻孔，再将旁压器放到孔内试验深度（标高）处进行试验。典型的预钻式旁压设备示意图如图 6-11 所示。预钻式旁压试验的结果很大程度上取决于成孔的质量，常用于成孔性能较好的地层。自钻式旁压试验（Self-boring pressuremeter test，简称 SBPMT）是在旁压器的下端装置切削钻头和环形刃具，在以静力压入土中的同时，用钻头将进入刃具的土切碎，并用循环泥浆将碎土带到

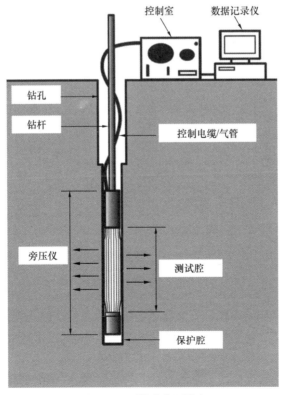

图 6-11　预钻式旁压设备

地面，钻到预定试验深度后停止钻进，进行旁压试验的各项操作。压入式旁压试验又分为圆锥压入式和圆筒压入式两种，都是用静力将旁压器压入指定的试验深度进行试验。压入式旁压试验在压入过程中对周围有挤土效应，对试验结果有一定的影响。目前国际上出现了一种将旁压腔与静力触探探头组合在一起的仪器，在静力触探试验的过程中可随时停止贯入进行旁压试验，从旁压试验贯入方式的角度，这应属于压入式旁压试验。

旁压试验成果结合地区经验，可用于以下岩土工程目的：

(1) 测求地基土的临塑荷载和极限荷载强度，从而估计地基土的承载力。

(2) 测求地基土的变形模量，从而估算沉降量。

(3) 估算桩基承载力。

(4) 计算土的侧向基床系数。

(5) 根据自钻式旁压试验的旁压曲线推求地基土的原位水平应力、静止侧压力系数。

旁压试验在最近的几年来在国内外岩土工程实践中得到迅速发展并逐渐成熟，其试验方法简单、灵活、准确，适用于黏性土、粉土、砂土、碎石土、残积土、极软岩和软岩等地层的测试。

### 6.6.2 试验的基本原理

旁压试验原理是通过向圆柱形旁压器内分级充气加压，在竖直的孔内使旁压膜侧向膨胀，并由该膜（或护套）将压力传递给周围土体，使土体产生变形直至破坏，从而得到压力与扩张体积（或径向位移）之间的关系。根据这种关系对地基土的承载力（强度）、变形性质等进行评价。

旁压试验可理想化为圆柱孔穴扩张模型，并简化为轴对称平面应变问题。典型的旁压曲线（压力 $p$-体积变化量 $V$ 曲线或压力 $p$-测管水位下降值 $S$ 曲线）如图 6-12 所示，可划分为三段：

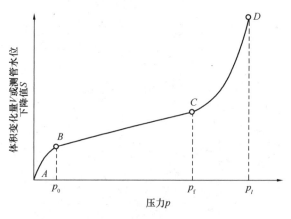

图 6-12　典型的旁压曲线

Ⅰ段（曲线 $AB$）：初始阶段，反映孔壁受扰动后土的压缩与恢复。

Ⅱ段（直线 $BC$）：似弹性阶段，此阶段内压力与体积变化量（测管水位下降值）大致呈直线关系。

Ⅲ段（曲线 $CD$）：塑性阶段，随着压力的增大，体积变化量（测管水位下降值）逐渐增加，最后急剧增大，直至达到破坏。

旁压曲线 Ⅰ 段与 Ⅱ 段之间的界限压力相当于初始水平压力 $p_0$，Ⅱ 段与 Ⅲ 段之间的界限压力相当于临塑压力 $p_f$，Ⅲ 段末尾渐近线的压力为极限压力 $p_l$。

进行旁压试验测试时，由加压装置通过增压缸的面积变换，将较低的气压转换为较扁压力的水压，并通过高压导管传至试验深度处的旁压器，使弹性膜侧向膨胀导致钻孔孔壁受压而产生相应的侧向变形。其变形量可由增压缸的活塞位移值 $S$ 确定，压力 $p$ 由与增压缸相连的压力传感器测得。根据所测结果，得到压力 $p$ 和位移值 $S$（或换算为旁压腔的体积变形量 $V$）间的关系，即旁压曲线。根据旁压曲线可以得到试验深度处地基土层的初始压力、临塑压力、极限压力，以及旁压模量等有关土力学指标。

### 6.6.3　质量安全要点

1）在饱和软黏性土层中，宜采用自钻式旁压试验，在试验前，宜通过试钻确定最佳回转速率、冲洗液流量、切屑器的距离等技术参数。

2）成孔质量是预钻式旁压试验成败的关键，成孔质量差，会使旁压曲线反常失真，无法使用。为保证成孔质量，要注意以下几点：

（1）孔壁垂直、光滑、呈规则圆形，尽可能减少对孔壁的扰动。

（2）软弱土层（易发生缩孔、坍孔）用泥浆护壁。

（3）钻孔孔径应略大于旁压器外径，一般宜大 $2\sim8$mm。

3）加荷等级的选择是一个重要的技术问题，一般可根据土的临塑压力或极限压力确定不同土类的加荷等级。

## 习题

1. 地下工程勘察常用的原位测试技术有哪些？
2. 简述原位测试的定义和优点。
3. 简述影响标准贯入试验的因素。
4. 简述静力触探试验的试验方法。
5. 简述十字板剪切试验的测试流程。
6. 简述扁铲侧胀试验的基本原理。
7. 详述静力触探试验的原始数据修正方法。
8. 详述几种原位测试方法的适用范围和特点。

# 第7章　地球物理勘探

**本章重点**

- 了解地球物理勘察的种类。
- 理解电阻率法的理论基础和试验方法。
- 掌握地震波法的种类和具体流程。
- 学习电磁法的种类和数据解译方法。
- 明确地质雷达法的基本原理和勘探方法。

地球物理勘探简称物探，它是通过研究和观测各种地球物理性质的变化来探测地层岩性、地质构造等地质条件。岩石物理性质是指岩石的导电性、磁性、密度、地震波传播等特性，地下岩石情况不同，岩石的物理性质也随之变化。各种物理性质都表现为一种或几种不同的物理现象，如导电性不同的岩石在相同的电压作用下，具有不同的电流分布；磁性不同的岩石，对同一磁铁的作用力不同；密度不同的岩石，可以引起重力的差异；振动波在不同岩石中传播速度不同等。通过量测这些物理场的分布和变化特征，结合已知地质资料进行分析研究，就可以达到推断地质性状的目的。该方法兼有勘探与试验两种功能，和钻探相比，具有设备轻便、成本低、效率高、工作空间广等优点，但由于不能取样，不能直接观察，故多与钻探配合使用。

地球物理勘探常利用的岩石物理性质有：密度、磁导率、电导率、弹性、热导率、放射性。与此相应的勘探方法有：重力勘探、磁法勘探、电法勘探、地震勘探、地温法勘探、核法勘探。

## 7.1　电　阻　率　法

电阻率法是传导类电法勘探方法之一，它利用各种岩（矿）石之间的导电性差异，通过观测和研究与这些差异有关的天然电场或人工电场的分布规律，达到查明地下地质构造或寻找矿产资源的目的。

### 7.1.1　电阻率法的理论基础

#### 7.1.1.1　电阻率

岩（矿）石间的电阻率差异是电阻率法的物理前提。电阻率是描述物质导电性能的一个电性参数。从物理学中我们已经知道，导体电阻率公式为：

$$\rho = R \frac{S}{l} \tag{7-1}$$

式中　$\rho$——导体的电阻率（$\Omega \cdot m$）；

　　　$R$——导体电阻（Q）；

　　　$S$——导体长度（m）；

$l$——垂直于电流方向的导体横截面积（m²）。

显然，电阻率在数值上等于电流垂立通过单位立方体截面时，该导体所呈现的电阻。岩（矿）石的电阻率值越大，其导电性就越差；反之，则导电性越好。

#### 7.1.1.2　电阻率公式及视电阻率

在电阻率法工作中，通常是在地面上任意两点用供电电极 $A$、$B$ 供电，在另外两点用测量电极 $M$、$N$ 测定电位差，如图 7-1 所示。利用四极装置测定均匀、各向同性的半空间电阻率基本公式为：

$$\rho = K \frac{\Delta V_{MN}}{I} \tag{7-2}$$

式中　$K$——装置系数，$K = \dfrac{2\pi}{\dfrac{1}{AM} - \dfrac{1}{AN} - \dfrac{1}{BM} - \dfrac{1}{BN}}$，其中 $AM$、$AN$、$BM$、$BN$ 是各电

极间的距离，在野外工作中装置形式和极距一经确定，$K$ 值便可计算出来；

　　　　$\Delta V_{MN}$——$MN$ 间测得的电位差（V）；

　　　　$I$——供电电流（A）。

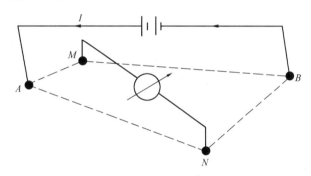

（$A$、$B$-供电电极；$M$、$N$-测量电极）

图 7-1　任意四极装置示意图

获得岩石电阻率的方法之一是用小极距的四极装置在岩石露头上进行测定，称为露头法。此外，通过电测井或标本测定也可以获得岩石的电阻率。

式（7-2）是在地表水平且地下介质均匀、各向同性的假设下导出的，实际工作中地下介质往往是各向异性非均匀的，且地表也不水平，因此有必要研究这种情况下的稳定电场。

首先需要引入"地电断面"的概念。所谓地电断面，是指根据地下地质体电阻率的差异而划分界线的断面。这些界线可能同地质体、地质层位的界线吻合，也可能不一致。如图 7-2 所示的地电断面中分布着呈倾斜接触，电阻率分别为 $\rho_1$ 和 $\rho_2$ 的两种岩层，以及一个电阻率为 $\rho_3$ 的透镜体（阴影部分）。向地下通电并进行测量，可以按式（7-2）求出一个"电阻率"值。不过，它既不是 $\rho_1$，也不是 $\rho_2$ 和 $\rho_3$，而是与三者都有关的物理量，用符号 $\rho_s$ 表示，并称之为视电阻率，即：

$$\rho_s = K \frac{\Delta V_{MN}}{I} \tag{7-3}$$

式中　$\rho_s$——视电阻率（Ω·m）。

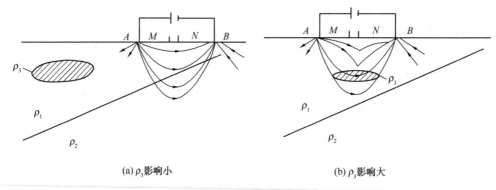

(a) $\rho_3$影响小　　　　　　　　　　　　(b) $\rho_3$影响大

图 7-2　四极装置建立的电场在地电断面中的分布图

视电阻率实质上是在电场有效作用范围内各种地质体电阻率的综合影响值。虽然式（7-2）和式（7-3）等号右端的形式完全相同，但左端的 $\rho$ 和 $\rho_s$ 却是两个完全不同的概念。只有在地下介质均匀且各向同性的情况下，$\rho$ 和 $\rho_s$ 才是等同的。

由图 7-2 还可以看出，在图 7-2（a）所示的情况下，除地层 $\rho_1$ 外，地层 $\rho_2$ 对视电阻率 $\rho_s$ 的值也有相当大的影响，透镜体 $\rho_3$ 的影响很小；在图 7-2（b）所示的情况下，地层 $\rho_2$ 的影响减小而透镜体 $\rho_3$ 的影响相当大。因此，不难理解，影响视电阻率的因素有：电极装置的类型及电极距、测点位置、电场有效作用范围内各地质体的电阻率、各地质体的分布状况，包括它们的形状、大小、厚度、埋深和相互位置等。

### 7.1.1.3　电阻率法的实质

在地表不平、地下岩（矿）石导电性分布不均匀的条件下，对于测量电极距很小的梯度装置来说，$MN$ 范围内的电场强度和电流密度均可视为恒定不变的常量。经推导得出视电阻率的微分形式为：

$$\rho_s = \frac{j_{MN}}{j_0} \cdot \rho_{MN} \frac{1}{\cos\alpha} \tag{7-4}$$

式中　$j_{MN}$、$j_0$——$MN$ 处和地表水平且地下为半无限均匀岩石的电流密度（A/m²）；

$\quad\quad\quad \rho_{MN}$——$MN$ 处的电阻率（Ω·m）；

$\quad\quad\quad \alpha$——$MN$ 处地形坡角（°）。

式（7-4）为起伏地形条件下视电阻率的微分表示式，其应用条件是测量电极距 $MN$ 较小。显然，如果地面水平，只是地下赋存有导电性不均匀地质体时，式（7-4）可简化为：

$$\rho_s = \frac{j_{MN}}{j_0} \cdot \rho_{MN} \tag{7-5}$$

在对视电阻率曲线进行定性分析时，经常用到式（7-4）和式（7-5）。

图 7-3 中给出了 3 种不同的地电断面。若采用同样极距的四极装置，分别于地表测量视电阻率 $\rho_s$ 时，将会得到不同的观测结果。图 7-3（a）中地下为均匀、各向同性的单一岩层，其电阻率为 $\rho_1$。这时测得的视电阻率 $\rho_s$ 就等于岩石的真电阻率值 $\rho_1$。图 7-3（b）是在电阻率等于 $\rho_1$ 的围岩中赋存一良导电矿体（图中阴影部分），其电阻率 $\rho_2 < \rho_1$。良导电矿体的存在改变了均匀岩石中电场分布的状况，电流汇聚于导体使地表测量电极 $M$、$N$ 附近岩石中的电流密度 $j_{MN}$ 比均匀岩石情况下同位置的正常电流密度 $j_0$ 小，于是式（7-5）

中的比值 $\dfrac{j_{MN}}{j_0} < 1$。由于图 7-3（b）情况下的 $\rho_{MN} = 0$，故由式（7-5）得知，此时的视电阻率 $\rho_s$ 小于均匀围岩的真电阻率 $\rho_1$。图 7-3（c）是在电阻率等于 $\rho_1$ 的围岩中，赋存一局部隆起的高阻基岩（图中阴影区），其电阻率 $\rho_3 > \rho_1$。高阻基岩向地表排挤电流，使测量电极 $M$、$N$ 附近岩石中的电流密度比均匀岩石条件下增大，式（7-5）中的比值 $\dfrac{j_{MN}}{j_0} < 1$、$\rho_{MN} = \rho_1$，于是在图 7-3（c）条件下地面测得的视电阻率 $\rho_s > \rho_1$。

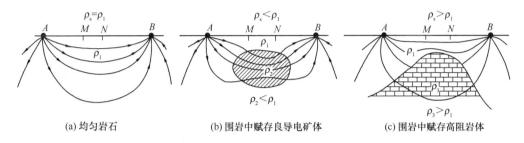

图 7-3　视电阻率与地电断面性质的关系图

### 7.1.2　电阻率法的仪器及装备

根据式（7-3），电阻率法测量仪器的任务就是测量电位差 $\Delta V_{MN}$ 和电流 $I$。为适应野外条件，仪器除必须有较高的灵敏度、较好的稳定性、较强的抗干扰能力外，还必须有较高的输入阻抗，以克服测量电极打入地下而产生的"接地电阻"对测量结果的影响。

目前，国内常用的直流电法仪有 DDC-28 型电子自动补偿仪、ZWD-2 型直流数字电测仪、JD-2 型自控电位仪、C-2 型微测深仪、LZSD-C 型自动直流数字电测仪、MIR-IB 型多功能直流电测仪以及近年来出现的高密度电法仪等。

电阻率法的其他设备还有作为供电电极用的铁棒、作为测量电极用的铜棒、导线、线架，以及供电电源（45V 乙型干电池或小型发电机）等。

### 7.1.3　电剖面法

电剖面法是电阻率法中的一个大类，它是采用不变的供电极距，使整个或部分装置沿观测剖面移动，逐点测量视电阻率的值。由于供电极距不变，探测深度就可以保持在同一范围内，因此可以认为，电剖面法所了解的是沿剖面方向地下某一深度范围内不同电性物质的分布情况。

根据电极排列方式的不同，电剖面法又有许多变种。目前常用的有联合剖面法和中间梯度法等。

#### 7.1.3.1　联合剖面法

联合剖面法是用两个三极装置 $AMN\infty$ 和 $\infty MNB$ 联合进行探测的一种电剖面方法。所谓三极装置，是指一个供电电极置于无穷远的装置。如图 7-4 所示，$A$、$M$、$N$、$B$ 四个电极位于同一测线上，以 $M$、$N$ 之间的中点为测点，且 $AO = BO$、$MO = NO$。电极 $C$ 是两个三极装置共同的无穷远极，一般敷设在测线的中垂线上，与测线的距离大于 $AO$ 的 5 倍。工作中将 $A$、$M$、$N$、$B$ 四个电极沿测线一起移动，并保持各电极间的距离不变。工作中可以按式（7-6）分别求视电阻率。

$$\rho_s^A = K_A \frac{\Delta V_{MN}^A}{I}(AMN\infty \text{ 装置})$$

$$\rho_s^B = K_B \frac{\Delta V_{MN}^B}{I}(\infty MNB \text{ 装置})$$

(7-6)

式中　$\rho_s^A$、$\rho_s^B$——$A$、$C$ 极和 $B$、$C$ 极处测得的视电阻率（$\Omega \cdot m$）；

$K_A$、$K_B$——$AMN\infty$ 装置和 $\infty MNB$ 装置的装置系数，$K_A = K_B = 2\pi \dfrac{AM \cdot AN}{MN}$；

$\Delta V_{MN}^A$、$\Delta V_{MN}^B$——$A$、$C$ 极和 $B$、$C$ 极处的电位差（V）。

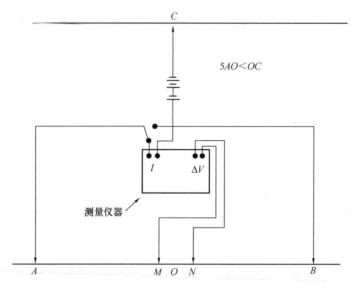

图 7-4　联合剖面装置示意图

　　联合剖面法主要用于寻找产状陡倾的层状或脉状低阻体或断裂破碎带。当供电极距大于这些地质体的宽度时，可以把它们视为薄脉状良导体。因此，我们主要分析良导体薄脉的联合剖面 $\rho_s$ 曲线特征。实际工作中，由于 $C$ 极置于无穷远处，其电场在 $M$、$N$ 产生的电位差可以忽略不计，因此联合剖面法的电场属于一个点电源的场。图 7-5 给出了直立良导体薄脉上的联合剖面法观测结果，图 7-5 中 $M$、$N$ 点为电位测量点，$A$、$B$ 分别为第 $i$ 次 $AMN\infty$ 装置和 $\infty MNB$ 装置的供电电极点。我们先对 $\rho_s^A$ 曲线进行分析。

　　（1）当电极 $A$、$M$、$N$ 在良导体薄脉左侧且与之相距较远时，薄板对电流分布影响很小，因而 $j_{MN} = j_0$。由于 $\rho_{MN} = \rho_1$，故有 $\rho_s^A = \rho_1$（曲线上点 1）。

　　（2）当 $A$、$M$、$N$ 逐渐移近良导体薄脉时，薄脉向右吸引由 $A$ 极发出的电流，使 $M$、$N$ 间的电流密度增大，即 $j_{MN} > j_0$，故 $\rho_s^A > \rho_1$，$\rho_s^A$ 曲线上升（曲线上点 2）。

　　（3）随着 $A$、$M$、$N$ 继续向右移动，良导体薄脉对电流的吸引逐渐增强，致使 $\rho_s^A$ 曲线继续上升，并达到极大值（曲线上点 3）。

　　（4）当 $M$、$N$ 靠近并越过脉顶时，薄脉向下吸引电流，使得 $M$、$N$ 间电流密度反而减少，即 $j_{MN} < j_0$，$\rho_s^A$ 开始迅速下降。当 $A$ 和 $M$、$N$ 分别在薄板两侧移动时，绝大部分电流被吸引到薄脉中去，由于薄脉的屏蔽作用，造成 $M$、$N$ 间的电流密度更小，因而 $\rho_s^A$ 曲线出现一段平缓的低值带（曲线上点 4 附近一小段）。

（5）当 $A$、$M$、$N$ 都越过脉顶后，低阻脉向左吸引电流。随着电极向右移动，吸引作用逐渐减弱，故 $j_{MN}$ 逐渐增大，$\rho_s$ 曲线上升（曲线上点 5）。

（6）$A$、$M$、$N$ 继续右移，当远离低阻脉时，薄脉对电流的吸引十分微弱，因而对电流的畸变作用可以忽略不计，$j_{MN} \approx j_0$，故 $\rho_s^A$ 曲线逐渐趋于 $A$（曲线上点 6）。

用同样的方法可以分析 $\rho_s^B$ 曲线。由于 $A$、$M$、$N$ 自左至右移动与 $M$、$N$、$B$ 自右至左移动时视电阻率曲线的变化规律相同，因此，只需将 $\rho_s^A$ 曲线绕薄脉转动 $180°$，即可得到 $\rho_s^B$ 曲线。由图 7-5 可见，在直立良导体薄脉顶部上方，$\rho_s^A$ 和 $\rho_s^B$ 曲线相交，且在交点左侧，$\rho_s^A > \rho_s^B$；在交

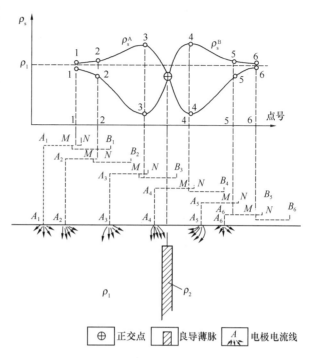

图 7-5 直立良导体薄脉上联合剖面曲线分析图

点右侧，$\rho_s^A < \rho_s^B$。这种交点称为联合剖面曲线的"正交点"。在正交点两翼，两条曲线明显地张开，一条达到极大值，另一条达到极小值，形成横"8"字形的明显特征。

图 7-6 是直立高阻薄脉上联合剖面 $\rho_s$ 曲线图。可以看出，高阻薄脉上的两条曲线也有一个交点，交点左侧 $\rho_s^A < \rho_s^B$，右侧 $\rho_s^A > \rho_s^B$，与低阻薄脉的情况恰好相反，所以称为"反交点"。联合剖面曲线的反交点实际上并不明显，$\rho_s^A$ 和 $\rho_s^B$ 曲线近于重合，各自呈现一个高阻峰值，且交点两侧 $\rho_s^A$ 和 $\rho_s^B$ 曲线靠得很拢，没有明显的横"8"字形特征。这是因为对于高阻薄脉而言，无论 $M$、$N$ 在它的哪一侧，$\rho_s$ 值都是降低的。例如，对 $\rho_s^A$ 曲线而言，当 $A$、$M$、$N$ 在薄脉左侧时，高阻薄脉向左"排斥"电流，故 $\rho_s^A$ 值下降；当 $M$、$N$ 位于薄脉顶部时，由于 $A$ 极发出的电流被"排斥"到地表，故 $\rho_s^A$ 出现极大值；当 $M$、$N$ 达到薄脉右侧而 $A$ 还在左侧时，则由于高阻体"排斥"电流（起高阻屏蔽作用），而使 $\rho_s^A$ 值降至极小；$A$、$M$、$N$ 都在高阻薄脉右侧时，$\rho_s$ 值随电极排列的右移先稍有上升，然后

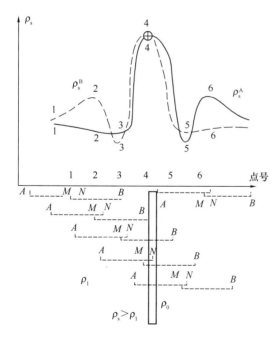

图 7-6 直立高阻薄脉上联合剖面曲线图

下降，直至 $\rho_s^A$ 趋于 $\rho_1$ 为止。由此可见，虽然利用联合剖面法在直立高阻薄脉上也有异常显示，但其效果比在直立低阻薄脉上差，加之与其他对高阻薄脉同样有效的电剖面法相比，它的效率又低。因此，一般都不用联合剖面法寻找高阻地质体。

图 7-7 是不同倾角情况下良导体薄脉上联合剖面 $\rho_s^A$ 曲线图。由图可见，当倾角小于 90°时，两条 $\rho_s$ 曲线是不对称的，这是由于倾斜的低阻薄脉向下吸引电流时，使得倾斜方向上的曲线普遍下降所致。由于曲线不对称，正交点也略向倾斜方向位移。

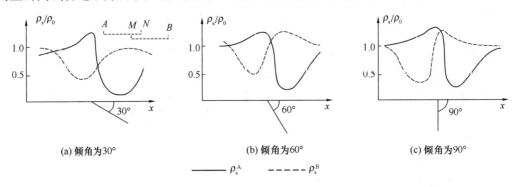

(a) 倾角为30°  (b) 倾角为60°  (c) 倾角为90°

—— $\rho_s^A$        ---- $\rho_s^B$

图 7-7　不同倾角情况下良导体薄脉上联合剖面 $\rho_s^A$ 曲线图

实际工作中，可以用不同极距的联合剖面曲线交点的位移来判断地质体的倾向。小极距反映浅部情况，大极距反映深部情况，如图 7-8 所示。若大、小极距的低阻正交点位置重合，说明地质体直立（图 7-8b）；若大极距相对于小极距低阻正交点有位移，说明地质体倾斜（图 7-8a）。

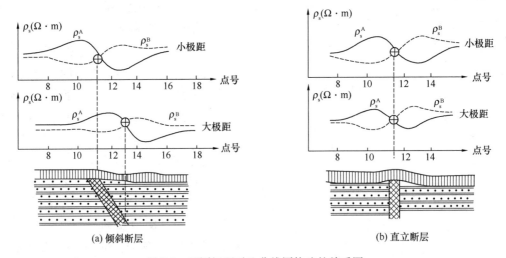

(a) 倾斜断层　　　　　　　　　　　(b) 直立断层

图 7-8　不同极距对比曲线同构造的关系图

### 7.1.3.2　中间梯度法

中间梯度法的装置示意图如图 7-9 所示。图中该装置的供电极距 $AB$ 很大，通常选取为覆盖层厚度的 $70\sim80$ 倍。测试电极距 $MN$ 相对于 $AB$ 要小得多，一般选用 $MN=\left(\dfrac{1}{50}\sim\dfrac{1}{30}\right)AB$。工作中保持 $A$ 和 $B$ 固定不动，$M$ 和 $N$ 在 $A$、$B$ 之间的中部约

$\left(\dfrac{1}{3}\sim\dfrac{1}{2}\right)AB$ 的范围内同时移动，逐点进行测量，测点为 $MN$ 的中点。中间梯度法的电场属于两个异性点电源的电场。在 $AB$ 中部 $\left(\dfrac{1}{3}\sim\dfrac{1}{2}\right)AB$ 的范围内电场强度（即电位的负梯度）变化很小，电流基本上与地表平行，呈现均匀场的特点，这也就是中间梯度法名称的由来。中间梯度法的电场不仅可通过在 $A$、$B$ 两电极所在的侧线上移动 $M$、$N$ 极进行测量，也可以在 $A$、$B$ 连线两侧 $\dfrac{1}{6}AB$ 范围内测线上移动 $M$、$N$ 极进行测量。中间梯度法这种"一线布极，多线测量"的观测方式，比起其他点剖面方法（特别是联合剖面法），效率要高得多。

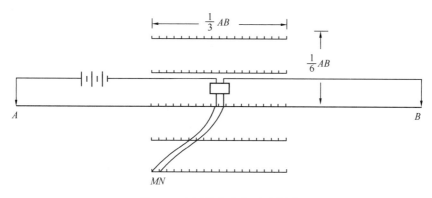

图 7-9　中间梯度法装置示意图

中间梯度法的视电阻率按式（7-3）计算，但必须指出，装置系数 $K$ 不是恒定的，测量电极每移动一次都要计算一次 $K$ 值。

中间梯度法主要用于寻找产状陡倾的高阻薄脉，如石英脉、伟晶岩脉等。这是因为在均匀场中，高阻薄脉的屏蔽作用比较明显，排斥电流使其汇聚于地表附近，$j_{MN}$ 急剧增加，致使 $\rho_{s}^{A}$ 曲线上升，形成突出的高峰。至于低阻薄脉，由于电流容易垂直通过，只能使 $j_{MN}$ 发生很小的变化，因而 $\rho_{s}$ 异常不明显，如图 7-10 所示。

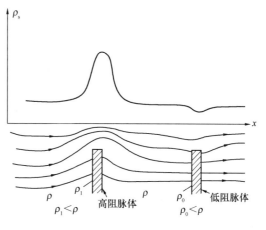

图 7-10　高、低阻直立薄脉上的中间梯度法 $\rho_{s}$ 曲线图

图 7-11 是在我国东北某铅锌矿区使用中间梯度法所得的 $\rho_{s}$ 剖面平面图。该区铅锌矿产在倾角接近 70° 的高阻石英脉中。图中两条连续的 $\rho_{s}$ 高峰值带由含矿石英脉引起。1 号矿脉是已知的，2 号矿脉是根据中间梯度法的 $\rho_{s}$ 曲线形态与 1 号矿脉的 $\rho_{s}$ 曲线对比而圈定的。

### 7.1.4　电测深法

电测深法是探测电性不同的岩层沿垂向分布情况的电阻率方法。该方法采用在同一测

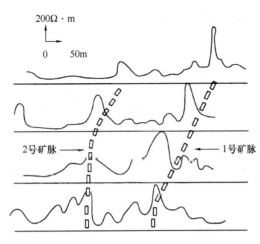

图 7-11 某铅锌矿区中间梯度法 $\rho_s$ 剖面平面图

点多次加大供电极距的方式，逐次测量视电阻率 $\rho_s$ 的变化。我们知道，适当加大供电极距可以增大勘探深度，因此在同一测点上不断加大供电极距所测出的 $\rho_s$ 值的变化，将反映出该测点下电阻率有差异的地质体在不同深度的分布状况。按照电极排列方式的不同，电测深法可以分为对称四极电测深、三极电测深、偶极电测深、环形电测深等方法，其中最常用的是对称四极电测深法。本节主要讨论对称四极测深法，如无特殊说明，所说的电测深法都是指对称四极电测深法。

对称四极电测深法的视电阻率和装置系数可以由式（7-3）进行计算。由于电测深法是在同一测点上每增大一次极距 $AB$，就计算一个 $K$ 值，因此其 $K$ 值是变化的。下面我们以两个电性层组成的地电断面为例，说明电测深法的工作原理。

设第一层电阻率为 $\rho_1$，厚度为 $h_1$；第二层电阻率为 $\rho_2$，且 $\rho_2 > \rho_1$，厚度 $h_2$ 为无穷大，分界面为水平面（图 7-12）。在实际工作中，如果浮土覆盖着基岩，而基岩表面与地面都接近于水平时，就相当于这里所讨论的二层地电断面。如图 7-12 所示，当 $\frac{AB}{2}$ 很小时（$\frac{AB}{2} \ll h_1$），由于所能达到的探测深度很浅，$\rho_2$ 介质对电流分布无影响，可以认为全部电流（实线）都分布在第一层中。由于 $\rho_{MN}=\rho_1$，$j_{MN}=j_0$，故 $\rho_s=\rho_1$，表现为电测深曲线

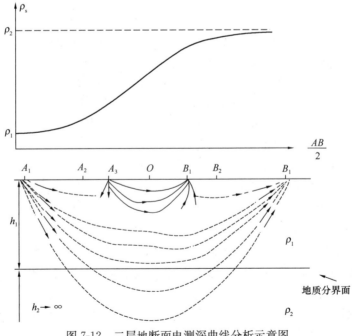

图 7-12 二层地断面电测深曲线分析示意图

104

开始的一小段平行于坐标轴 $\frac{AB}{2}$。

当 $\frac{AB}{2}$ 逐渐增大，电流分布的深度也相应增大。从某一 $\frac{AB}{2}$ 开始，电流（虚线）分布达到 $\rho_2$ 介质排斥电流，因而 $j_{MN} > j_0$，$\rho_2 > \rho_1$，电测深曲线开始上升。随着 $\frac{AB}{2}$ 继续增大，$\rho_2$ 介质排斥电流的作用更加明显，$\rho_s$ 继续增大，曲线不断上升。

当 $\frac{AB}{2} \gg h_1$ 时，绝大部分电流（虚线）都流入第二层，$\rho_1$ 介质 $\rho_s$ 对影响极小，可认为地下充满了 $\rho_2$ 介质，于是 $\rho_{MN} \approx \rho_2$，因而 $\rho_s \to \rho_2$，曲线尾部以 $\rho_2$ 电测为渐近线。

综上所述，电测深曲线的变化与地电断面中各电性层的电阻率以及厚度都有密切的关系。因此，可以通过电测深曲线推断地下电性层的电阻率和埋深，再结合地质资料进行综合对比，把电性层与地质上的岩层联系起来，就可以解决所提出的地质问题。

电测深法适宜于划分水平或倾角不大（小于 20°）的岩层，在电性层数目较少的情况下，可进行定量解释。

为便于分析解释电测深曲线，可按地电断面的类型，将电测深曲线分为以下几种。

#### 7.1.4.1　二层断面的电测深曲线

如前所述，二层地电断面含 $\rho_1$ 和 $\rho_2$ 两个电性层。设第一层厚度为 $h_1$，第二层厚度 $h_2$ 为无穷大。按 $\rho_1$ 和 $\rho_2$ 的组合关系，可将地电断面分为 $\rho_1 > \rho_2$ 和 $\rho_1 < \rho_2$ 两种类型。与二层断面相对应的电测深曲线称为二层曲线。其中对应于 $\rho_1 > \rho_2$ 断面的曲线定名为 D 型曲线，对应于 $\rho_1 < \rho_2$ 断面的定名为 G 型曲线，如图 7-13（a）所示。前面已经分析了 G 型曲线，对 D 型曲线（图 7-13b）也可以做类似的分析。

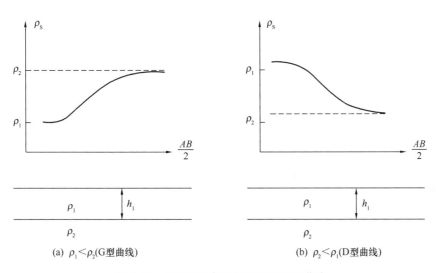

(a) $\rho_1 < \rho_2$(G型曲线)　　　　　(b) $\rho_2 < \rho_1$(D型曲线)

图 7-13　水平层面断面与二层电测深曲线

在实际工作中，还有一种常见的情况是第二层电阻率 $\rho_2$ 相对于 $\rho_1$ 为无限大，二层曲线尾部呈斜线上升。在对数坐标上，其渐近线与横轴呈 45° 相交，如图 7-14 所示。

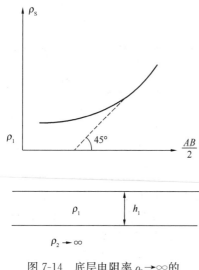

图 7-14 底层电阻率 $\rho_2 \to \infty$ 的
水平二层电测深曲线图

### 7.1.4.2 三层断面的电测深曲线

三层地电由 3 个电性层组成，各电性层的电阻率分别为 $\rho_1$、$\rho_2$ 和 $\rho_3$。设第一、第二层厚度分别为 $h_1$ 和 $h_2$，第三层厚度 $h_3$ 为无穷大。按照 3 个电性层参数的组合关系，可将第三层电测深曲线分为下述 4 种类型，如图 7-15 所示。

（1）H 型：对应于 $\rho_1 > \rho_2 < \rho_3$ 的三层断面。曲线前段渐近线决定于 $\rho_1$，尾段渐进线决定于 $\rho_3$，中段值则决定于 3 个电性层的综合影响。$H$ 型曲线具有极小值，一般情况下如图 7-15（a）所示。当 $h_2 \gg h_1$ 时，曲线中端出现宽缓的极小值段，极小值趋向于 $\rho_2$。如果 $\rho_3$ 趋向于 $\infty$，则 $H$ 型曲线尾部将呈斜线上升，其渐近线与横轴呈 45°相交。

（2）A 型：对应于 $\rho_1 < \rho_2 < \rho_3$ 的三层断面。其特点是曲线由 $\rho_1$ 值开始逐渐上升，达 $\rho_2$ 值时形成一个转折，第二层愈厚，转折愈明显，最后趋于 $\rho_3$ 值（图 7-15b）。在 $\rho_3 \to \infty$ 时，A 型曲线尾部渐近线与横轴呈 45°相交。

（3）K 型：对应于 $\rho_1 < \rho_2 > \rho_3$ 的三层断面。其特点是曲线有极大值 $\rho_{smax}$，一般 $\rho_{smax}$ 小于 $\rho_2$（图 7-15c）。只有当 $h_2 \gg h_1$ 时，$\rho_{smax}$ 才趋于 $\rho_2$。

（4）Q 型：对应于 $\rho_1 > \rho_2 > \rho_3$ 的三层断面。其特点是曲线由 $\rho_1$ 值开始逐渐下降，达 $\rho_2$ 值时形成一个转折，最后趋于 $\rho_3$ 值（图 7-15d）。

### 7.1.4.3 多层断面的电测深曲线

4 个电性层组成的地电断面，相邻各层电阻率之间的组合关系，其测深曲线可以有 8 种类型，如图 7-16 所示。每种类型的电测深曲线用两个字母表示。第一个字母表示断面中的前 3 层所对应的电测深曲线类型，第二个字母表示断面中后 3 层所对应的电测深曲线类型。

为了反映一条测线的垂向断面中视电阻率的变化情况，常需用该测线上不同测深点的全部数据绘制等视电阻率断面图。从这种图可以看出基岩起伏、构造变化，以及电性层沿断面的分布等。其做法是：以测线为横轴，标明各测深点的位置及编号，以 $\dfrac{AB}{2}$ 为纵轴垂直向下，采用对数坐标或算术坐标，依次将各测深点处各种极距的 $\rho_s$ 值标在图上的相应位置，然后按一定的 $\rho_s$ 值间隔，用内插法绘出若干条等值线。

### 7.1.5 高密度电阻率法

高密度电阻率法是一种在方法技术上有较大进步的电阻率法。就其原理而言，它与常规电阻率法完全相同。该方法实现了跑极和数据采集的自动化，相对常规电阻率法来说，具有许多优点：由于电极的布设是一次完成的，测量过程中无需跑极，因此可防止因电极移动而引起的故障和干扰；在一条观测剖面上，通过电极变换和数据转换可获得多种装置的等视电阻率断面图；可进行资料的现场实时处理与成图解释；成本低，效率高。

### 7.1.5.1 观测系统

高密度电阻率法在一条观测剖面上通常要打上数十根乃至上百根电极（一个排列常用

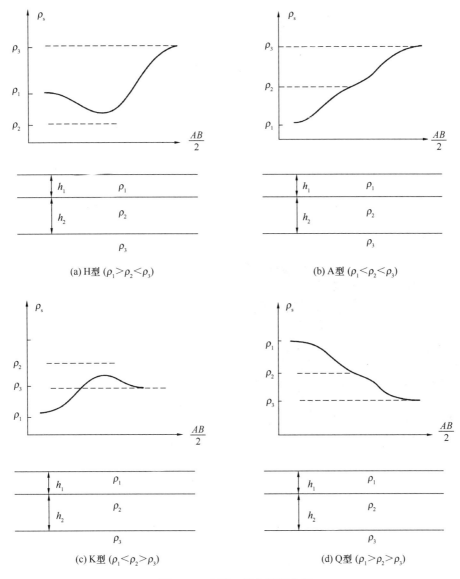

(a) H型 ($\rho_1 > \rho_2 < \rho_3$)

(b) A型 ($\rho_1 < \rho_2 < \rho_3$)

(c) K型 ($\rho_1 < \rho_2 > \rho_3$)

(d) Q型 ($\rho_1 > \rho_2 > \rho_3$)

图 7-15　水平三层电测深曲线

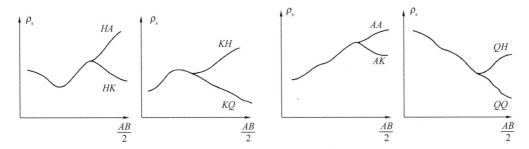

图 7-16　水平四层地电断面的电测深曲线图

60 根），而且多为等间距布设。观测系统可按在一个排列上进行逐点观测时，供电和测量电极采用的排列方式分类。目前常用的有四电极排列的"三电位观测系统"、三电极排列的"双边三极观测系统"以及二极采集系统等，常采用的 RESECS 高密度电法仪如图 7-17 所示。

### 1. 三电位观测系统

如图 7-18 所示，当相隔距离为 $a$ 的 4 个电极，只需改变导线的连接方式，在同一测点上便可获得三种装置（$\alpha$、$\beta$、$\gamma$）的视电阻率（$\rho_s^\alpha$、$\rho_s^\beta$、$\rho_s^\gamma$）值，故称三电位观测系统，其中 $\alpha$ 即温纳装置，$\beta$ 即偶极装置，$\gamma$ 则称双二极装置。

图 7-17　RESECS 高密度电法仪

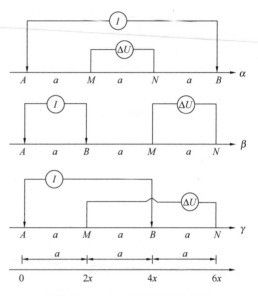

图 7-18　三电位观测系统示意图

三种装置的视电阻率及其相互关系表达式为：

$$\rho_s^\alpha = 2\pi a \frac{\Delta U_\alpha}{I}; \quad \rho_s^\alpha = \frac{1}{3}\rho_s^\beta + \frac{2}{3}\rho_s^\gamma$$

$$\rho_s^\beta = 6\pi a \frac{\Delta U_\beta}{I}; \quad \rho_s^\beta = 3\rho_s^\alpha + 2\rho_s^\gamma \tag{7-7}$$

$$\rho_s^\gamma = 3\pi a \frac{\Delta U_\gamma}{I}; \quad \rho_s^\gamma = \frac{1}{2}(3\rho_s^\alpha - \rho_s^\gamma)$$

式中　$\rho_s^\alpha$、$\rho_s^\beta$、$\rho_s^\gamma$——三种装置（$\alpha$、$\beta$、$\gamma$）的视电阻率（$\Omega \cdot m$）；

$\Delta U_\alpha$、$\Delta U_\beta$、$\Delta U_\gamma$——三种装置测得的电位差（V）；

$a$——电极间的距离，$a = nx$，$x$ 为点距，$n = 1, 2, 3, \cdots$（m）。

图 7-19 给出了一个较复杂地电断面上的数值模拟结果。由图可见，三种装置的视电阻率断面等值线分布各异，但在当前所讨论的地电条件下，温纳装置的 $\rho_s^\alpha$ 和偶极装置的 $\rho_s^\beta$ 对低阻凹陷中高阻体的反映较好，而双二极装置的 $\rho_s^\gamma$ 则无明显反映。因此，利用三电位观测系统获得的三种视电阻率资料，可根据它们的不同特点，用来解决不同的地质问题。

### 2. 双边三极观测系统

如图 7-20 所示，该系统是当供电电极 $A$ 固定在某测点之后，在其两边各测点上沿相

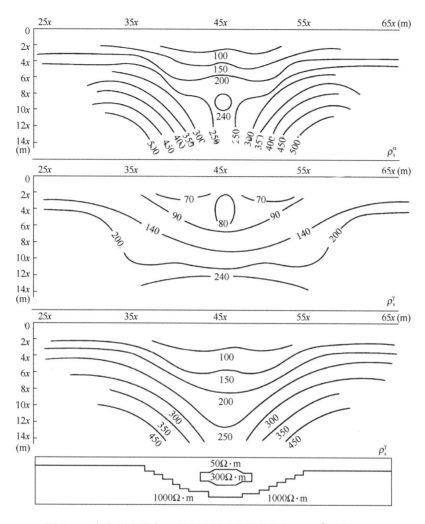

图 7-19　高密度电阻率三电位观测系统数值模拟 $\rho_s^\alpha$、$\rho_s^\beta$、$\rho_s^\gamma$ 断面图

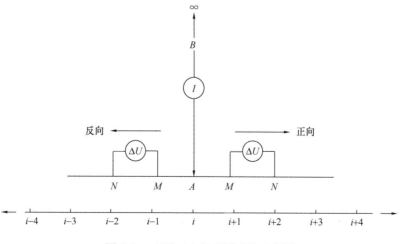

图 7-20　双边三电极观测系统示意图

反方向进行逐点观测。当整条剖面测定后，在相同极距 $AO$（$O$ 为 $MN$ 中点）所对应的测点上均可获得两个三极装置的视电阻率值（$\rho_s^{正}$ 和 $\rho_s^{反}$）。根据前面讨论电阻率法装置时，给出它们之间的相互关系表达式，便可换算出对称四极、温纳、偶极以及双二极等装置的视电阻率，进而可绘出它们的视电阻率断面图。

图 7-21 给出了双边三极观测系统在一个低阻球体上经换算取得的 3 种装置（图 7-21a、b、c 分别对应对称四极、温纳、偶极装置）$\rho_s$ 断面图的理论计算结果。由图 7-21 可见，在当前所示条件下，温纳和偶极反映球体的能力较强，对称四极的反映能力则较差。

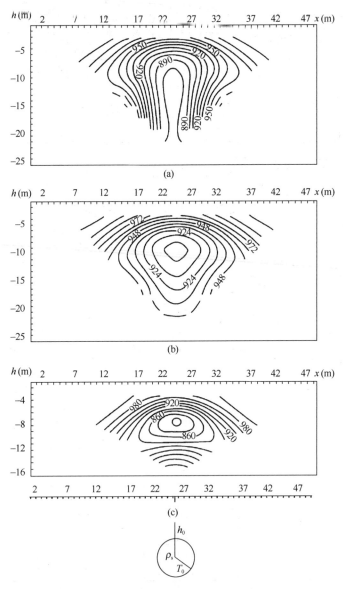

图 7-21　高密度电阻率法双边三极观测系统球体理论计算 $\rho_s$ 断面图

#### 7.1.5.2　高密度电阻率法的实际应用

广东省鹤山市某单位拟在新建厂区寻找地下水，以供生产之用，单井涌水量要求超过 $100m^3/d$。采用高密度电阻率法查找区内基岩中的含水破坏带，为钻探成井提供井位。由地质勘察资料可知，场地覆盖层由填土、淤泥质土、软塑状粉质黏土、可塑粉质黏土、粉土等组成，厚度为 $0\sim25m$，下伏基岩为强-中分化细粒花岗岩。如能找到其中的断层破碎带或基岩中的局部低阻带，则成井希望比较大。现场工作采用温纳装置，电极间距为 $5m$，最大 $AB$ 距为 $240m$，解释深度取 $AB/3$（$AB$ 为供电极距）。图 7-22 是其中一条侧线上的等视电阻率断面图。从图 7-22 中可以看出，在厂区中间有一条明显的高低阻接触带（在其他平行侧线上均有此反应），侧向东。以此为界，两端电阻率较高，基岩埋深较浅；东部电阻率较低，基岩埋深较大。这与地质钻探资料相一致。结合场地平整前的地形图可知，场地西部原为一小山头，东部低凹，中间有一条小冲沟经过，从区域构造图中也可以看出场地不远处趋于断裂构造。由此推断本场地电阻率断面图中有高低电阻接触带为断层破碎带。据此提供钻井井位，成井后，出水量为 $159m^3/d$。

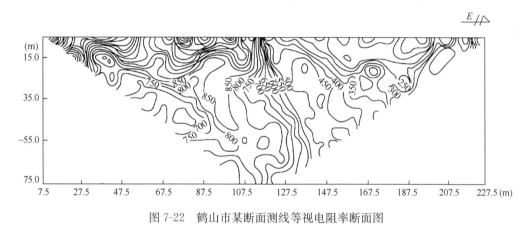

图 7-22　鹤山市某断面测线等视电阻率断面图

# 7.2　地　震　波　法

## 7.2.1　透射波法

在工程地震勘探中，透射波法主要应用于地震测井（地面与井之间的投射）地面与地面之间凸起介质体的勘察，以及井与井之间地层介质体的勘察。地质勘探目的不同，所采用的方法和手段也不同，但从原理上讲，均是采用透射波理论，利用波传播的初始时间，反演表征岩土介质的物性、岩性等特征以及差异的速度场，为工程地质以及地震工程等提供基础资料或直接解决问题。

#### 7.2.1.1　地面与井的投射

井口附近激发，井中不同深度接收透射波或反之的地震工作称为地震测井。在工程勘探中，地震测井按采集方式的不同，可分为单分量的常规测井、两分量或三分量的 PS 测井以及用于测量地层吸收衰减参数的 Q 测井等。尽管采集方式不同，但方法原理基本一致。

1. 透射波垂直时距曲线

地震测井是用来测量透射波的传播时间与观测深度之间的关系的，这种关系曲线叫作透射波垂直时距曲线。假设地下为水平层状介质，各层的透射速度分别为 $V_1$，$V_2$，…，$V_n$，厚度为 $h_1$，$h_2$，…，$h_n$，各层底界面的深度为 $Z_1$，$Z_2$，…，$Z_n$。在地面激发，井中接收，透射波就相当于直达波。但是，由于波经过速度分界面时有透射作用，透射波垂直时距曲线比均匀介质中的直达波复杂。它是一条折线，折点位置与分界面位置相对应。因此，根据透射波垂直时距曲线的折点，可以确定界面的位置，而且，时距曲线各段直线的斜率倒数，就是地震波在各层介质中的传播速度，也就是该层的层速度。

很容易得到 $n$ 层介质对应的透射波垂直时距曲线方程：

$$t = \frac{Z_1}{V_1} + \frac{Z_2 - Z_1}{V_2} + \cdots + \frac{Z - Z_{n-1}}{V_n} = \frac{Z_1}{V_1} + \sum_{i=3}^{n} \frac{Z_{i-1} - Z_{i-2}}{V_{i-1}} + \frac{Z - Z_{n-1}}{V_n} \qquad (7\text{-}8)$$

式中　$t$——透射波传播时间（s）；

　　　$Z_i$——第 $i$ 层底界面深度（m）；

　　　$V_i$——第 $i$ 层中波的速度（m/s）。

图 7-23 为多层介质的透射波垂直时距曲线图。由图 7-23 可知，利用垂直时距曲线的折点，可以确定相应地层的厚度，根据折线各段的斜率，能求出各层的层速度 $V_i = \frac{\Delta h}{\Delta t}$，进一步就得到地震波在不同深度 $H$ 以上的地层平均速度，即：

$$V_m = \frac{H}{t} = \frac{h_1 + h_2 + \cdots + h_i}{t_1 + t_2 + \cdots + t_i} = \frac{\sum\limits_{i=1}^{} h_i}{\sum\limits_{i=1}^{} \frac{h_i}{V_i}} \qquad (7\text{-}9)$$

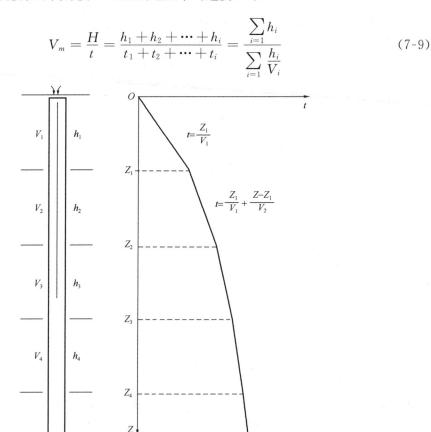

图 7-23　多层介质透射波垂直时距曲线图

式中　$H$、$h_i$——总厚度和第 $i$ 层的厚度（m）；

　　　$t$、$t_i$——透射波传播时间和第 $i$ 层中透射波的单程传播时间（s）；

　　　$V_i$——透射波在第 $i$ 层的速度（m/s）。

2. 资料采集

（1）仪器设备

在工程地震测井中，主要采用的仪器设备有地面记录仪器，常用 6～24 道的工程数字地震仪以及转换面板（器）；井下带推靠装置的检波器一般为单分量、两分量或三分量，多分量检波器主要用于纵、横波测量；激发装置以及信号传输用电缆和简易绞车等。测量系统如图 7-24 所示。

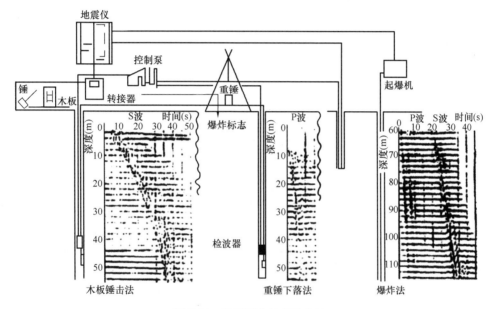

图 7-24　地震测井的各种方法

### 7.2.1.2　激发

激发方式有地面激发和井中激发两种。地面激发的方式主要有锤击、落重、叩板（横向击板）和炸药等方式。而对于井中激发，激发震源主要为炸药震源、电火花震源和机械振动震源。当激发力方向与地面垂直时，可激发出 P 型和 SV 型的透射波；当激发力方向与地面水平时，可激发出 SH 型的透射波。

### 7.2.1.3　接收

井下检波器的功能为拾取地震波引起的井壁振动，并转换为电信号，通过电缆送给地面记录系统。一般要求其具有耐温、耐压和不漏电等性能。核心部分一般为机电耦合型的速度检波器，又称为换能器。对于单分量而言，其方位可以是垂直或水平放置（与地面相对而言）；对于两分量而言，换能器方位互为 90°角放置，即 1 个垂直、1 个水平；对于三分量而言，3 个换能器方位互为 90°角，即按 X-Y-Z 方向放置，井中有 2 个水平分量（X、Y）、1 个垂直分量（Z）。

对于地面激发、井中接收而言，测量顺序一般为从井底测到井口，并要求有重复观测点，以校正深度误差。接点至收点间距一般为 1～10m，可根据精度要求选择，也可采用不等距测量。对于地面井旁浅孔接收、井中激发，工作过程和要求与上文一致，只是激发和接收换了一个位置。

地面记录仪器因素的选择基本与反射波法一致。但是在测井中，我们需要的只是初至波，所以仪器因素的选择应尽可能地突出初至波为标准。此外，为压制或减轻干扰，要求井下检波器与井壁耦合要好，检波器定位后要松缆并使震源与井口保持一定距离，如图 7-24 所示。

### 7.2.1.4 干扰波

在地震测井中，主要的干扰波有电缆波、套管波、井筒波（又称为管波）以及其他噪声等。然而，对于透射的初至波造成干扰的主要干扰波为电缆波和套管波，下面简要介绍其特点。

电缆波是一种因电缆振动引起的噪声。引起电缆振动的原因包括地表井场附近或井口的机械振动以及地滚波扫过井口形成的新振动。在工程测井中，电缆波可能出现在初至区，从而影响初至时间的正确拾取。当检波器推靠不紧时，最易受电缆波的干扰，如图 7-25 所示。

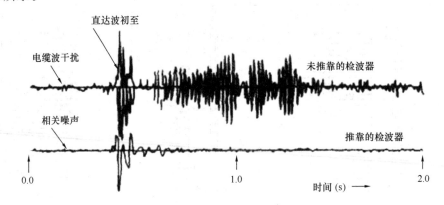

图 7-25　电缆波的干扰

减少电缆波干扰的方法有推靠耦合、适当松缆、减小地面振动（包括井口）、尽量在地面设法（如挖隔离沟等）克制面波对井口的干扰。

在下套管（钢管）的井中测量时，要求套管和地层（井壁）胶结良好（一般用水泥固井），否则，透射波将在胶结不良处形成新的沿套管传播的套管波。由于套管波的速度一般高于波在岩土中传播的速度，因此，它将对胶结不良的局部井段接收到的初至波形成干扰。如图 7-26 所示，可以看出：$AB$ 井段，井胶结，整个初至波被速度达 5200m/s 的套管波所取代，$BC$ 井段，因胶结不良，初至波波谷变化不定，与井段相比，显然井段胶结良好，初至波稳定。

研究表明，套管波对纵波干扰严重，对转换波（SV）和横波（SH）影响较小。减小套管波干扰的办法是提高固井质量或采用能迅速衰减套管波的薄壁塑料管、井用砂或油砂石回填，使套管和原状土良好接触。后期采用滤波的方式进行压制。

### 7.2.1.5 资料的处理解释

不论是 P 型还是 SH 型的初至波，拾取时间位置均为起跳前沿，拾取方法通常为人工或人机联作拾取。对于受到干扰的初至波，可在滤波后拾取，在滤波处理无效的情况下，

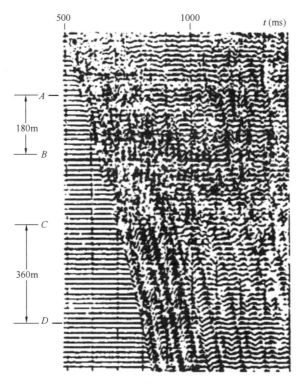

图 7-26　套管波的干扰

也可拾取初至波的极大峰值时间，并经一定的相位校正后作为初至时间。对于 SH 型横波，可采用正、反两次激发所得的两个横波记录用重叠法拾取其初至时间。

如图 7-27 所示，从地震测井记录上读取的透射波初至时间为 $t_C$。由于炮点与深井之间有一定距离 $d$，从炮点到检波器的射线路径并不是垂直的，如果地下为均匀介质，则 $t_C$ 是透射波沿 $CA$ 传播的时间，而：

$$CA = \sqrt{(H - h_C)^2 + d^2}$$

$$t = t_C \cos\alpha = \frac{t_C(H - h_c)}{\sqrt{(H - h_c)^2 + d^2}} \quad (7\text{-}10)$$

式中　$h_c$——炮中深度；

　　　$H$——检波器的沉放深度；

　　$t$、$t_C$——透射波沿井壁 $BA$ 传播和沿 $CA$ 传播的
　　　　　　时间（s）。

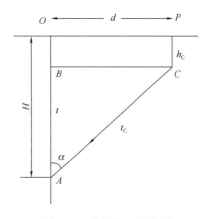

图 7-27　井距校正示意图

根据式（7-10）把每个观测点的初至时间 $t_C$ 都换算为沿井壁传播的垂直时间 $t$，然后将 $t$（或 $t_0 = 2t$，从发射到接收的总时间）对应的深度 $H$ 绘在 $t$-$H$（$t_0$-$H$）坐标图上，就得到透射波垂直时距曲线图，如图 7-28 所示。

先根据垂直时距曲线上观测点的分布规律按折线段分层，折点与分界面位置相对应，各段直线的斜率倒数就是对应层的层速度 $V_i$，即：

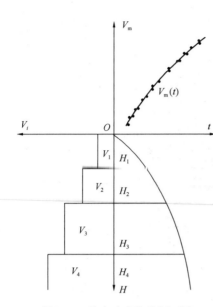

图 7-28　综合速度柱状剖面图

$$V_i = \frac{H_i - H_{i-1}}{t_i - t_{i-1}} \tag{7-11}$$

式中　$V_i$——波在第 $i$ 层的层速度（m/s）；

$H_i$——第 $i$ 层底面的深度（m）；

$t_i$——波到达第 $i$ 层底面的时间（s）。

计算出层速度后，绘在 $V_i$-$H$ 坐标图上（图 7-28），可得到层速度分布图。

由垂直时距曲线上的 $t$ 和对应的 $H$，得到公式：

$$V_m = \frac{H - h_C}{t} \tag{7-12}$$

式中　$V_m$——波的平均速度（m/s）。

然后把 $V_m$ 和对应 $t_0$（$t_0 = 2t$）的绘在坐标图上，得到曲线如图 7-28 所示。需要指出的是，由于地层并不是均匀介质，所以地震波传播速度是空间的函数，沿不同射线传播的地震波，其传播速度

是不相同的。真实的地震波速度应该是沿射线传播的速度，这种速度称为射线速度。

把垂直时距曲线、层速度曲线（和平均速度曲线）绘在一张图上，这种图叫作综合速度柱状剖面图（图 7-28）。图 7-29 为北京地铁某孔 PS 测井成果图。

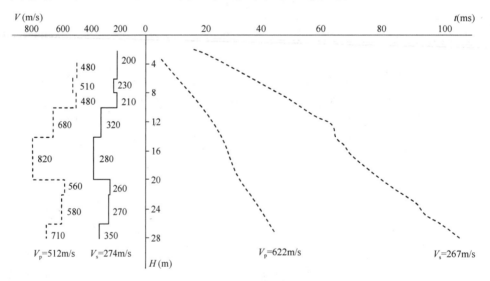

图 7-29　北京地铁某孔 PS 测井成果图

地震测井资料主要用于解决两个方面的问题，即解决反射波法资料解释中的层位标定、岩性划分和时深转换等问题，以及工程地质或地震工程中的应用性问题。

### 7.2.2　井间透射

这类测量方式需要两口或两口以上的钻井，它分别在不同的井中进行激发和接收，所利用的信息仍为透射的初至波。此时的初至波中除直达波外，还可能包含折射波（当井间距离较大时）。从方法上考虑，一般分为两种：一种为跨孔法；另一种为井间（或称为跨

孔（CT）法。下面我们分别简述其方法技术。

### 7.2.2.1 跨孔法

跨孔法又称为平均速度法，这是因为当震源孔与接收孔之间距离较大时，接收的初至波中可能既包含了直达波也包含了折射波，由此求得的速度将是孔间地层的某一平均速度，它包含了地层内部和某一折射层的信息。

跨孔法可以用来测量钻孔之间岩体纵、横波的传播速度，弹性模量及衰减系数等，这些参数可用于岩体质量的评价。图 7-30 是跨孔法测量的示意图，它在一个钻孔中激发，在另外两个钻孔中接收弹性波。由于钻孔之间的距离为已知，可利用同一地震波的不同到达时间求取其传播速度。检波器采用井中三分量固定式检波器，可分别接收 P 波和 S 波。为避免干扰和保证接收的波有足够的能量，通常钻孔之间距离较小（一般为几米至十几米）。若钻孔倾斜，在计算时必须进行校正，以确保计算速度的精度。

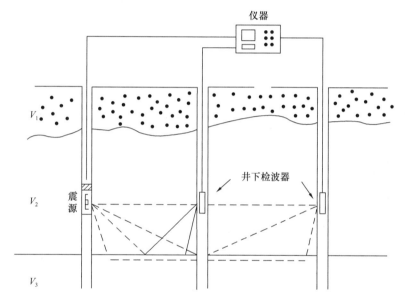

图 7-30 跨孔法测量示意图

速度计算公式为：

$$V_P = \frac{x}{\Delta t_P}$$

$$V_S = \frac{x}{\Delta t_S}$$

(7-13)

式中   $V_P$、$V_S$——纵波和横波波速（m/s）；

   $x$——两接收孔间同一水平测点间距（m）；

   $\Delta t_P$、$\Delta t_S$——P 波和 SH 波到达两检波器的时差（s）。

然后根据各测点的速度计算结果，可获得随深度变化的速度剖面图。

### 7.2.2.2 井间法

该方法主要包括两个部分内容：第一是满足 CT 成像的资料采集要求；第二是透射 CT 成像技术。下面分别简述之。

1. 资料采集要求

由于是在井中激发和接收地震透射波，所利用的信息仍是初至波，因此，该方法对仪器设备、激发和接收的方式及要求基本与地震测井相同。不同的是井中的激发点是多个，即从井底按一定间距激发至井口，另一井的接收用检波器也往往不是一个，而是按一定间距设置的检波器组，每激发一次，不同接收点位的多个检波器同时接收。为满足 CT 成像的技术要求，激发井和接收井采集一次后，激发和接收排列要互换井位再采集一次，以保证信息场的完备。

2. 透射 CT 成像技术

透射层析成像原理可表示为：

$$t = \int_{S_i} \frac{\mathrm{d}S}{V(X, Z)}, \quad (i = 1, 2, 3, \cdots, N) \tag{7-14}$$

式中　　$t$——透射波旅行时间（s）；

$V\,(X，Z)$——透射波在地层中的传播速度（m/s）；

$S_i$——射线路径。

求解式（7-14）可得到 $V_i\,(X，Z)$，并由此建立地层速度结构，即为成像。这种以透射波旅行时间求地层剖面的速度结构是比较标准的地震层析问题。

透射 CT 成像的技术路线如图 7-31 所示。由于初至波可能既包含了直达波又包含了折射波，因此需采用直射线和弯曲射线相结合的方法。

图 7-32 给出的是某地厂区跨孔 CT 成像的实例成果。其中 $T_{622}$、$T_{630}$、$T_{628}$ 为 3 个孔的孔位，孔间距均分为 82m，激发排列和接收排列分别交换于 3 个孔，点距均为 5m。震源为 2 万～4 万 J 的电火花震源，共获得 277 张有效记录，含 3324 条射线。CT 成像结果如图 7-32 所示。由图可见，孔间的低速异常和高速异常区展布清晰，为孔间地层的岩性划分、岩土分类，以及构造和地层的解释提供了可靠的资料。

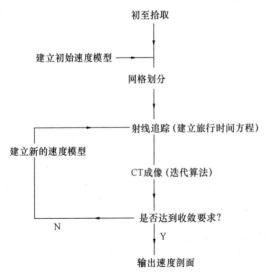

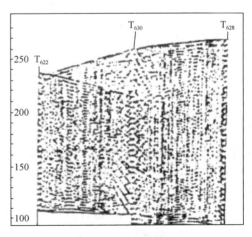

图 7-31　投射 CT 技术路线图　　　　图 7-32　某地厂区跨孔 CT
成像结果及地层对比

# 7.3　电　磁　法

### 7.3.1　频率电磁测深法

频率电磁测深法是电磁法中用以研究不同深度地电结构的重要分支方法，和直流电测深法不同，它是通过改变电磁场频率的方法来达到改变探测深度的目的。近年来，利用人工场源所进行的频率测深，在解决各类地质构造问题上获得了较好的地质效果。由于它具有生产效率高、分辨力强、等值影响范围小以及具有穿透高阻电性屏蔽层的能力，因而受到勘探地球物理界的普遍重视。

人工场源频率测深的激发方式有两种，其中一种是利用接地电极 $AB$ 将交变电流送入地下，当供电偶极 $AB$ 距离不很大时，由此而产生的电磁场就相当于水平电偶极场。另一种激发方式是采用不接地线框，其中通以交变电流后，在其周围便形成了一个相当于垂直磁偶极场的电磁场。由于供电频率较低，对于地下大多数非磁性导电介质而言，可以忽略位移电流的影响，视之为似稳场，即在距场源较远的地段可以把电磁波的传播看成是以平面波的形式垂直入射到地表。通常，供电偶极（$AB$）距离的选择取决于勘探对象的埋藏深度，由于只有当极距 $r > 0.1\lambda$ 时（$\lambda$ 为电磁场在介质中的波长），地电断面的参数对电磁场的观测结果才有影响。因此，一般选择极距 $r$ 大于 $6 \sim 8$ 倍研究深度，即通常在所谓"远区"观测，这时才能显示出地电断面参数对被测磁场的影响。由于垂直磁偶极场较水平电偶极场的衰减快，因此在较大深度的探测中多采用电偶极场源。但由于磁偶极场是用不接地线圈激发的，因此对某些接地条件较差的测区，或在解决某些浅层问题的探测中磁偶极源还是经常被采用的。

在人工场源的频率测深中，主要采用固定极距的赤道偶极装置。供电偶极 $AB$ 依次向地下供入不同频率的交变电，测量偶极 $MN$ 观测由电场的水平分量 $E$、所形成的电位差 $\Delta U_{EX}$、磁场的垂直分量 $B$、所形成的感应电动势 $\Delta U_{BX}$，然后按式（7-15）计算视电阻率。

$$\rho_{\omega(E)} = K_E \frac{\Delta U_{EX}}{I}, K_E = \frac{\pi r^3}{AB \cdot MN}$$
$$\rho_{\omega(B)} = K_B \frac{\Delta U_{BX}}{I} K_B = \frac{2\pi r^4}{3AB \cdot S \cdot N} \tag{7-15}$$

式中　$\rho_{\omega(E)}$、$\rho_{\omega(B)}$——电场和磁场视电阻率（$\Omega \cdot m$）；

$\quad\quad K_E$、$K_B$——电场和磁场电极装置系数；

$\quad\quad \Delta U_{EX}$、$\Delta U_{BX}$——电场水平分量形成的电位差和磁场垂直分量形成的感应电动势（V）；

$\quad\quad r$——场源到观测点间的距离（m）；

$\quad\quad N$——接收线圈的圈数；

$\quad\quad S$——面积（$m^2$）；

$\quad\quad AB$——供电极 $A$、$B$ 间的距离（m）。

此外，通过被测信号的相位与供电电流初相位的比较，还可以得到电场、磁场的相位差 $\Delta\varphi_E$ 和 $\Delta\varphi_B$，实测的视电阻率曲线一般绘于以 $\sqrt{T}$ 为横坐标（$T$ 为周期）、$\rho_\omega$ 为纵坐标的对数坐标系中；相位曲线则绘于以 $\sqrt{T}$ 为横坐标（对数）、$\Delta\varphi$ 为纵坐标（算术坐标）的单对数坐标系中。

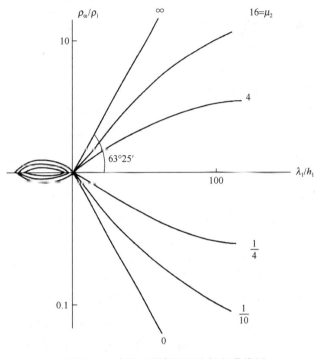

图 7-33　水平二层断面理论振幅曲线图

频率测深曲线的解释与其他测深曲线的解释类似，可采用量板法及电子计算机进行。解释结果一般给出断面各层的厚度及电阻率。与直流电测深一样，其理论曲线也按层数分为二层、三层及多层曲线。图 7-33 为水平二层断面的理论曲线，纵坐标以 $\rho_\omega/\rho_1$ 表示，横坐标以 $\lambda_1/h_1$ 表示，参变量为 $\mu_2 = \rho_2/\rho_1$。当 $\mu_2 > 1$ 时，在低频段，曲线随频率的降低而升高，$\rho_2$ 越大，$\rho_\omega$ 曲线上升越陡；当 $\lambda_1/h_1 \to \infty$ 时，$\rho_\omega$ 曲线尾段趋于水平渐近线，其渐近值为 $\rho_2$。这是由于此时电磁波的频率低，穿透深度大，第一层的影响可以忽略不计。在 $\rho_2 \to \infty$ 时，尾段不再有水平渐近线，而是与横轴呈 $63°25'$ 夹角上升的直线。当在高频段工作时，若波长 $\lambda_1 \ll h_1$，由于高频电磁波穿透深度浅，第二层的存在对曲线无影响，因此 $\rho_\omega$ 曲线前段趋于 $\rho_1$ 渐近线。应当指出，由于 $\rho_\omega$ 趋于 $\rho_1$ 的过程比较复杂，因此，曲线首段出现了波动现象。用同样的方法可以分析 $\mu_2 < 1$ 的曲线，如图 7-33 的下半部分所示。

根据组成地电断面参数的不同，人工场源频率测深可以分为 4 种类型的三层曲线，分别把它们称为 H 型、A 型、K 型和 Q 型曲线。图 7-34 是 $\rho_3 \to \infty$、$\mu_2 = \frac{1}{4}$、$v_2 = 4$ 时，不同极距的 $\rho_\omega^{EX}$ 曲线（曲线的参变量为 $r/h_1$）。曲线中段 $\rho_\omega$ 的减小，反映了地电断面低阻中间层的存在，随发射频率的降低，高阻层（$\rho_3$）的影响加大，$\rho_\omega$ 曲线急剧增大，且尾部与

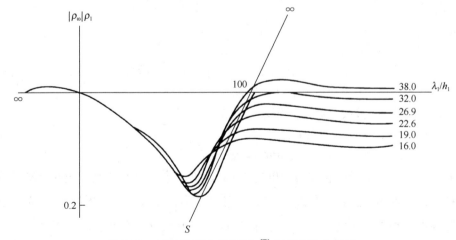

图 7-34　三层 H 型曲线断面 $\rho_\omega^{EX}$ 振幅理论曲线图

横轴呈 $63°23'$ 的夹角而上升。工作频率继续降低，即当 $\lambda_1/h_1 \to \infty$ 时，$\rho_\omega$ 曲线尾部便出现平行于横轴的水平线。当然，随着工作频率的升高，即当 $\lambda_1/h_1 \to 0$ 时，$\rho_\omega$ 曲线趋于 $\rho_1$ 渐近线。与二层曲线类似，$\rho_\omega$ 曲线趋于 $\rho_1$ 的过程也是经过数次摆动后形成的。

图 7-35 是吉林省二道白河至两江剖面的频率测深等视电阻率断面图，其收、发距为 2900m。由图 7-35 可见，频率测深 $\rho_\omega$ 断面图较好地反映了该区地质构造特点。其中 13 号和 19 号测点下方视电阻率等值线密集而陡立，且其与两侧视电阻率值具有明显差别，反映了断层的存在。

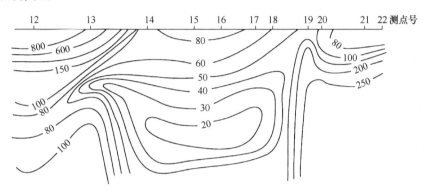

图 7-35　二道白河至两江剖面频率测深等视电阻率断面图

15 号测点的 $\rho_\omega$ 曲线是一条典型的 H 型曲线，人机联作的反演解释结果为 $\rho_{\omega 1}=80\Omega\cdot m$，$\rho_{\omega 2}=25\Omega\cdot m$，$\rho_{\omega 3}=100\Omega\cdot m$。3 个电性层分别与土门子组地层、白垩纪地层及侏罗纪地层相对应。反演所得前两层总厚度约 750m；由于收、发距有限，未能穿透中生代地层，这与附近 600m 深的钻孔未穿透白垩纪地层的实际情况相符合。

### 7.3.2　瞬变电磁法

#### 7.3.2.1　剖面测量

在瞬变电磁法（TEM）中，常用的剖面测量装置如图 7-36 所示。

根据收、发排列的不同，TEM 剖面测量装置又分为同点、偶极和大回线源 3 种装置。同点装置中的重叠回线是发送回线（$Tx$）与接收回线（$Rx$）相重合敷设的装置。由于 TEM 法在供电和测量时间上是分开的，因此 $Tx$ 与 $Rx$ 可以共用一个回线，称之为共圈回线。同点装置是频率域方法无法实现的装置，它与地质探测对象有最佳的耦合，是勘察金属矿产常用的装置。偶极装置与频率域水平线圈法相类似，$Tx$ 与 $Rx$ 要求保持固定的收、发距 $r$。在 TEM 法中，常沿测线逐点移动观测 $dB/dt$ 值。大回线装置的 $Tx$ 采用边长达数百米的矩形回线，$Rx$ 采用小型线圈（探头）沿垂直于 $Tx$ 边长的测线逐点观测磁场 3 个分量的 $dB/dt$ 值。

#### 7.3.2.2　观测参数

瞬变电磁仪器系统的一次场波形、测道数及其时间范围、观测参数及计算单位等，对于不同仪器有所差别。各种仪器绝大多数都是使用接收线圈观测发送电流脉冲间歇期间的感应电压 $V(t)$ 值，就观测读数的物理量及计量单位而言，大概可以分为以下 3 类。

1. 用发送脉冲电流归一的参数：仪器读数为 $V(t)/I$ 值，以 μA/A 作计量单位。

2. 以一次场感应电压 $V_1$ 归一的参数：例如加拿大 Crone 公司的 PEM 系统，观测值

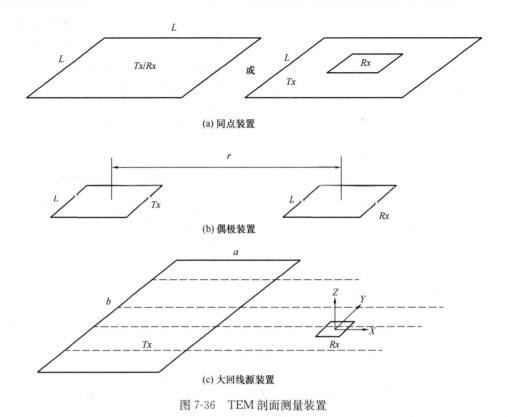

(a) 同点装置

(b) 偶极装置

(c) 大回线源装置

图 7-36　TEM 剖面测量装置

使用一次场刚刚将要切断时刻的感应电压 $V_1$ 值来加以归一，并令 $V_1 = 1000$，计量单位量纲为 1，称之为 Crone 单位。

3. 归一到某个放大倍数的参数：例如加拿大的 EM-37 系统，野外观测值为：

$$m = V(t) \cdot G \cdot 2^N \tag{7-16}$$

式中　$V(t)$——接收线圈中的感应电压值（mV）；

　　　$G$——前置放大器的放大倍数；

　　　$2^N$——仪器公用通道的放大倍数，$N = 1, 2, \cdots, 9$；

　　　$m$——放大后的电压值（mV）。

### 7.3.2.3　时间响应

对于任意形态的脉冲信号，可以根据傅立叶频谱分析分解成相应的频谱函数。对各个频率，地质体具有相应的频率响应。将频谱函数与其对应的地质体频率响应函数相乘，经过傅立叶反变换，就可获得地质体对该脉冲信号磁场的时间响应。

设发射脉冲的一次磁场是以 $T$ 为周期的函数 $H_1(t)$，其频谱函数为：

$$S(\omega) = \frac{1}{T} \int_{-T/2}^{T/2} H_1(t) e^i \omega t \, \mathrm{d}t \tag{7-17}$$

式中　$S(\omega)$——频谱函数；

　　　$H_1(t)$——脉冲函数；

　　　$T$——脉冲周期（s）；

　　　$\omega$——脉冲角频率（rad/s）；

$t$——时间变量；

$i$——虚数单位。

由位场变化知识得知，地质体二次磁场的时间函数 $H_2(t)$ 为：

$$H_2(t) = H_1(t) \cdot h(t) = F^{-1}\left[S(\omega) \cdot D(\omega)\right] \quad (7\text{-}18)$$

式中　$S(\omega)$、$D(\omega)$ —— $H(t)$ 和 $h(t)$ 的频谱函数，$S(\omega) = F[H_1(t)]$；

　　　$D(\omega)$ ——地质体的频率响应函数，$D(\omega) = F[H(t)]$；

　　　$F$、$F^{-1}$ ——傅立叶变换和傅立叶反变换；

　　　$h(t)$ ——地质体的脉冲滤波函数。

考虑到频谱函数的离散性，可将二次磁场的时间函数 $H_2(t)$ 写成：

$$H_2(t) = \sum H_{10} S_n \left[X_n \cos(n\omega_0 t) - Y_n \sin(n\omega_0 t)\right] \quad (7\text{-}19)$$

式中　$H_{10}$ —— $H_1(t)$ 的振幅值（m）；

　　　$S_n$ —— $n$ 次谐波的频谱系数；

　　$X_n$、$Y_n$ ——对于 $n$ 次谐波时地质体频率响应的实部和虚部；

　　　$\omega_0$ ——脉冲的角频率（rad/s）。

图 7-37 是导电球体的时间响应。由图 7-37（a）可见：若球体电导率 $\sigma = 1s/m$，当 $t = 12ms$ 时，异常已衰减殆尽。当电导率增大时，异常衰减变缓，延时增长。若 $\sigma = 80s/m$，当 $t = 28ms$ 时，异常仍未衰减完，但它在初始时间的异常幅值却减小。利用这一时间特性，可在晚期观测中将干扰体的异常去除。

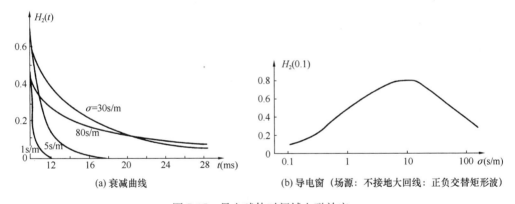

(a) 衰减曲线　　　　　　　　(b) 导电窗（场源：不接地大回线：正负交替矩形波）

图 7-37　导电球体时间域电磁效应

为便于理解上述结果，可以从由频率域合成时间域的角度进行分析。当球体电导率很小时，球体产生的振幅和相位异常均很小，因而合成的时间域异常也很小；当球体电导率增大时，球体产生的振幅和相位异常均增大，故合成的时间域异常也增大；当球体电导率继续增大后，虽然高频成分的振幅增大了，但其相位移趋于 $180°$，因而对应高频成分的早期时间异常值反而减小。由于低频成分的综合参数处于最佳状态，于是与低频成分相对应的晚期时间异常幅值反而增大了，这在瞬变曲线上表现为衰减很慢。当电导率趋于无穷大时，所有谐波相位移趋于 $180°$，故 $H_2(t)$ 值趋于零。

如果取样时间选定，改变球体电导率时，二次异常磁场的幅值变化如图 7-37（b）所示。由此可见，与某一取样时刻对应有一最佳电导率值，图中曲线和频率域的虚部响应规律相似，称为导电性响应"窗口"。在图 7-37 的条件下，球体的最佳导电窗口 $\sigma = 10s/m$。

脉冲瞬变法系观测纯二次场，故增加发射功率或提高接收灵敏度都可增大勘探深度。由于不观测一次场，故该方法受地形影响较小。此外，该方法对线圈点位、方法和收、发距的要求均可放宽，因而测地工作简单。

#### 7.3.2.4 典型规则导体的各面曲线特征

1. 球体及水平圆柱体上的异常特征

导电水平圆柱体上同测道的刻画曲线如图 7-38 所示，异常为对称于柱顶的单峰，异常随测道衰减的速度决定于时间常数 $\tau$ 值，$\tau = \mu\sigma a^2/5.82$。

球体上也是出现对称于球顶的单峰异常，球体的时间常数 $\tau = \mu\sigma a^2/\pi^2$，$\tau_{柱} = 1.8\tau_{球}$。故在半径 $a$ 相同的条件下，球体异常随时间衰减的速度要比水平圆柱体快得多，异常范围也比较小。在直立柱体上，也具有类似的规律。

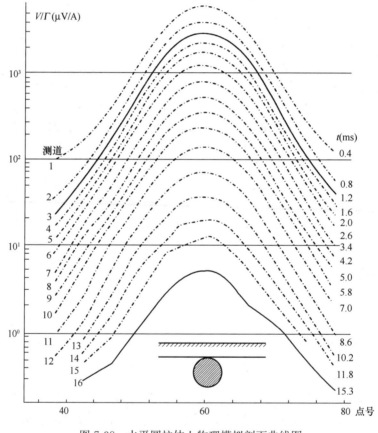

图 7-38 水平圆柱体上物理模拟剖面曲线图

2. 薄板状导体上的异常特征

导电薄板上的异常形态及幅度与导体的倾角有关，如图 7-39 所示。当 $\alpha = 90°$ 时，由于回线与导体间的耦合较差，异常响应较小，异常形态为对称于导体顶部的双峰：峰顶出现接近于背景值的极小值；不同测道的曲线（图 7-40），除了异常幅值及范围有所差别外，具有上述相同的特征。

当 $0°<\alpha<90°$ 时，随 $\alpha$ 的减小，回线与导体间耦合增强，异常响应随之增强，但双峰不对称，导体倾向一侧的峰值大于另一侧。极小值随 $\alpha$ 的减小而稍有增大，其位置也向反

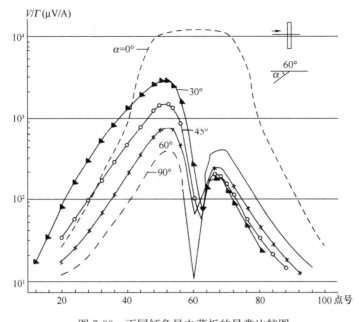

图 7-39　不同倾角导电薄板的异常比较图

（导体模型：铝板 70cm×40cm×0.1cm，$h$＝5cm；矿顶位于 60 号点；重叠回线边长 10cm，$t$＝1.2ms）

倾斜侧有所移动。两峰值之比主要受 $\alpha$ 的影响，据物理模拟资料统计，$\alpha$ 与主峰和次峰值之比 $\alpha_1/\alpha_2$ 的关系为：

$$\alpha = 90° - 22°\ln(\alpha_1/\alpha_2) \tag{7-20}$$

式中　$\alpha$——导体的倾角（°）；

$\alpha_1$、$\alpha_2$——主峰值和次峰值。

如图 7-41 所示，在倾斜板的情况下，不同测道异常剖面曲线形态有所差别。随测道

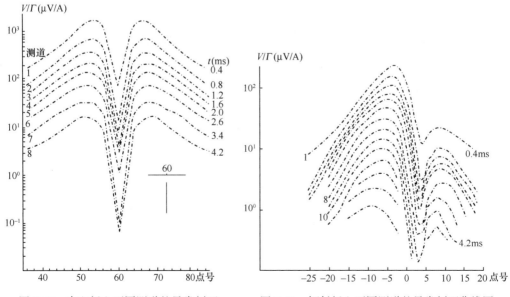

图 7-40　直立板上不同测道的异常剖面　　　图 7-41　倾斜板上不同测道的异常剖面曲线图

从晚期到早期，极小值随之增大，并往反倾斜侧稍有移动，双峰变得越来越不明显，异常形态的这种变化反映了导体内涡流分布随延迟时间的变化。

当 $\alpha=0°$ 时，回线与导体处于最佳耦合状态，异常幅值比直立导体的异常大几十倍。异常主要呈单峰平顶状，在近导体边缘的外侧，出现不明显的次级值或挠曲。

### 7.3.3 瞬变电磁测深法

在瞬变电磁法中常用的测深装置有电偶源、磁偶源、线源和中心回线 4 种（图 7-42）。中心回线装置是使用小型多匝线圈（或探头）放置于边长为 $L$ 的发送回线中心进行观测的装置，常用于 1km 以内浅层的探测工作；其他几种则主要用于深部构造的探测。

#### 7.3.3.1 仪器装置

常用的近区瞬变电磁测深工作装置如图 7-42 所示。一般认为，探测 1km 以内目标层的最佳装置是中心回线装置，它与目标层有最佳耦合，受旁侧及层位倾斜的影响小，所确定的层参数比较准确。

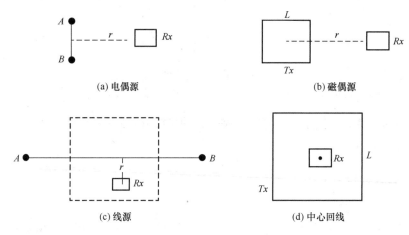

图 7-42 TEM 测深工作装置

线源或电偶源装置是探测深部构造的常用装置，它们的优点是由于场源固定，可以使用较大功率的电源在场源两侧进行多点观测，有较高的工作效率。这种装置所观测的信号衰变速度要比中心回线装置慢，信号电平相对较大，对保证晚期信号的观测质量有好处；缺点是前支畸变段出现的时窗要比中心回线装置往后移，并且随极距 $r$ 的增大向后扩展，使分辨浅部地层的能力大大减小。此外，这种装置受旁侧及倾斜层位的影响也较大。

#### 7.3.3.2 时间范围

水平导电薄板上的理论推导结果为：

$$t = \mu_0 S[(4H/3) - h] \tag{7-21}$$

式中　$t$——采样时间（s）；

　　$S$——薄层纵向电导（s）；

　　$H$——探测达到的深度（m）；

　　$h$——目标埋深（m）。

一般情况下，要求起始采样时间 $t \leqslant (0.5 \sim 0.7)t_{min}$，末测道的采样时间 $t \approx 2t_{max}$，在没有断面层参数时，取 $h = H/2$，得到时间范围估算公式为：

$$t_1 = 0.6\mu_0 S_{min} H_{min}$$
$$t_n = 1.6\mu_0 S_{max} H_{max}$$

(7-22)

式中　$t_1$、$t_n$——起始和末测道的采样时间（s）。

### 7.3.4　可控源音频大地电磁测深法

可控源音频大地电磁测深法（CSAMT）是在大地电磁法（MT）和音频大地电磁法（AMT）的基础上发展起来的一种人工源频率域测深方法。它是基于观测超低频天然大地电场和磁场正交分量，计算视电阻率的大地电磁法。我们知道，大地电磁场的场源主要是与太阳辐射有关的大气高空电离层中带电离子的运动有关，其频率范围为 $n \times 10^{-4} \sim n \times 10^{-2}$Hz。由于频率很低，MT 的探测深度很大，达数十千米乃至一百多千米，故该方法是研究深部构造的有效手段。近年来，它也被用于研究油气构造和地热探测。

#### 7.3.4.1　场源

CSAMT 属人工源频率测深，它采用的人工场源有磁性源和电性源两种。磁性源是在不接地的回线或线框中，供以音频电流产生相应频率的电磁场。磁性源产生的电磁场随距离衰减较快，为观测到较强的观测信号，场源到观测点的距离（收、发距）$r$ 一般较小（$n \times 10^2$m），故其探测深度较小（$< \frac{1}{3}r$），主要用于解决水文、工程或环境地质中的浅层问题。电性源是在有限长（$1 \sim 3$km）的接地导线中供以音频电流产生相应频率的电磁场，通常称其为电偶极源或双极源。视供电电源功率不同，电性源 CSAMT 的首发距离可达几米到十几千米，因而探测深度较大（通常 2km），主要用于地热、油气藏和煤田探测及固体矿产深部找矿。目前，电性源 CSAMT 应用较多。

#### 7.3.4.2　测量方式

图 7-23 是双源 CSAMT 标量测量的布置平面图。通过沿一定方向（设 $X$ 方向）布置的接地导线 $AB$ 向地下供入某一音频 $f$ 的谐变电流 $I = I_0 e^{-i\omega}$（角频率 $\omega = 2\pi f$）；在其一侧或两侧 $60°$ 张角的扇形区域内，沿 $X$ 方向布置测线，逐个测点观测沿测线（$X$）方向相应频率的电场分量 $E_X$ 和与之正交的磁场分量 $B_Y$，进而计算卡尼亚视电阻率和阻抗相位分别为：

$$\rho_s = \frac{1}{\omega\mu}\left|\frac{E_X}{B_Y}\right|$$

(7-23)

式中　$\rho_s$——卡尼亚视电阻率；

　　　$\mu$——大地磁导率，常取 $4\pi \times 10^{-7}$H/m。

$$\varphi_Z = \varphi_{E_X} - \varphi_{B_Y}$$

(7-24)

式中：$\varphi_{E_X}$、$\varphi_{B_Y}$——$E_X$、$B_Y$ 的相位；

　　　$\varphi_Z$——阻抗相位。

实际测量中，通常用多道仪器同时观测沿测线布置的 6 或 7 对相邻测量电极的 $E_X$ 和位于该组测量电极（简称"排列"）中部一个磁探头的 $B_Y$（图 7-43）。由于磁场沿测线的空间变化一般不大，故用此 $B_Y$ 近似代表整个排列各测点的正交磁场分量，以计算卡尼亚视电阻率 $\rho_s$ 和阻抗相位 $\varphi_Z$。这样，一次测量便能完成整个排列 6 或 7 个测点的观测。

除标量测量外，还可以做矢量测量（对一个方向 $X$ 的双极源，在每一个测点观测相互正交的 2 个电场分量 $E_X$、$E_Y$ 和 3 个磁场分量 $B_X$、$B_Y$、$B_Z$）和张量测量（分别用相互

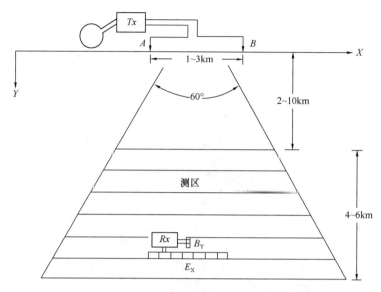

图 7-43  双源 CSAMT 标量测量布置平面图

正交的 $X$ 和 $Y$ 两组双极源供电，对每一场源依次观测 $E_X$、$E_Y$ 和 $B_X$、$B_Y$、$B_Z$）。后两种测量方式可提供关于二维和三维地电特征的丰富信息，用于研究复杂地电结构。不过，其生产效率大大低于标量测量，在工作中很少使用。一般所说的 CSAMT 都是指标量测量方式。

在 CSAMT 中，增大供电电极距 $AB$ 和电流 $I$，可使待测电磁场信号足够强，达到必要的信噪比。所以野外观测较易进行，一般完成一整套频率的测量只需一个小时左右。加之，敷设一次供电电路，能观测一块相当大的测区，更有利于提高生产效率。一般 CSAMT 的测点距取得较小（常常与测点 $MN$ 极距相同，为 $n \times 10 \sim n \times 10^2\,\mathrm{m}$），所以它兼有测深和剖面测量双重性质，即垂向和横向的分辨率都较高，适用于地电构造立体填图及研究地下电性的三维空间分布。

# 7.4  地 质 雷 达 法

探地雷达（Ground penetrating radar，GPR）是利用频率介于 $10^6 \sim 10^9\,\mathrm{Hz}$ 的高频脉冲电磁波探测地下介质分布的一种地球物理勘探方法和技术。早在 1926 年，Huilsenbeck 首先提出了应用电磁脉冲技术探测地下结构，指出不同介电常数介质的交界面会产生电磁波反射。由于地下介质具有比空气较强的电磁衰减特性，加上地质情况的复杂性，电磁波在地下的传播要比在空气中的传播复杂得多。因此，探地雷达应用初期，仅限于对电磁波吸收很弱的冰层、岩石等介质的探测。随着电子技术的发展和先进数据处理技术的应用，20 世纪 70 年代以后，探地雷达的应用从冰层、盐矿等弱耗介质的探测扩展到土层、煤层、岩层等有耗介质的探测。探地雷达的实际应用范围迅速扩大，现已覆盖考古、矿产资源勘探、灾害地质勘察、岩土工程调查、公路工程质量检测、工程建筑物结构调查等众多领域，并开发出在地面、钻孔与航空卫星上应用的探地雷达技术。

探地雷达虽然与探空雷达一样利用高频电磁波束的反射来探测目标体，但是探地雷达探测是在地下有耗介质中埋设的目标体，因此形成了其独特的发射波形与天线设计特点。

脉冲时域探地雷达尽管型号很多，但实际上都是由发射、接收两部分组成。发射部分通过天线向地下发射超高频宽频带短脉冲电磁波；接收部分通过天线接收经地下界面反射折向地表的反射波，接收天线与发射天线可以合二为一，也可以分离。根据接收到的反射波旅行时间、幅度与波形特征，可推断地下介质的结构与分布。

探地雷达工作频率高，在地下介质中以位移电流为主，其在地下介质中的传播遵循波动方程，虽然探地雷达方法与地震反射方法反映的物理量不一样，但是，两者都遵循波动方程，都使用脉冲源，均通过记录地下介质交界面的反射波系列来达到探测地下介质分布的目的。雷达波与地震波在运动学上的相似性使其在资料处理中可以借鉴后者的成果。当探地雷达记录与地震记录采用相同的测量装置时，地震资料处理中已经广泛使用的许多技术均可直接移植用于探地雷达资料处理。

### 7.4.1 基本原理

#### 7.4.1.1 电磁波发射

探地雷达勘测是一种地球物理勘探方法，它利用超高频短脉冲电磁波在地下介质中的传播规律来研究地下介质的分布。那么，电磁波是如何产生的？像产生机械波必须有一个振动源一样，产生电磁波必须存在一个电磁振源。由普通物理可知，电偶极子的原理可设计出满足不同探地雷达勘测要求的天线，喇叭形天线是其中之一，它有一个作用，是使电磁波聚焦，就像手电筒一样，以便集中能量，更好地发射信号穿透到地下。

#### 7.4.1.2 电磁波在介质中的传播特性

探地雷达测量的是地下界面反射波的走时，为了获取地下界面的深度，必须要有电磁波在介质中的传播速度 $v$，其值为：

$$v = \left\{ \frac{\mu\varepsilon}{2} \left[ \sqrt{1 + \left(\frac{\sigma}{\omega\varepsilon}\right)^2} + 1 \right] \right\}^{\frac{1}{2}} \tag{7-25}$$

由于绝大多数岩石属于非良性导体、非磁性介质，常满足 $\frac{\sigma}{\omega\varepsilon}=1$，于是可得：

$$v = \frac{v_0}{\sqrt{\varepsilon_r}} \tag{7-26}$$

式中 $v_0$——真空中电磁波的传播速度，$v=0.3\mathrm{m/ns}$；

$\sigma$——介质电导率；

$\mu$——介质磁导率；

$\varepsilon_r$——相对介电常数，它是介电常数与真空介电常数的比值；

$\omega$——频率。

式（7-26）表明大多数非良导体、非磁性介质，其电磁波的传播速度主要取决于介质的介电常数。

吸收系数 $\beta$ 决定了场强在传播过程中的衰减率。对非良性、非磁性介质来说，$\beta$ 的近似值为：

$$\beta = \frac{\sigma}{2} = \sqrt{\frac{\mu}{\varepsilon}} \tag{7-27}$$

由式（7-27）可知 $\beta$ 与电导率 $\sigma$ 呈正比，与介质磁导率 $\mu$ 和介电常数 $\varepsilon$ 比值的平方根呈正比。

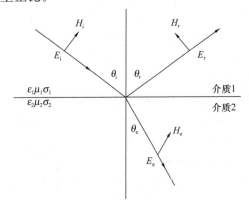

图 7-44　垂直极化波在单一界面上的电磁场

当电磁波传播到介电性质发生变化的介质交界面时，电磁波在此界面上将产生波的反射和透射现象，入射波、反射波与透射波的方向将遵循反射定律和透射定律。

偶极子源的辐射场虽是一种球面波场，但在离辐射源很远的区域，波的等相面在一定范围内被看作平面，此时，则可把波场作为平面波来研究。入射波、反射波、透射波在界面处的电场与磁场变化关系如图 7-44 所示。$E_i$、$E_r$ 与 $E_e$ 分别表示入射波、反射波和透射波的电场强度幅值。它的磁场强度则相应为：

$$\begin{cases} H_i = E_i / \eta_1 \\ H_r = E_r / \eta_1 \\ H_e = E_e / \eta_2 \end{cases} \tag{7-28}$$

式中　$\eta_1$——上层介质的波阻抗；

　　　$\eta_2$——下层介质的波阻抗。

根据电磁波理论，电磁场在跨越介质面时，紧靠界面两侧的电场强度和磁场强度的切向分量相等，则得：

$$E_i + E_r = E_t \tag{7-29}$$

$$H_i \cos\theta_i - H_r \cos\theta_r = H_t \cos\theta_t \tag{7-30}$$

令 $R_{12} = E_r / E_i$、$T_{12} = E_t / E_i$，分别表示波从介质 1 入射到介质 2 的界面时的反射系数和透射系数，则：

$$R_{12} = \frac{\cos\theta_i - \sqrt{n^2 - \sin^2\theta_i}}{\cos\theta_i + \sqrt{n^2 - \sin^2\theta_i}} \tag{7-31}$$

$$T_{12} = \frac{2\cos\theta_i}{\cos\theta_i + \sqrt{n^2 - \sin^2\theta_i}} \tag{7-32}$$

当介质为非磁性介质时，折射率为：

$$n = \sqrt{\frac{\varepsilon_{r2}}{\varepsilon_{r1}}} \tag{7-33}$$

当 $\theta_i = 0$，即垂直入射时：

$$R_{12} = \frac{1-n}{1+n} \tag{7-34}$$

$$T_{12} = \frac{2}{1+n} \tag{7-35}$$

当 $n>1$ 时，即波由介质常数 $\varepsilon$ 小的介质向介质常数 $\varepsilon$ 大的介质入射时，$R_{12}$ 为负值，表示入射波 $E_i$ 与反射波 $E_r$ 是反相位；当 $n<1$ 时，而波由介质常数 $\varepsilon$ 大的介质向介质常数 $\varepsilon$ 小的介质入射时，$R_{12}$ 为正值，表示入射波 $E_i$ 与反射波 $E_r$ 是同相位。透射常数 $T_{12}$ 永远是正值，这说明透射波和入射波的相位永远是一致的。

当入射角为临界角时，$\theta_e = 90°$，产生折射波，它沿界面在介质中"滑行"，并折向上进入第一介质，而无向下传播的波。

### 7.4.1.3　探地雷达勘探方法原理

探地雷达勘探方法原理是利用高频电磁波（$10^6 \sim 10^9$ Hz）以宽频带短脉冲形式，由地面通过发射天线（$T$）入射地下，经地下地层或目标物的反射后返回地面，由接收天线（$R$）接收（图 7-45），经电缆输入仪器，获得地下地层界面反射回波波形图，利用波形图可研究地卜介质的分布（图 7-46）。

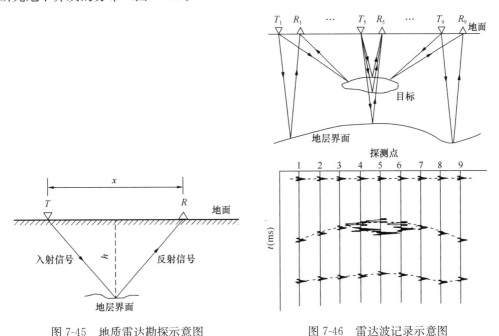

图 7-45　地质雷达勘探示意图　　　　图 7-46　雷达波记录示意图

设有一剖面，原地发射，原地接收（同一天线）。当电磁波波束垂直入射地下时，地下各岩、土层因介电常数的不同出现不同反射。当电磁波波束由介电常数 $\varepsilon$ 小的介质入射到介电常数 $\varepsilon$ 大的介质时，则出现反相位反射，即反射波与入射波的相位相反。当电磁波波束由介电常数 $\varepsilon$ 大的介质入射到介电常数 $\varepsilon$ 小的介质时，则出现同相位反射，即反射波与入射波的相位相同。在一个测点上得到一条波形曲线，当天线沿剖面逐点移动时，则可得沿剖面各测点的波形曲线，这些波形曲线就构成雷达勘探剖面图（图 7-46）。从剖面图可得以下信息：

1. 利用同相轴，可得地层分层的信息。

2. 反射波的幅值和相位在各个界面上有所不同，这是由于入射波抵达反射界面时，不同界面的反射系数不同。反射系数的大小主要与介质的相关介电常数 $\varepsilon_r$ 有关。

3. 不同的地下介质，电磁波的传播速度不同。由于不同的地下介质界面产生的反射回波到达接收天线的时间不同，因而形成不同时间的反射波同相轴。若已知各地下介质的电磁波传播速度，则可以计算出地下介质界面的埋藏深度 $H$：

$$H = \frac{1}{2}vt \tag{7-36}$$

式中  $t$——雷达剖面纵坐标上反射波的双程时间；

$v$——电磁波在地层中的传播速度。

绝大多数岩土介质属于非磁性、非导电介质，其电磁波传播速度 $v = \dfrac{v_0}{\sqrt{\varepsilon_r}}$，$v_0$ 为电磁波在空气中传播的速度。电磁波传播速度主要取决于介质的相对介电常数 $\varepsilon_r$。常见的介质的相对介电常数与地层电磁波波速如表 7-1 所示。

常见介质的参数值                                   表 7-1

| 介质 | 相对介电常数 | 电磁波波速<br>（m/ns） | 电导率<br>（mS/m） | 吸收系数<br>（dB/m） |
|---|---|---|---|---|
| 混凝土 | 6.4 | 0.12 | 0 | 0 |
| 空气 | 1 | 0.3 | 0 | 0 |
| 冰 | 3~4 | 0.16 | 0.01 | 0.01 |
| 沥青 | 3~5 | 0.12~0.18 | 0 | 0 |
| 淡水 | 81 | 0.033 | 0.5 | 0.1 |
| 干砂 | 3~5 | 0.15 | 0.01 | 0.01 |
| 饱和砂 | 20~30 | 0.06 | 0.6~1 | 0.03~0.3 |
| 粉砂 | 5~30 | 0.07 | 1~100 | 1~100 |
| 黏土（湿） | 4~12 | 0.06 | 0.1~1 | 1~300 |
| 砂（湿） | 30 | 0.6 | $10^{-4}$~$10^{-3}$ | 0.03~0.3 |
| 石灰岩 | 4~8 | 0.12 | 0.5~2 | 0.4~1 |
| 泥沙 | 5~15 | 0.09 | 1~100 | 1~100 |
| 花岗岩 | 4~6 | 0.13 | 0.01~1 | 0.01~1 |

### 7.4.1.4 探地雷达技术特点

通过上述方法原理分析可知，GPR 与其他地球物理探测方法相比，具有如下技术特点：

（1）与探空雷达的不同之处在于，探地雷达发射的高频电磁波束是在地下有耗介质中传播的，这使其探测深度受到很大的限制。

（2）探地雷达探测的目标体通常为非金属物体，与周围介质物性差异小，因而目标回波能量小。

（3）探地雷达探测的是地下埋藏的目标体，不需要快速跟踪技术。

（4）探测深度和分辨率：探地雷达的探测深度是考虑应用的一个重要前提条件，与其他地球物理方法相比，由于 GPR 利用了高频电磁波，其探测深度一般是几米至数十米，但 GPR 分辨率却要高得多，有时可达厘米级。如果目标体深度超出了雷达系统探测距离，则探地雷达方法就无法应用了，探测深度主要受地表电阻率和发射脉冲频率等因素的制约。地表电阻率决定了雷达波的衰减程度，因而决定了其探测深度。一般来说探地雷达不适合在地表电阻率小于 $100\Omega \cdot m$ 的地区工作，即存在黏土、地下咸水、淤泥的环境。另外，探测深度还和脉冲频率有关，频率越低，穿透能力越大。对于中心频率 100MHz 的电磁波，在含水少的坚硬岩中可以探测到 50m 深的目标体，而在地下水含量较多的岩石或含水土壤中，探测深度往往仅 10m 余。

### 7.4.2　探地雷达的资料处理

探地雷达数据处理的目的是压制干扰波，并以尽可能高的分辨率在图像剖面上显示反射波，提取反射波的各种有用参数（包括电磁波速度、振幅和波形等）来帮助地质解释。由于雷达波与地震波理论的相似性和采集数据方式的雷同，目前，探地雷达数据处理方法主要是移植地震数据处理方法。

#### 7.4.2.1　不正常道处理与多次叠加处理

对原始雷达记录进行初步加工处理，使实测的雷达资料更便于计算机处理。常用的处理方法有不正常道处理和多次叠加处理。

天线与地面接触不良，或者由于发射电路工作不正常所产生的坏道，在预处理时必须剔除，并用相邻道的均值补全。

在地下介质对电磁波吸收较强的测区，为了增加来自地下深处的信息、加大探地雷达的探测深度，常常使用多次叠加技术。目前适用探地雷达多次叠加处理的测量方法有两种：一种是多天线雷达测量系统，应用一个发射天线，多个接收天线同时进行测量；另一种是多次覆盖测量，使用几种不同天线距的发射-接收天线沿测线进行重复测量。多次覆盖测量在同一测点上有几组共反射点的雷达数据，经天线距校正后进行叠加，使得来自地下的反射波得到加强，而干扰波信号则大大减弱，从而增加了探测深度。

#### 7.4.2.2　滤波处理

在探地雷达测量中，为了保持更多的反射波特征，多采用宽频带进行记录，但在记录各种有效波的同时，也记录了各种干扰波。一维滤波技术就是利用频谱特征的差异来压制干扰波，以突出有效波，它包括一维频率域滤波和一维时间域滤波。

在探地雷达数据中，有时有效波和干扰波的频谱成分十分接近甚至重合，这时无法用频率滤波压制干扰，需要通过有效波和干扰波在空间位置上的差异进行滤波。这种滤波要同时对若干道进行计算才能得到输出，因此，它是一种二维滤波。如果有效波和干扰波的平面简谐波成分有差异，有效波的平面谐波成分与干扰波的平面谐波成分以不同的视速度传播，则可用二维视速度滤波将它们分开，达到压制干扰、提高信噪比的目的。

#### 7.4.2.3　二维偏移归位处理方法

探地雷达测量获得的信息是来自地下介质交界面的反射波。偏离测点的地下介质交界面的反射点，只要其法平面通过测点，都可以被记录下来。在资料处理中，需要把雷达记录中的每个反射点移到其本来位置，这种处理方法称为偏移归位处理，经过偏移处理的雷达剖面能反映地下介质的真实位置。常用的偏移归位方法有绕射偏移、波动方程偏移和克希霍夫积分偏移。有关偏移方法可参考相关地震数据处理资料。

### 7.4.3　资料的地质解释

探地雷达资料的地质解释工作，通常是在数据处理后所得到的探地雷达图像剖面中进行的。根据反射波组的波形和强度特征，通过同组轴追踪，确定反射波组的地质含义，构造地质-地球物理解释剖面并依据剖面介质获得整个测区的最终成果图，为探测目的提供依据。

### 7.4.3.1 资料解释原则

获得探地雷达资料的地质解释是探地雷达测量的目的，所以，在资料解释的过程中，要正确把握的原则包括：把地质、钻探、探地雷达的资料紧密结合，探地雷达资料反映的是地下介质的电性分布；要把地下介质的电性分布转化为地质内容，必须将地质、钻探、探地雷达这三方面的资料结合起来，建立测区的地质-地球物理模型，并以此得到地下地质模式。

在接受探地雷达测量任务时，需要对探地雷达解决地质问题的有效性进行评估，以确定探地雷达测量能否取得预期效果，为此，需注意以下几个方面问题：

1. 尽可能收集和了解目标体的电性（介电常数与导电率）特征。探地雷达方法的成功与否取决于是否有足够的反射或散射能量为系统识别。当围岩与目标体的相对介电常数分别为 $\varepsilon_h$ 与 $\varepsilon_T$ 时，目标体功率反射系数 $P_r$ 的估算式为：

$$P_r = \left[ \frac{\sqrt{\varepsilon_h} - \sqrt{\varepsilon_T}}{\sqrt{\varepsilon_h} + \sqrt{\varepsilon_T}} \right]^2 \tag{7-37}$$

一般来说，目标体的功率反射系数应大于 0.01 或式（7-37）的反射系数 $P_r$ 大于 0.1。

2. 了解目标体的可能深度。如果目标体深度超出雷达系统探测距离，则无法应用探地雷达方法。

3. 目标体的尺寸（高度、长度与宽度）决定了雷达系统可能具有的分辨率，关系到天线中心频率的选用。如果目标体为非等轴状，则要搞清目标体走向、倾向与倾角，这些将关系到测网的布置。

4. 了解测区的工作环境。当测区内存在大范围金属构件并成为无线电射频源时，将对测量构成严重干扰，在进行资料解释时必须加以排除。

### 7.4.3.2 正确认识雷达剖面与地质剖面的关系

雷达剖面不是地质剖面的简单反映，两者既有内在联系，又有区别。

雷达反射界面与地层界面的关系：雷达反射界面是电性界面，而地质剖面反映的是岩土层界面；地层划分的依据是岩性、生物化石种类及沉积时间等；地质剖面中由于沉积间断或岩性差异而形成的面，如断层面、侵蚀不整合面、流体分界面及不同岩性的分界面，均可成为反射面，这时反射面与地质分界面是一致的，即大多数雷达反射面大体上反映地层界面的形态。然而在许多情况下，反射面与钻井或测井所得到的地质剖面的地层分界面并不一致。主要有以下几种情况：①有些埋藏深的古老地层，在长期的构造运动和压力的作用下，相邻地层可能有相近的波阻抗，因而地质上的层面不足以构成反射面；②同一岩性的地层，其中既无层面又无岩性分界面，但由于岩层中所含流体成分不同，而构成物性界面，如饱水带与饱气带界面，因而雷达反射界面有时也并非是地质界面；③雷达反射面是以同相轴表达的，当多个薄层组成多个地质界面时，在雷达剖面中雷达子波有一定的延续度，使多个薄层界面的反射波叠加成复合波形，从而产生反射波界面与地层界面的不一致。

雷达反射界面的几何形态与地质构造的关系：雷达反射波剖面图像一般可以定性反映地质构造形态，尤其当构造形态比较简单时，反射波同相轴的几何形态所反映的地质构造是直观的、明显的，但由于分辨率及其噪声的限制，雷达剖面反映构造细节有限，使两者之间存在不小差别。①雷达剖面通常是时间剖面，而地质剖面是深度剖面，雷达时间剖面要经过时深转换后才能成为深度剖面，时深转换后的雷达深度剖面与地质剖面的符合程度，主要取决于速度资料的可靠程度，速度不准，会导致雷达深度剖面上的反射层与地质剖面上的真实地层不符，甚至会引起构造畸变；②由于雷达波的垂向分辨率的限制，在薄层情形下，雷达反射层与地质层位往往不是一一对应的，有可能一个地质界面对应多个雷达相位，多个薄的地层界面对应多个雷达相位；③只要观测点处在界面的法线上，就会接收到旁侧界面的反射波，使雷达剖面上所反映的地质构造在空间上发生偏移，尤其当地质构造比较复杂时，雷达剖面上反射波同相轴的几何图形并不能直接反映复杂构造的真实形态，甚至面目全非，给雷达资料带来很多假象，使得雷达剖面解释存在多解性。

### 7.4.3.3　雷达时间剖面对比

雷达时间剖面对比是雷达资料解释的重要内容。时间剖面的对比就是在雷达反射波时间剖面上，根据反射波的运动学和动力学特征来识别和追踪同一反射界面反射波的过程。

雷达时间剖面对比实际上包括两方面的工作：一是在某条剖面上根据相邻接收点反射波的某些特点来对比同一界面反射波，一般叫波的对比；二是在相邻多条雷达剖面上追踪同一界面的反射波，称为时间剖面的对比。

在时间剖面上对比反射波，严格地说应该对比反射波的初至。但是，由于反射波是在各种干扰背景下记录下来的，当子波为最小相位时，其初至很难辨认。为了便于对比，总是利用剖面上比较明显的波形相位对比。一个反射界面在雷达剖面上往往包含有几个强度不等的同相轴，选其中振幅最强、连续性最好的某个同相轴进行追踪，叫作强相位对比；有时反射层无明显的强相位，可对比反射波的全部或多个相位，称为多相位对比；另外，还可以利用波组和波系进行对比。波组是由三四个数目不等的同相轴组合在一起形成的，或指比较靠近的若干界面所产生的反射波组合。由两个或两个以上波组所组成的反射波系列，称为波系。利用这些组合关系进行波的对比，可以更全面考察反射层之间的关系。因为从地质观点来说，相邻地层界面的厚度间隔、几何形态是有一定联系的，沿横向变化是渐变的，反映在时间剖面上，反射波在时间间隔、波形特征等方面也是有一定规律的。有时在剖面的某段长度内，因某种原因（如岩性横向变化），有的同相轴质量较差（振幅弱、连续性差），可根据反射波相互之间总趋势的极值点（波峰或波谷）依次对比同相位。所以，波的对比又称为波的相位对比或同相轴对比。

### 7.4.4　地质雷达的应用

探地雷达采用高频带和高速采样技术，其探测分辨率大大高于其他物探方法，从而极大地提高了对近地表特征的探测能力。实践表明，探地雷达可用于考古、矿产资源勘探、灾害地质勘察、岩土工程调查、公路工程质量检测、工程建筑物结构调查、浅部地层划分、土壤填图和潜水面、岩溶洞穴、断裂破碎带、地下废弃物和埋藏物的探测等。探地雷达已成为地表地质勘察工作不可缺少的新技术。

图 7-47 是山西某地利用 GPR 探测采空区的结果。从探测结果可看出，跨整条剖面存在一组较大的绕射弧，上弧顶 220ns，下弧顶 270ns，在 $47.7 \sim 65.1$ m 存在能量缺失带，猜测该绕射异常是由一个空洞性质的目标体引起的，结合实际地质情况，推测为煤田采空区。由于该地区浅地层岩性成分主要是沉积岩（砂岩和灰岩），其电磁波速度在 0.12m/ns 左右，依此可对采空区做出定量解释，采空区厚约为 3.0m，宽约为 17.4m，中心埋深约

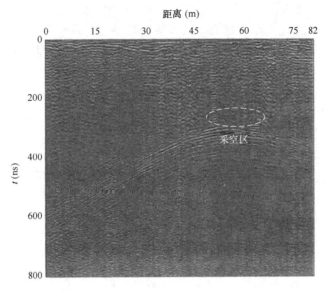

图 7-47  蒙山大佛采空区 GPR 探测剖面

为 14.7m。为防止采空区塌陷对大佛造成破坏，建议相关部门应尽快对该采空区采取治理措施。

## 习题

1. 根据电极排列方式的不同，电剖面法又有许多变种，目前常用的有哪几种？
2. 简述电阻率法的定义及其目的。
3. 简述地震波法的种类和各自定义。
4. 简述电磁法的种类。
5. 简述地质雷达法的基本原理。
6. 详述探地雷达技术的特点。

# 第8章　地下水勘察

**本章重点**

● 地下水勘察基本要求与内容。

● 地下工程勘察常用方法。

● 基坑降水的作用与方法。

● 抗浮设防水位勘察需注意的问题。

● 腐蚀性勘察内容。

## 8.1　地下水的勘察要求

### 8.1.1　地下水勘探任务

探明拟建场地及其周围的水文地质条件；了解岩土的含水性，查明含水层、透水层和隔水层的分布、厚度、性质及其变化；各含水层地下水的水位（水头）、水量和水质；借助水文地质试验和监测，了解岩土的透水性和地下水动态变化。

### 8.1.2　地下水勘察钻孔观测

钻孔水文地质观测钻进过程中应注意和记录冲洗液消耗量的变化。发现地下水后，应停钻测定其初见水位及稳定水位。如系多层含水层，需分层测定水位时，应检查分层止水情况，并分层采取水样和测定水温。

地下水坑探工程的观察应注重对水文地质情况的描述，如地下水渗出点位置、涌水点及涌水量大小等。

### 8.1.3　地下水的监测方法

#### 8.1.3.1　地下水监测的条件

为工程建设进行的地下水监测与区域性的地下水长期观测不同，监测要求随工程而异，不宜对监测工作的布置做具体统一的规定。

下列情况应进行地下水监测：

（1）地下水位升降影响岩土稳定时。

（2）地下水位上升产生浮托力对地下室或地下构筑物的防潮、防水或稳定性产生较大影响时。

（3）施工降水对拟建工程或相邻工程有较大影响时。

（4）施工或环境条件改变造成的孔隙水压力、地下水压力变化对工程设计或施工有较大影响时。

（5）地下水位的下降造成区域性地面沉降时。

（6）地下水位升降可能使岩土产生软化、湿陷、胀缩时。

（7）需要进行污染物运移对环境影响的评价时。

监测工作的布置，应根据监测目的、场地条件、工程要求和水文地质条件确定。地下水监测方法应符合下列规定：

（1）地下水位的监测，可设置专门的地下水位观测孔，或利用水井、地下水天然露头进行。

（2）孔隙水压力、地下水压力的监测，可采用孔隙水压力计、测压计进行。

（3）用化学分析法监测水质时，采样次数每年不应少于 4 次，需进行相关项目的分析。

### 8.1.3.2 孔隙水压力监测

孔隙水压力对岩土体变形和稳定性有很大的影响，因此在饱和土层中进行地基处理和基础施工以及研究滑坡稳定性等问题时，孔隙水压力的监测很有必要。其具体监测项目及目的如表 8-1 所示。

孔隙水压力的监测项目及目的          表 8-1

| 监测项目 | 监测目的 |
| --- | --- |
| 加载预压地基 | 估计固结度以控制加载速率 |
| 强夯加固地基 | 控制强夯间歇时间和确定强夯度 |
| 预制桩施工 | 控制打桩速率 |
| 工程降水 | 监测减压井压力和控制地面沉降 |
| 研究滑坡稳定性 | 控制和治理 |

监测孔隙水压力所用的孔隙水压力计型号和规格较多，应根据监测目的、岩土的渗透性和监测期长短等条件选择，其精度、灵敏度和量程必须满足要求。

### 8.1.3.3 地下水压力（水位）和水质监测

地下水压力（水位）和水质监测工作的布置，应根据岩土体的性状和工程类型确定，一般顺地下水流向布置观测线。为了监测地表水与地下水之间的关系，应垂直地表水体的岸边线布置观测线。在水位变化大的地段、上层滞水或裂隙水聚集地带，皆应布置观测孔。基坑开挖工程降水的监测孔应垂直基坑长边布置观测线，其深度应达到基础施工的最大降水深度以下 1m 处。动态监测除布置监测孔外，还可利用地下水天然露头或水井进行。

地下水动态监测应不少于 1 个水文年。观测内容除了地下水位外，还应包括水温、泉的流量，在某些监测孔中有时尚应定期取水样做化学分析和抽水。观测时间间隔视目的和动态变化急缓时期而定。一般雨汛期加密，干旱季节放疏，可以 3～5d 或 10d 观测一次，而且各监测孔皆同时进行观测。进行化学分析的水样，可放宽取样时间间隔，但每年不宜少于 4 次。观测上述各项内容的同时，还应观测大气降水、气温和地表水体（河、湖）的水位等，用以相互对照。

监测成果应及时整理，并根据所提出的地下水和大气降水量的动态变化曲线图、地下水压（水位）动态变化曲线图、不同时期的水位深度图、等水位线图、不同时期有害化学成分的等值线图等资料，分析对工程设施的影响，提出防治对策和措施。

### 8.1.4 建筑场地地下水的勘察要求

在工程建设中，地下水的存在与否对建筑工程的安全和稳定有很大影响。例如，地下水的静水压力对岩土体产生浮托作用，降低岩土体的有效重量；在地下水的动水压力下，土中的细小颗粒被冲刷带走，破坏土体结构；地下水对建筑材料的腐蚀性等都会影响工程建设。因此在岩土工程勘察时，应提供场地地下水的完整资料，评价地下水的作用和影响，提出合理建议。建筑场地地下水勘察应符合下列要求。

岩土工程勘察应根据工程要求，通过搜集资料和勘察工作，掌握下列水文地质条件：

（1）地下水的类型和赋存状态。

（2）主要含水层的分布规律。

（3）区域性气候资料，如年降水量、蒸发量及其变化和对地下水位的影响。

（4）地下水的补给排泄条件、地表水与地下水的补排关系及其对地下水位的影响。

（5）勘察时的地下水位、历史最高地下水位、近3～5年最高地下水位、水位变化趋势和主要影响因素。

（6）是否存在对地下水和地表水的污染源及其可能的污染程度。

（7）对缺乏常年地下水位监测资料的地区，在高层建筑或重大工程的初步勘察时，宜设置长期观测孔，对有关层位的地下水进行长期观测。

（8）对高层建筑或重大工程，当水文地质条件对地基评价、基础抗浮和工程降水产生重大影响时，宜进行专门的水文地质勘察。

（9）专门的水文地质勘察应符合下列要求：

① 查明含水层和隔水层的埋藏条件，地下水类型、流向、水位及其变化幅度，当场地有多层对工程有影响的地下水时，应分层量测地下水位，并说明相互之间的补给关系。

② 查明场地地质条件对地下水赋存和渗流状态的影响；必要时应设置观测孔，或在不同深度处埋设孔隙水压力计，量测压力水头随深度的变化。

③ 通过现场试验，测定地层渗透系数等水文地质参数。

# 8.2 降 水 工 程 勘 察

## 8.2.1 基坑工程与地下水

基坑工程是指人们根据工程建设的需要，开挖地面以下一定范围和深度内的岩（土）体，建造地下建筑物，开发地下空间的人类活动工程。

随着城市建设规模的不断扩大，地面空间日趋紧张，地下空间的开发已日益得到重视。城市轨道交通隧道、高层建筑、市政工程、桥梁等重大工程的建设，产生了众多形态的深、大基坑，这些基坑的开挖施工，使原有的基坑周围的水、土应力平衡受到破坏，土体发生变形，变形达到一定程度就会危及地下管线、道路、地面建筑物的安全，严重时给工程建设带来无法估量的损失和影响。因此，在地下空间开发过程中，如何准确计算、预测地下水对基坑开挖工程的影响，设计科学、合理、有效的降水方案，已成为基坑工程施工的一项重要课题。

地下水根据其埋藏条件和赋存形式，可分为气带水、潜水、承压水、孔隙水、裂隙水、岩溶水。潜水和承压水是基坑开挖施工中降水的主要对象和危害源，饱和软土中的孔隙水也是基坑开挖降水的对象之一。

（1）潜水：是指位于包气带下第一个具有自由水面的含水层中的水，它没有隔水顶板或只有局部的隔水顶板，潜水面为自由水面，与大气和地表水密切相关。

（2）承压水：是指充满于两个隔水层之间的含水层中的水，其上、下为连续的隔水层。承压含水层的水头高于隔水层顶板而承压。承压水头的大小与该含水层补给区与排泄区的地势有关，可以通过其在钻孔或井揭穿隔水顶板后水头的上升高度测试得到。由于连续隔水顶板的存在，承压水受大气降水的影响较小。

### 8.2.2 基坑降水的作用与降水方法

基坑施工过程中，为避免产生流砂、管涌、坑底突涌，防止坑壁土体的坍塌，保证施工安全和减少基坑开挖对周围环境的影响，当基坑开挖深度内存在饱和软土层和含水层及下部承压水对基坑底板产生影响时，就需选择合适的降低地下水水位或水头的方法对基坑进行降水。

降水的作用：

（1）防止其基坑坡面和基底的渗水，保证坑底干燥，便于施工开挖。

（2）增加边坡和坑底的稳定性，防止边坡或坑底的土层颗粒流失，防止流砂产生。

（3）减少土体含水率，有效提高土体物理力学性能指标。对于放坡开挖而言，可提高边坡的稳定性。对于支护开挖，可增加被动区土抗力，减小主动区土体侧压力，从而提高支护体系的稳定性和强度保证，减小支护体系的变形。

（4）提高土体固结程度，增加地基土抗剪强度。降低地下水位，减少土体含水率，从而提高土体固结程度，减小土中孔隙水压力，增加土中有效应力，相应地土体抗剪强度得到增强。

（5）降低下部承压水水头，减少承压水头对基坑底板的顶托力，防止基坑突涌。

井点降水是在基坑的周围埋下深于基坑底的井点或管井，以总管连接抽水（或每个井单独抽水），使地下水位下降形成一个降落漏斗，并降低到坑底以下 0.5～1.0m，从而保证可在干燥无水的状态下挖土。井点降水一般有：轻型井点、喷射井点、管井井点、电渗井点和深井泵等。可按土的渗透系数、要求降低水位的深度、设备条件及工程特点，灵活选用。常用的降水方法有如下几种：

轻型井点是沿基坑的四周或一侧，将直径较细的井点管沉入深于坑底的含水层内，井点管上部与总管连接，通过总管利用抽水设备基于真空作用将地下水从井点管内不断抽出，使原有的地下水位降低到坑底以下。本法适用于渗透系数为 0.1～80.0m/d 的土层，对含有大量的细砂和粉砂的土层特别有效，可以防止流砂现象，增加土坡稳定，便于施工。轻型井点系统由井点管、连接管、集水总管及抽水设备等组成。井点系统的布置，应根据基坑平面形状与大小、土质、地下水位高低与流向、降水深度等要求而定。井点系统的平面布置类型有单排线状加密、单排线状延伸、单排线状末端弯转、双排线状井点、半环圈井点、环圈井点系统等。井点系统的高程布置类型有单排线状井点高程、双排或环圈井点高程、二级轻型井点高程、土井配合加深一级井点降水高度等。

喷射井点适用于基坑开挖较深，降水深度大于 6.0m，而且场地狭窄，不允许布置多级轻型井点的工程。其一层降水深度可达 10～20m，适用于渗透系数为 30～50m/d 的砂土层。喷射井点分为喷水井点和喷气井点两种，其设备主要由喷射井点、高压水泵（或高压气泵）和管路系统组成，前者以压力水为工作源，后者以压缩空气为工作源。喷射井点的管路布置、井点管的埋设方法等与轻型井点基本相同。

管井井点适用于轻型井点不易解决的，含水层颗粒较粗的粗砂-卵石地层，渗透系数较大、水量较大，且降水深度较深（一般为 8～20m）的潜水或承压水地区。管井井点系统的主要设备包括井管和水泵。管井井点的布置方法：基坑总涌水量确定后，再验算单根井点极限涌水量，然后确定井的数量；采取沿基坑周边每隔一定距离均匀设置管井，管井之间用集水总管连接。

### 8.2.3　基坑降水所需的水文地质参数及各阶段对参数的要求

水文地质参数是基坑降水设计中不可缺少的因子，它的特征直接影响到基坑降水设计的准确、合理与可靠程度。

由于基坑降水的目的、降水的不同阶段、基坑围护结构、场地的水文地质条件、要求疏干或降压的含水层不同，对要求掌握的水文地质参数及其精度要求也不同。

#### 8.2.3.1　水文地质参数的类型

（1）影响半径

影响半径：影响半径，在裘布依公式中可以理解为在一个圆形的四周边界为常水头的岛形含水层中，抽水井位于该圆柱状含水层的中心，井抽水后，水位降至圆形常水头边界处为零。显然，在裘布依公式中影响半径是一个常量，它不随井的出水量、水位下降的大小而变化。影响半径的量纲为 $[L]$。

事实上，裘布依公式只在一种岛形的含水层或河曲形成的近似圆形的、四周地表水直接与含水层有水力联系的情况下才能出现。而在许许多多的情况下，在井抽水后的四周由于含水层的不均匀性，补给边界形状不同，并不形成一个圆形的影响半径，多为椭圆形或不规则的圆形；在无限大含水层中，其半径也随抽水时间而扩展；当有侧向补给或垂直补给时，随不同时期补给量的变化而变化。因此，影响半径是一个变数。从某种方面讲，它可以表示地下水对抽水井的一种补给能力的抽象值，综合反映了含水层对抽水井的补给能力，是含水层的厚度、透水性能、相邻弱透水层和含水层的越层补给、边界的形状和性质等一系列因素的综合反映。因此，也有人将影响半径称为"补给半径"或"引用影响半径"。

（2）渗透系数（$k$）

渗透系数是表示岩石透水性的指标，是有关含水层的非常重要的水文地质参数之一，在达西定律中指的是当水力坡度等于 1 时的渗透速度，因此它具有速度的量纲，即 $[LT^{-1}]$。

渗透系数不仅与含水层的颗粒大小、形状、排列、充填状况、裂隙岩溶的性质和发育程度有关，而且与地下水的运动状态、物理性质（重度、黏滞系数等）有关。

（3）释水系数（弹性释水系数、储水系数，$S$）

释水系数表示当水头降低（或升高）一个单位时，含水层从水平面积为一个单位面积、高度等于含水层厚度的体积中所释放出来（或储存进去）的水量。从上述定义中可知释水系数是无量纲的。

（4）给水度（$\mu$ 或 $S_y$）

给水度表示在饱和的潜水含水层中，每单位立方体含水层在侧向作用下可自由流出的最大水量。由此可知，给水度是无量纲的。

（5）导水系数

导水系数是表示含水层导水能力大小的参数，它是渗透系数与含水层厚度的乘积，即：

$$T = kM \tag{8-1}$$

其量纲为 $[L^2 T^{-1}]$。

（6）导压系数（压力传导系数，$a$）

导压系数是表示水压力向四周扩散、传递的速率，为导水系数与释水系数的比值，即：

$$a = T/S = kM/S \tag{8-2}$$

其量纲为 $[L^2 T^{-1}]$。

（7）越流系数

越流系数指的是在半承压含水层中抽水，相邻含水层通过上、下弱透水层越流补给抽水含水层时，通过弱透水层的流量大小，与弱透水层的渗透系数和厚度有关。显然弱透水层的渗透系数越大，厚度越小，则越流的能力也越大。越流系数表示当抽水含水层与相邻的供给越流的非抽水含水层之间的水头差为一个单位时，通过抽水含水层和弱透水层界面的单位面积上的水量，它的量纲为 $[T^{-1}]$。

（8）越流参数（越流因数，$B$）

越流参数是反映在越流条件下越流作用的参数。

$$B = \sqrt{\frac{TM'}{k'}} \ \text{或} \ B = \sqrt{\frac{kM}{\dfrac{k'}{M'} + \dfrac{k''}{M''}}} \tag{8-3}$$

其量纲为 $[L]$，单位常以"m"或"km"表示。弱透水层的厚度越大，渗透系数越小，越流量越小。实际上越流参数变化很大，可从几米到几公里，对上、下为完全不透水的承压含水层来说，其越流参数 $B$ 为无穷大。

（9）补给系数

补给系数是表示含水层接受侧向和垂向补给能力的大小，与侧向补给系数 $E_h$ 的平方和垂向补给系数 $E_v$ 的平方之和的平方根呈正比，即：

$$E \propto \sqrt{E_h^2 + E_v^2} \tag{8-4}$$

① 侧向补给系数

$$E_h = \frac{v'}{2a} \tag{8-5}$$

$$v' = \frac{v}{n} = \frac{kI}{n} \tag{8-6}$$

式中　$v'$——地下水实际流速；

　　　$v$——地下水的渗透速度；

　　　$I$——水力坡度；

　　　$a$——压力传导系数；

　　　$n$——孔隙率。

② 垂向补给系数

$$E_{\mathrm{v}} = \sqrt{\frac{k'/M'}{kM} + \frac{k''/M''}{kM}} \tag{8-7}$$

（10）含水层各向异性

含水层在任意点上水平渗透系数 $k_T$ 与垂直渗透系数 $k_v$ 不相等称为各向异性含水层，以垂直渗透系数与水平渗透的比值来表示，无量纲。

（11）地下水水头坡度

地下水水头坡度是表示含水层中任意两点的水位差与该两点间直线距离的比值，无量纲。

#### 8.2.3.2　基坑降水各阶段对水文地质参数的要求

（1）降水方案制订阶段

在降水方案制订阶段，应搜集已有的地质、水文地质资料，进行现场踏勘，根据基坑开挖深度、基坑支撑结构的设计要求，制订基坑降水方案。在这个阶段，一般可采用区域的或场地附近已有的水文地质资料，也可以采用经验数据。

（2）优化方案阶段

在方案被采纳，进入优化和实施方案阶段应通过现场抽水试验取得实测的水文地质参数，抽水试验的布置应与场地的水文地质条件、基坑支档结构的设计要求、基坑降水水文地质计算方法所需要的参数相一致。一般应通过单孔抽水和布置一个或多个观测孔的非稳定流抽水试验来获取含水层的参数，作为优化方案设计的依据。

（3）制订降水运行方案阶段

根据优化了的设计方案，全部井群施工完毕后进入制订基坑降水运行方案阶段。该阶段需进行部分降水井的群井抽水，将观测孔的计算资料与实测资料进行拟合，调整含水层参数，并根据群井抽水时的环境监测资料、基坑施工的各个工况作为制订降水运行方案的依据。

#### 8.2.4　抽水试验

#### 8.2.4.1　基坑降水常用的野外水文地质试验

基坑降水一般常用的野外水文地质试验的方法与要求如表 8-2 所示。

野外水文地质试验方法与要求　　　　　表 8-2

| 试验名称 | 适用范围 | 目的 | 一般方法与要求 |
|---|---|---|---|
| 抽水试验 | 供水水文地质、排水、疏干、基坑降水和灌溉水文地质勘察中的重要方法之一 | 测定含水层参数，评价含水层的富水性，确定井的出水量和特性曲线，了解含水层中的水力联系和含水层的边界条件，为评价地下水资源、制订井群布置或疏干方案提供依据 | 根据不同需要，进行单孔、多孔、互阻或群孔抽水，稳定流与非稳定流抽水，完整井或非完整井抽水，定流量或定降深抽水（或放水），分层或混合抽水，阶梯下降抽水、分段抽水等<br>根据不同目的，确定观测孔离主孔的距离、深度和过滤器的位置和长度<br>一般都用水泵以固定流量抽水测定主孔与观测孔随时间而变化的水位值，或在自流水地区固定水位降深测定随时间而变化的主孔流量和观测孔水位值的方法 |

| 试验名称 | 适用范围 | 目的 | 一般方法与要求 |
|---|---|---|---|
| 冲击试验 | 供水、排水和地基勘察中运用的简易方法 | 测定地层（包括含水层和弱透水层）的渗透系数和储水系数等 | 在地下水位相对稳定后，瞬间向井内注入或吸取一定容积的水，观测主孔或观测孔水位波动和恢复 |
| 注水试验 | 地下水位埋藏得深，不便进行抽水试验，或在回灌井或吸收井中运用 | 测定岩层的渗透系数 | 连续往孔内注水，保持水位稳定和注入量的稳定（一般稳定4~8h），以此数据计算渗透系数 |
| 试坑渗水试验 | 一般在工程地质勘察中运用 | 测定包气带、非饱和岩层的渗透系数 | 表层干土层中挖一试坑，坑底离地下水位3m以上，向坑内注水，水位保持高出坑底10cm，观测单位时间内渗水量，为试坑法。单环法，在坑底嵌入面积为1000cm²的圆环，并在圆环内注水。双环法即在坑底嵌入2个环分别注水，以排除侧向渗透影响 |
| 地下水流向、流速测定 | 在为不同目的的水文地质勘察的初勘阶段进行 | 测定地下水流向和实际流速 | 先根据3个钻孔中地下水位的标高，用作图法确定地下水流向，然后沿流向按扇形布置4个钻孔，圆心1个孔，弧形上3个孔，其中1个孔在流向方向上。测定实际流速有化学法、比色法、电解法、充电法和放射性示踪原子法 |
| 连通试验 | 在岩溶地区，在测绘的基础上表明有连通性的地段 | 为研究岩溶地下水系的补给范围、补给速度、补给量与相邻地下水系的关系、与地表水的转化关系，实测地下水流速、流向、流量；以合理开采地下水；为查明渗漏途径、渗漏量、洞穴规模和延伸方向；为截流、排洪、引水工程提供资料 | 连通试验常用方法为水位传递法（可分闸水、放水、堵水、抽水等试验）、指示剂法（可分浮标法、比色法、化学剂示踪法、放射性同位素示踪法等）、气体传递法（烟熏法或烟幕弹法）。根据要求达到的目的选用不同方法。水位传递和气体传递法主要分别了解地下水位以下和地下水位以上溶洞的连通情况，指示剂法不但了解地下水连通情况、流域特征，还可实测地下水流速、流向和流量，了解地下水与地表水的转化关系 |

### 8.2.4.2 抽水试验的类型和目的（表8-3）

抽水试验的类型和目的　　　　　　　　　　表8-3

| 试验类型的划分 | | 适用范围 | 目的 | 备注 |
|---|---|---|---|---|
| 根据 | 类型 | | | |
| 抽水孔与观测孔的数量 | 单孔抽水（无观测孔） | 在方案制订和优化方案阶段 | 确定含水层的富水性、渗透性及流量与水位下降的关系 | 方法简单，成本低，但有些参数不能取得 |

| 试验类型的划分 | | 适用范围 | 目的 | 备注 |
|---|---|---|---|---|
| 根据 | 类型 | | | |
| 抽水孔与观测孔的数量 | 多孔抽水（一到几个观测孔，多到几十个观测孔） | 在优化方案阶段，观测孔布置在抽水含水层和非抽水含水层内 | 确定含水层的富水性、渗透性和各向异性，漏斗的影响范围和形态，补给带的宽度，合理的井距，流量与水位下降的关系，含水层与地表水之间的联系，含水层之间的水力联系，进行流速测定和含水层给水度的测定等 | 根据不同目的布设观测孔，测得的各项参数较正确，但成本较高 |
| 含水层的厚度和数量 | 分层抽水 | 各含水层的水文地质特征尚未查明的地区，选择典型地段进行 | 确定各含水层的水文地质参数，了解各含水层之间的水力联系 | 含水层之间应严格分层、止水 |
| | 混合抽水 | 含水层各层的水文地质特征已基本查清的地区 | 确定某一含水层组的水文地质参数 | — |
| 抽水孔滤水管长度与含水层厚度的比值 | 完整井抽水 | 含水层厚度不大于25～30m，一般均进行完整井抽水 | 确定含水层的水文地质参数 | 滤水管长度与含水层厚度之比超过90% |
| | 非完整井抽水 | 含水层厚度大，不宜进行完整井抽水的地区 | 确定含水层的水文地质参数，确定含水层的各向异性 | 滤水管长度小于含水层厚度的90% |
| 考虑水位降或流量是否随时间变化 | 稳定抽水试验 | 单孔抽水，用于方案制订或优化方案阶段 | 测定含水层的渗透系数、井的特性曲线、井损失 | 成本低，不考虑抽水后水位随时间变化的关系 |
| | 非稳定抽水 | 一般需要1个以上的观测孔，用于优化方案阶段 | 测定含水层的水文地质参数，了解含水层的边界条件、顶底板弱透水层的水文地质参数、地表水与地下水、含水层之间的水力联系 | 考虑抽水开始后水位（或流量）随时间变化的全过程，能测定稳定抽水无法测到的某些参数 |
| 流量与水位的关系 | 阶梯抽水试验 | 用于优化方案阶段 | 测定井的出水量曲线方程（井的特性曲线）和井损失 | |
| 专门目的 | 群孔抽水试验（多个井同时抽水，布置若干观测孔） | 用于制订降水运行方案阶段 | 根据基坑施工的不同工况制订降水运行方案 | 一般需进行数天到一周 |

### 8.2.4.3　抽水试验的布置原则

1）抽水试验孔的布置

抽水试验的主孔可以布置在预计会布置降水井的位置上，抽水试验结束后该井可留作以后降低地下水作用，试验孔过滤器的位置应安放在要求疏干或降压的含水层部位，孔的深度应综合考虑降水目的、含水层的厚度、要求降低水位的深度、可能出现的井损失、基坑围护结构的深度等因素确定。

2）观测孔的布置原则

抽水试验的目的与要求不同，观测孔的布置也不同，但应尽可能满足公式计算的需要。

（1）观测孔的布置方向

① 均质无限大含水层，可在垂直于平行地下水流向的方向上布置观测孔。

② 非均质无限大含水层，除在垂直于平行地下水流向上布孔外，在45°方向上可增设观测孔或在含水层颗粒变化较大的方向上布置。

③ 脉状裂隙含水层应沿着富水带和垂直富水带的方向上布置。

④ 岩溶裂隙含水层既要考虑富水地段和地下水流向，又要考虑在弱富水性地段布孔。

⑤ 应垂直边界线布置观测孔，必要时在边界附近增设观测孔。

（2）预测孔的数量

① 一般同一方向的观测线上位于抽水含水层中的观测孔在3个左右。

② 非稳定抽水，用$s$-lg$t$ 或 lg$s$-lg$t$ 曲线计算时，布置1或2个位于抽水含水层中的观测孔即可；用$s$-lg$r$ 曲线计算时，应有3个或3个以上位于抽水含水层中的观测孔。半承压含水层中抽水还应考虑在上、下弱透水层和上、下越补含水层中布置观测孔。

③ 为估算因抽水引起的附近地面变形，需在因抽水引起地面变形的主要压缩层中布置观测孔或孔隙水压力观测孔。

（3）观测孔过滤器的位置

在一般情况下，位于抽水含水层中的观测孔的过滤器的位置应与抽水孔一致，但在非完整井抽水的情况下，为测定含水层的各向异性，位于抽水含水层中距抽水孔距离为$(1\sim1.5)M$的观测孔的过滤器位置应置于抽水孔过滤器顶部以上或底部以下。

（4）观测孔的距离

① 对承压含水层来说，抽水含水层中的观测孔一般应避开因主孔抽水在抽水孔附近形成的三维流和紊流的影响。稳定抽水试验时，观测孔的距离一般应控制在$1.5M \leqslant r \leqslant 0.187R$。其中，$M$ 为含水层的厚度（m）；$R$ 为引用影响半径（m）。

② 对潜水含水层，观测孔位于降落漏斗水力坡度小于0.25处时，也适用上述原则。

③ 非完整井抽水，为避开非完整井的影响，将在含水层中的观测孔布置在离主孔$(1\sim1.5)M$，可以用该观测孔的资料以完整井公式计算参数；为测定含水层的各向异性，则观测孔应布置在离主孔$M$以内。

④ 各观测孔的水位下降要明显，最远的观测孔其水位下降不小于10倍的观测误差，相邻两观测孔的水位差不小于0.1m。

⑤ 多个观测孔的距离由近到远应由密到疏。在与抽水含水层相邻的越补含水层和弱透水层中的观测孔应离主孔较近些。

⑥ 非稳定流抽水，用 $s\text{-}\lg r$ 曲线计算时，观测孔的距离应考虑在对数轴上分布均匀。

⑦ 脉状含水层或岩溶发育地区，最远的观测孔能控制富水带方向中的扩展半径，距离应远一些。

观测孔布置参考资料如表 8-4～表 8-6 所示。

**观测孔布置参考资料（一）**　　　　　　　　　　表 8-4

| 含水层岩性 | 抽水时水位降深（m） | 主孔与观测孔间距（m） | | | | 备注 |
|---|---|---|---|---|---|---|
| | | 孔 1 | 孔 2 | 孔 3 | 孔 4 | |
| 粉细砂 | <15 | 10 | 20 | 35 | 60 | |
| | 15～30 | 15 | 30 | 50 | 100 | |
| 细砂 | <8 | 10 | 20 | 40 | 100 | |
| | 8～15 | 15 | 30 | 60 | 120 | |
| | 15～30 | 20 | 40 | 70 | 150 | |
| 中砂 | <5 | 15 | 30 | 50 | 100 | |
| | 5～10 | 20 | 40 | 70 | 120 | |
| | 10～15 | 30 | 50 | 80 | 150 | |
| 粗砂 | <4 | 20 | 35 | 60 | 100 | 适用于潜水含水层，抽水孔为完整井 |
| | 4～8 | 30 | 50 | 80 | 120 | |
| | 8～12 | 40 | 60 | 90 | 150 | |
| 砾砂 | <3 | 20 | 30 | 50 | 80 | |
| | 3～5 | 30 | 50 | 80 | 120 | |
| | 5～10 | 40 | 70 | 120 | 200 | |
| 砾石 | <3 | 30 | 60 | 100 | 160 | |
| | 3～4 | 40 | 70 | 120 | 200 | |
| | 4～8 | 50 | 90 | 150 | 300 | |
| 卵石 | <3 | 40 | 70 | 120 | 200 | |
| | 3～6 | 50 | 90 | 150 | 300 | |

**观测孔布置参考资料（二）**　　　　　　　　　　表 8-5

| 含水层渗透性 | | 观测孔数与方孔间距（m） | | |
|---|---|---|---|---|
| | | 2 | 3 | 4 |
| 强 | $k>10^{-2}$ m/s，不夹粉砂的砾石、非常粗的冲积物 | 5 | 5 | 5 |
| | | | 15～20 | 15～20 |
| | | 15～20 | 50～100 | 50～100 |
| | | | | 200～300 |
| 中等 | $10^{-2}\geqslant k\geqslant10^{-3}$ m/s，夹粉砂的砾石、粗砂 | 3 | 3 | 3 |
| | | | 10～15 | 10～15 |
| | | 10～15 | 20～30 | 20～30 |
| | | | | 200 |
| 弱 | $k<10^{-3}$ m/s | 2 | 2 | 2 |
| | | | 8～10 | 8～10 |
| | | 8～10 | 10～15 | 10～15 |
| | | | | 100 |

| | | | 主孔与观测孔的间距（m） | | | |
|---|---|---|---|---|---|---|
| 含水层的岩性 | 渗透系数（m/d） | 地下水类型 | 第一孔 | 第二孔 | 第三孔 | 备注 |
| 裂隙发育的岩层 | >70 | 承压水 | 15~20 | 30~40 | 60~80 | 如主孔水位下降值大于8m时，间距值应增加1.5~1.7倍 |
| | | 自由水 | 10~15 | 20~30 | 40~60 | |
| 没有充填的砂层、卵石层、均质的粗砂和中砂 | >70 | 承压水 | 8~10 | 15~20 | 30~40 | |
| | | 自由水 | 4~6 | 10~15 | 20~25 | |
| 稍有裂隙的岩层 | 20~70 | 承压水 | 6~8 | 10~15 | 20~30 | |
| | | 自由水 | 5~7 | 8~12 | 15~20 | |
| 含大量细粒充填物的砾石、卵石层 | 20~70 | 承压水 | 5~7 | 8~12 | 15~20 | |
| | | 自由水 | 3~5 | 6~8 | 10~15 | |
| 不均匀的中粗粒混合砂及细砂 | 5~20 | 承压水 | 3~5 | 6~8 | 10~15 | |
| | | 自由水 | 2~3 | 4~6 | 8~12 | |

表 8-6 上方标题：观测孔布置参考资料（三）

### 8.2.4.4 抽水试验的要求

1）基本要求

抽水试验前，抽水孔和观测孔均应按降水管井设计与施工的要求达到降水管井的质量要求，并进行彻底洗井。用三角形或梯形堰箱或孔板流量计观测流量时读数应精确到 mm，用水表测量时应用秒表测定流出 $10m^3$ 水所需要的时间，精确到 0.1s，气温、水温读数应精确到 0.5℃。每个抽水孔和观测孔在抽水试验开始前应测量自然水位，一般 1h 测一次，连续三次测得的数字相同或 4h 内水位相差小于 2cm 时，可作为抽水前自然水位。对于地下水位受动态变化的或受潮汐影响明显的地区应有一天以上的观测记录，观测时间可选择 30~60min 一次。需要时应在抽水试验影响区外同一水文地质单元内设观测孔，掌握试验期间地下水位的天然变化。自然水位的观测要求精度达到 0.5cm，动水位观测主孔精度小于或等于 1cm，观测孔精度小于或等于 0.5cm。认为有必要时，应取水样做水质分析。抽水结束或发生故障停止抽水时，应测恢复水位，应防止抽出的水又回到抽水含水层中去。

2）稳定抽水试验

一般进行 3 次或 3 次以上抽降，最大水位降应设计动水位，其余两次分别为最大下降值的 1/3 和 2/3，每次下降值之差不小于 1m。对那些出水量很小或很大的含水层，或已掌握较详细的水文地质资料，或精度要求不高，研究价值不大的含水层也可只做 1 次和 2 次抽降的抽水试验。

（1）抽水试验的稳定标准和水位流量的波动范围：

① 出水量与动水位没有持续上升或下降趋势（判定时应尽量消除其他干扰因素）。

② 用水泵抽水，水位波动 2~3cm，流量波动小于或等于 3%；用空压机抽水，水位波动 10~15cm，流量波动小于或等于 5%。设观测孔时，最远的观测孔水位波动小于 2~3cm。

（2）稳定延续时间：对于不同的含水层及其稳定延续时间（抽降由小到大），一般应达到下列要求：

① 卵石、砾石、粗砂含水层稳定 4~8h。

② 中砂、细砂、粉砂含水层稳定 8~16h。

③裂隙和岩溶含水层稳定 16~24h。

多孔抽水试验要求最远的观测孔稳定达到上述要求。稳定延续时间应根据抽水试验的目的、场地和区域水文地质的研究程度和水文地质条件的不同而异。一般在水文地质研究程度较高的场地，单纯为了测定渗透系数，稳定延续时间可短些；相反在岩溶地区，水位受潮汐影响的地区，受地表水补给明显、动态变化较大的地区，进行群孔抽水时稳定延续时间可长些。

（3）动水位与流量观测

抽水试验开始后应同时观测主孔动水位、出水量和各观测孔的水位，一般在抽水开始后的第5、10、15、20、25、30min各观测一次，以后每隔30min观测一次，流量可每隔60min观测一次。

抽水试验结束或因故停抽，均应观测恢复水位，一般要求停抽后第1、2、3、4、6、8、10、12、15、20、25、30min各观测一次，以后每30min观测一次，而后可逐步改为每50～100min观测一次。恢复水位的观测精度与观测自然水位相同。

3）非稳定抽水试验

（1）抽水试验前应观测自然水位，并精确测量主孔与观测孔的距离。非稳定抽水试验一般只做一次抽降，但为了测定井损失需进行3次或3次以上的抽降，每次抽降开始前应测静止水位，取每次抽降开始相同的累计时间的流量和动水位，绘制 $Q$-$s$ 曲线。

（2）抽水试验的延续时间

为了满足计算的需要，非稳定抽水试验的延续时间应根据观测孔的水位下降与时间的半对数曲线，即 $s$（或 $\Delta h^2$）-$\lg t$ 曲线来判定。当 $s$（或 $\Delta h^2$）-$\lg t$ 曲线可以出现拐点时，抽水试验应延续到拐点以后，曲线出现平缓段，并能正确推出稳定水位下降值时即可结束；当 $s$（或 $\Delta h^2$）-$\lg t$ 曲线不出现拐点，呈直线延伸时，其直线延伸段在 $\lg t$ 轴上的投影不少于二个对数周期时可以结束试验；当有几个观测孔时应以最远观测孔的 $s$（或 $\Delta h^2$）-$\lg t$ 曲线判定。

（3）动水位与出水量观测

所有主孔、观测孔的动水位与流量都必须以抽水开始的同一时间作为起始时间进行观测。主孔与观测孔的动水位观测时间应在抽水开始后的第1、2、3、4、5、6、8、10、12、15、20、25、30、40、50、60、80、100、120min观测一次，以后每30min观测一次，5h后每1h观测一次，为的是使每个观测所得的数据在 $s$-$\lg t$ 曲线上分布均匀。停抽或因故停抽后应测主孔、观测孔的恢复水位，其时间间隔以停抽时间起算，以上述抽水开始时的时间间隔进行观测，直到水位恢复到自然水位为止。

非稳定抽水要求抽水量保持常量。抽水开始后抽水量的观测可5～10min一次，3～4次后可改为1～2h一次。为了保持抽水量稳定，尽量采用深井泵、潜水泵或潜水深井泵进行抽水。

### 8.2.5 基坑降水设计

由于基坑深浅不一，施工方法不同，围护结构形式多样；基坑所在场区的地质、水文地质条件因地而异，复杂程度悬殊；场地周围的环境要求宽严的差异等，使得基坑降水的设计工作也很复杂。为了保证基坑的施工安全，必须将某个含水层的水位降到要求的深度；为了保证环境，又必须同时使某些含水层或含水层的某些区域的水位不降或少降，由于基坑深浅不同，有些基坑应考虑降低浅部的潜水或承压水层，而有些基坑应考虑降低深部承压含水层的水头，并避免浅部潜水位较大幅度下降，以保证基坑周边的环境。因此，每个降水设计针对的降水口的含水层不同，采用的手段、方法、井点的布局、过滤器设置的深度，甚至井内的止水位置等都应有区别。因此，降水设计应是综合考虑了基坑的深浅、施工方法（放坡开挖、顺作法、逆作法）和工况、基坑的大小、形状、支挡结构形式（重力式挡土墙，排桩是否包括隔水装置，地下连续墙以及圈梁内支撑、土钉、拉锚等的布局）、周围的环境〔包括周围的建（构）筑物、地下管线、城市轨道交通、隧道、大型桥涵等对沉降有特殊要求的区域和场地的地质、水文地质条件〕等的产物。

基坑降水设计，针对上述考虑的诸多因素，首先确定降水应降哪种类型的地下水，针对哪些含水层，又避免另一种类型的地下水和另一些地层中的地下水水位受到影响。以免应该降低的含水层的水位或水头没有降低，而不相关的地层中的地下水被疏干或水位下降，不但使降水达不到目的，而且使周围环境受到很大的影响，造成不必要的损失。

### 8.2.5.1 降水设计前应掌握的资料

（1）地质、水文地质资料

① 区域的地质、水文地质资料，包括区域的地层、地质构造、第四纪地质和地貌、地下水的类型、含水层分布边界条件、地下水的补给、径流和排泄、地表水和地下水的水力联系以及场地处于区域地质、水文地质中的位置等。

② 场地的岩土工程详细勘察报告。

③ 场地的水文地质参数，降水涉及范围内的含水层及相对隔水层的水文地质参数包括：渗透系数（$k$）、弹性释水系数（储水系数，$S$）、导水系数（$T$）、导压系数（$a$）、越流参数（$B$）、含水层的各向异性（$k_D$）、地下水水力坡度（$I$）和各层土的颗分曲线，包括平均粒径（$d_{50}$）、不均匀系数（$\eta$）等。

④ 为估算降水引起的地面变形应掌握的参数：孔隙比（$e$）、压缩系数（$a_V$）、压缩模量（$E_s$）、泊松比（$v$）、静止侧压力系数（$K_0$）、弹性模量（$E_d$）、土的体积变形模量（$K$）、土的剪切模量（$G$）、土的剪切波（S 波）和压缩波（P 波）的波速等。

（2）基坑围护设计的资料

基坑的围护设计与基坑的降水设计关系密切，基坑的开挖和围护对相关的含水层与相对隔水层来说，除天然的边界条件外又增加了一个人工的边界。这个人工边界的形状、大小、插入的深度、挡水的条件等与降水井（包括回灌井）的布局、过滤器长度、深度（这也是另一类人工边界）共同影响了地下水渗流场的变化。因此，在降水设计前必须掌握围护设计和各个施工工况的详细资料。

① 基坑的形状、大小、开挖深度、开挖的方法。

② 基坑挡土结构，包括采用放坡开挖、重力式挡墙、沉井、排桩以及隔水帷幕、地下连续墙（包括桩的直径、墙的厚度、插入深度、隔水帷幕的深度）等。

③ 支护结构：采用圈梁（圆形基坑）、内支撑、水平支撑、斜撑、土钉、锚杆等。

④ 围护设计中对各个工况的要求。

⑤ 各个工况条件下，可能引起的支挡结构的变形和周围地面的变形计算。

（3）基坑周边的环境资料

① 地下水管线的资料，包括上水管、煤气管、输油管线、供电线路、通信线路、排水管道等离基坑边的距离、管径大小、重要程度。

② 基坑周边的建筑物：居民住宅，办公楼，高层建筑的基础深度、形式和下部结构。这些建筑物的沉降和变形的现状。

③ 市政工程：地下建（构）筑物的规模、范围、深度，城市轨道交通、高架道路、地下道路、隧道的埋深、走向、基础形式和深度及现状。

④ 基坑施工期间需重点保护的对象和允许的最大变形量等。

（4）不同的阶段对资料精度的要求

在降水设计前，人部分资料已由岩土工程详勘报告提供，区域资料、环境资料可以通过搜集取得，但有关水文地质参数除了特大型工程的基坑进行专门的水文地质抽水试验取得外，在进行降水设计前，岩土工程详勘报告中提供的水文地质参数不能满足计算要求，因此，对不同的阶段分别提出了对资料精度的要求。

① 基坑降水方案设计阶段

地质、水文地质参数可采用场地附近已有的资料，也可以采用经验数据，考虑工况后做基坑降水方案设计，并确定现场抽水试验方案。

② 优化方案阶段

在方案被采纳后，通过现场抽水试验取得实测的水文地质参数，抽水试验的布置应与场地的水文地质条件、基坑围护结构的设计要求和基坑降水水文地质计算方法所需要的参数相一致，一般通过单孔抽水和布置一个或多个观测孔的非稳定流抽水试验来获取含水层的参数，作为优化方案设计的依据。对未完成的井群进行优化后，继续完成其他井的施工。

③ 制订降水运行方案阶段

根据优化了的设计方案，全部井群施工完毕后进入制订基坑降水运行方案阶段。该阶段需进行部分降水井的群井抽水，将观测孔的计算资料与实测资料进行拟合，调整含水层参数，也以群井抽水时的环境监测资料、基坑施工的各个工况作为制订降水运行方案的依据。

**8.2.5.2 轻型井点、喷射井点降水的设计及施工**

1）轻型井点降水的原理及方法

（1）轻型井点降水系统装置

轻型井点主要由井点管（包括过滤器）、集水总管、抽水泵、真空泵等组成。轻型井点降低地下水位是按设计沿基坑周围埋设井点管，一般距基坑边 0.8～1.0m，在地面上铺设集水总管（并有一定坡度），将各井点管与总管用软管（或钢管）连接，在总管中段适当位置安装抽水水泵或抽水装置。

（2）轻型井点抽水原理

井点系统装置组装完成之后，经检查合格后即可启动抽水装置。这时，井点管、总管及储水箱内空气被吸走，形成一定的真空度（即负压）。由于管路系统外部地下水承受大气压力的作用，为了保持平衡状态，由高压区向低压区方向流动。所以，地下水被压入至井点管内，经总管至储水箱，然后用水泵抽走（或自流），这现象称为抽水（即吸水）。目前，抽水装置产生的真空度不可能达到绝对真空（0.1MPa）。依据抽水设备性能及管路系统施工质量具有一定的真空度状态，其井点吸水高度按式（8-8）计算。

$$H = \frac{H_v}{0.1} \times 10.3 - \Delta h \tag{8-8}$$

式中　$H_v$——抽水装置所产生的真空度（MPa）；

　　　$\Delta h$——管路水头损失，取 0.3～0.5m。

0.1MPa 为绝对真空度，相当于一个大气压（换算水柱高为 10.3m）。

吸水深度是井点管内的吸水高度，此值不是基坑水位降低深度，两者的基本概念不同。

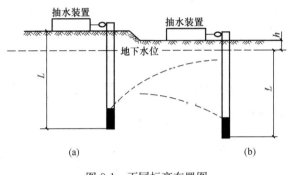

图 8-1　不同标高布置图

为了充分发挥轻型井点真空吸水的特性，抽水装置的标高布置要给予充分的注意。下面有两个布置形式（图 8-1）。

图 8-1（a）抽水装置安装在地面标高上，距地下水有一个距离高度。对降水而言，这个高度不但没有做功，反而有水头损失，因而，相对降低地下水位深度浅。而如图 8-1（b）所示，抽水装置安装标高接近原地下水位。这就发挥了全部的吸水能力，达到最大的降水深度。

（3）轻型井点抽水设备

轻型井点抽水的主要设备为：

① 井点管：直径为 38～50mm 的钢管，长 5～8m，整根或分节组成。

② 滤水管：内径同井点管的钢管，长度 1～1.5m。

③ 集水总管：内径为 100～127mm 的钢管，长为 50～80m，分节组成，每节长 4～6m，每个集水总管与 40～60 个井点管用软管连接。

④ 抽水设备：主要由真空泵（或射流泵）、离心泵和集水箱组成。

轻型井点系统泵设备示意图如图 8-2 所示。

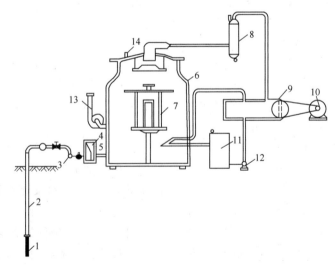

1-过滤器；2-井管；3-集水总管；4-滤网；5-过滤室；6-集水箱；7-浮筒；8-分水室；
9-真空泵；10-电动机；11-冷却水箱；12-冷却循环水泵；13-离心泵；14-真空计

图 8-2　轻型井点系统泵设备示意图

低渗透性[$k = (1 \sim 10) \times 10^{-4}$ cm/s]的粉土和粉砂($D_{10} = 0.05$mm)应采用真空法井点系统，以便在井点周围形成部分真空，真空井点可增加流向井点的水力坡度并改善周围土的排水性和稳定性。在真空井点中，井点和填料中的净真空度为在总管中的真空度减去降深（或井管长度）。因此，若降深超过 4.5m，则在井点系统中的真空度就相对小了；再如，若井点系统中有漏气，则必须加大真空泵以便抽气，从而保证真空降水的效果，真空井点所用的离心泵一般为 2BA-9A 或 BA-9A。

必须指出，在高原地带（离海平面高度大于 500m），空气稀薄，尚须减去 1.5m 的吸程。

在接近基岩上开挖时，普通井点或真空井点常不能接近岩面，可辅用直径为 25mm、滤管长为 15cm 的袖珍井点，可将边坡角的渗透压力减至最小。

在粉质黏土中开挖，应考虑除用真空法外，还须加用电渗，我国在 1985 年开始采用电渗，但直到 20 世纪 80 年代重大工程中应用时，才发挥其作用。其中，上海的渗透系数一般为 $5 \times 10^{-5}$ cm/s，故采用的公式为：

$$F = Lh \tag{8-9}$$

式中　$F$——电渗幕面积（m$^2$）；

　　　$L$——基坑周长（m）；

　　　$h$——阳极埋设高度（m）。

$$N = \frac{UJF}{1000} \tag{8-10}$$

式中　$N$——电渗功率（kW）；

　　　$U$——设计电压（V）；

　　　$J$——设计电流密度（A/m$^2$），一般取 1A/m$^2$；

　　　$F$——电渗幕面积（m$^2$）。

现将上海某工程采用电渗前后各项指标的变化列于表 8-7。

上海某工程电渗前后各项指标变化　　　　　　表 8-7

| 指标 | 含水率(%) | 孔隙比 | Al$_2$O$_3$ (%) | Fe$_2$O$_3$ (%) | CaO (%) | MgO (%) | K$_2$O+Na$_2$O (%) | pH |
|---|---|---|---|---|---|---|---|---|
| 试前 | 38.6 | 1.03 | 17.06 | 8.5 | 2.26 | 2.66 | 4.31 | 7.91 |
| 试后 | 27.7(+)，29.2(−) | 0.84(+)，0.85(−) | 17.7(+) | 7.6 | 2.6(+) | 2.24 | 3.98 | 7.6 |

注：表中（+）表示阳极附近；（−）表示阴极附近。

2）轻型井点计算及施工

井点降水设计计算由于受很多不确定因素的影响，如地层的不均匀性，各种参数计算公式假定的局限性，井点系统布置的不同，成孔方法、滤水管安装的不同，抽水设备能力、抽水时间长短不同等，因此，理论上的计算值还不是很精确，但是，只要选择适当的计算公式和正确的参数，还是能满足设计要求的。在降水经验丰富的地区，往往不必都进行计算，按惯用的井点布置经验实施即可。基坑井点降水示意如图 8-3 所示。

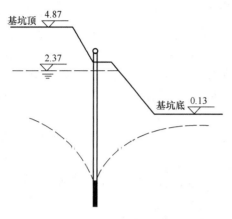

图 8-3　基坑井点降水示意图

（1）井点设计需要参数、资料

① 含水层的性质：是承压水或是潜水。

② 含水层的厚度及顶、底板高度。

③ 含水层渗透系数（抽水资料或经验值）。

④ 含水层的补给条件。

⑤ 地下水位标高和水位动态变化资料。

⑥ 井点系统的性质：是完整井或非完整井。

⑦ 基坑规格、位置、设计降深要求。

（2）井点降水设计步骤

① 环形井点设计

根据降水范围，一般按假定间距算出井点根数，然后复算出水量及中心降深。

a. 确定环形降水范围的假想半径 $r_0$（图 8-4）

$$r_0 = \sqrt{\frac{F}{\pi}} \tag{8-11}$$

当基坑为长方形，$L/B > 2.5$ 时：

$$r_0 = \eta \frac{(1+B)}{4} \tag{8-12}$$

式中　$F$——基坑面积（$m^2$）；

　　　$L$——基坑长度（m）；

　　　$B$——基坑宽度（m）；

　　　$\eta$——系数，由表 8-8 查得。

| | 系数 $\eta$ 与 $B/L$ 的关系 | | | | | 表 8-8 |
|---|---|---|---|---|---|---|
| $B/L$ | 0 | 0.2 | 0.4 | 0.6 | 0.8 | 1.0 |
| $\eta$ | 1.0 | 1.12 | 1.16 | 1.18 | 1.18 | 1.18 |

b. 确定井点系统的影响半径 $R_0$（图 8-4）

$$R_0 = R + r_0 \tag{8-13}$$

式中　$R$——按有关公式求得或由经验公式确定的影响半径（m）；

　　　$r_0$——环形井点到基坑中心的距离（m）。

c. 设计降深

$$s = (D - d_w) + s_w \tag{8-14}$$

式中　$s$——基坑中心处水位降（m）；

　　　$D$——基坑开挖深度（m）；

　　　$d_w$——地下静水位埋深（m）；

　　　$s_w$——基坑中心处水位与基坑设计开挖面的距离（m）。

d. 基坑总出水量，按大井法计算

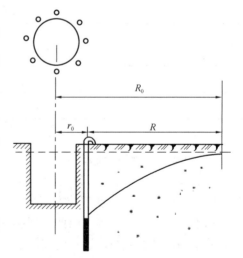

图 8-4　环形井点系统 $R_0$、$r_0$ 示意图

$$Q = 1.366k(2H-s)/\lg\left(\frac{R+r_0}{r_0}\right) \tag{8-15}$$

式中　$Q$——基坑总出水量（m³/d）；

　　　$k$——渗透系数（m/d）。

　　e. 计算每个井点的允许最大进水量 $q'$

$$q' = 120rL\sqrt[3]{k} \tag{8-16}$$

式中　$q'$——单井允许最大进水量（m³/d）；

　　　$r$——滤管半径（m）；

　　　$L$——滤管长度（m）；

　　　$k$——渗透系数（m/d）。

　　f. 每个井点的实际出水量 $q$

$$q = \frac{Q}{n} \tag{8-17}$$

式中　$n$——设计井点管的数量。

　　g. 井点管的长度

$$L = D - h + S \tag{8-18}$$

式中　$h$——井点顶部离地面的距离。

　　若 $q' > q$ 时，则认为符合要求。

　　算出基坑总出水量 $Q$，然后根据每根井点的允许进水量 $q'$ 确定井点根数 $n$，再根据基坑（或一圈井点的）周长算出井点的间距，并复核基坑中心水位降深是否符合设计要求。

　　② 线状井点设计

　　a. 假定孔内降深为 $s'$，计算出井的影响半径 $R$；假定井点的间距，算出所需井点根数。

　　b. 算出每个井点的出水量 $g$（或一段井点的总出水量 $Q$）。

　　c. 算出每个井点的最大允许进水量，且 $q' > q$。

　　d. 计算垂直井点连线基坑最远边缘处的降深（或水位 $H_0$）。

　　e. 计算井点中间的降深（在井点相距较远时计算）。

　　f. 总出水量 $Q = nq$。

　　③ 喷射井点降水

　　a. 喷射井点降水原理及适用条件：喷射井点系统由高压水泵、供水总管、井点管、喷射器、测真空管、排水总管及循环水箱所组成，如图 8-5 所示，喷射井点是采用高压水泵将高压工作水经供水管通过喷射器两边的侧孔流向喷嘴，井点与供水管之间环形空间。由于喷嘴截面的突然变小，喷射水流加快（一般流速达压入 30m/s 以上），这股高速水流喷射后，在喷嘴喷射出水柱的周围形成负压，将地下水和土中空气吸入并带至混合室。这时地下水流速得以加快，而工作水流速逐渐变缓，两者流速在混合室末端基本上混合均匀。混合均匀的水流射向扩散管，扩散管截面是逐渐扩大的，其目的是减小摩擦损失。当喷嘴不断喷射水流时，就推动着水沿内管不断上升，混合水由井点进入回水总管至循环水箱，部分作为循环水用，多余部分（地下水）溢流排至现场之外，如此循环，以达到降水的目的。喷射井点主要适用于渗透系数较小的含水层和降水深度较大（8~20m）的降水

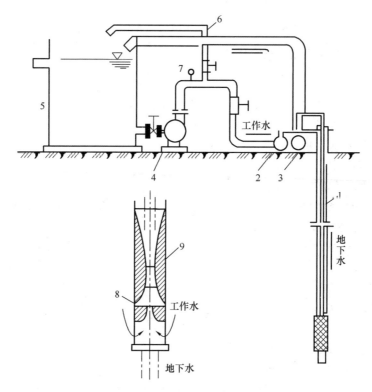

1-井点管；2-水总管；3-排水总管；4-高压水系；5-循环水箱；
6-调压水管；7-压力表；8-喷嘴；9-混合室

图 8-5　喷射井点降水系统

工程，其主要优点是降水深度大，但需要双层井点管，喷射器设在井孔底部，有两根总管与各井点管相连，地面管网敷设复杂，工作效率低，成本高，管理困难。

b. 喷射器的构造与工作特征

喷射器是喷射井点工作的主要部件，它是能量转换的场所，它的工作状态直接影响喷射井点抽水效果。

（a）喷射器工作状态

喷射器由喷嘴、混合室（包括收缩管、混合管和扩散管）组成，如图 8-6 所示。当工作水从喷嘴射出后，首先占据混合室的始端，然后扩散到全部混合室的截面（图 8-7）。

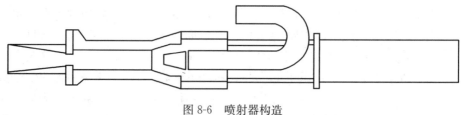

图 8-6　喷射器构造

开始时，喷射出的圆柱水流不与地下水混合，当工作水进入混合室始端时，地下水被带入开始与工作水混合。混合的范围逐渐扩大，最后整个截面充满着不规则水分子运动，直到完全混合为止。混合室由始端开始至末端有一定距离，在这段距离里，进行着工作水

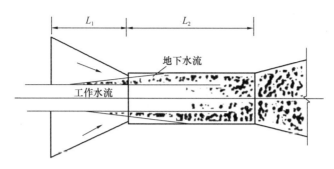

图 8-7　喷射井点工作状态示意图

与地下水能量交换过程。过程中，工作水的能量逐渐减少，而地下水能量逐渐增加，两者到混合室末端基本上均匀。混合室太短，两者混合不均匀，会影响扬程压力；若太长，则摩擦阻力增大，水流与混合室壁碰击能量损失较大。一般认为，取两者混合均匀时的长度为宜。

　　进入扩散管的混合水有三种基本状态：扩散管的张角为 $6°\sim14°$ 时，流体在扩散管流动均匀；超过 $14°$ 时，在扩张段内流体的流动已不能使流体在全部断面均匀，因此沿扩张段壁面形成更强的旋涡，出现回流区；若扩张角太小，则扩张段很小，摩擦阻力增加，但流体流动均匀。经喷射器工作之后，混合水的动能转化为位能，沿内管上升，其上升高度视速度能的大小而定。

　　（b）喷射器的工作特性

**工作水压力与扬程压力的关系**

　　由喷嘴喷射出来的工作水沿着内管上升的高度，就是扬程压力。这是一种由动能变势能，再产生压力的过程。这种压力不仅在扩散管内产生，而且在混合室的圆柱末端就已产生。

　　这种运动的水流状态是，具有很高速度的工作水射入混合室后，将和地下水流（吸入水流）相遇而降低自己的能量，其水柱外层水流速降低，而吸入水流速增加，于是两股水流在混合室末端得到均匀混合。当喷嘴不断喷射，水就不断地从混合室冲入扩散管，这时扩散管内产生一定压力，该压力就推动管内水流上升，但必须克服管内水的自重对喷射水流的阻力。试验表明，工作水压力越大，扬程压力越高，两者的关系如式（8-19）所示。

$$A = P_1 / P_2 \tag{8-19}$$

式中　$A$ ——压力系数，取经验值 $0.2\sim0.4$；

　　　$P_1$ ——工作水压力；

　　　$P_2$ ——扬程压力。

**工作水流速与混合水流速的关系**

　　工作水是指喷嘴出口处流速为 $v_p$ 的水流，混合水是指工作水流引射地下水之后，在混合室末端均匀流速为 $v_2$ 的水流，两者关系如式（8-20）所示。

$$\Phi = \frac{v_2}{v_p} \tag{8-20}$$

式中　$\Phi$ ——流速系数。

### 工作水流量与吸入地下水流量的关系

工作水压力越高，水的流速越大，而被引射的流体也越多，通常用引射系数表示。引射系数定义为单位流量的工作流体所引射的另一液体的流量，即：

$$\mu = G'/G \tag{8-21}$$

式中 $\mu$——引射系数；

　　$G$——工作水流量；

　　$G'$——被引射液体流量。

### 工作水压力与真空度的关系

喷射井点所形成的真空度表示其吸水能力的大小。喷射器安装在过滤器上部，它所形成的真空度能把地下水从过滤器吸入混合室，要完成这段吸程一般不需要太高的真空度，因为中点过滤器外层被填砂层包围，垂直渗透性增加，在砂井内的地下水靠重力可以流入过滤器内，在地下水淹没喷嘴的情况下，即使喷射井点没有形成真空度，地下水也能进入混合室。

真空度越高，对土中造成真空帷幕越有利，但不能片面追求过高的真空度，因为要达到很高的真空度势必提高工作水压力，这样会引起喷嘴、水泵叶轮摩擦的加剧，管路系统会漏水，工作水流量也相应增加，以及电动机负荷增大等。工作水压力与真空度的关系如表 8-9 所示。

工作水压力与真空度的关系　　　　　　　　　　表 8-9

| 工作水压力（MPa） | 喷射井点真空度（kPa） | | |
|---|---|---|---|
| | 4 型 | 2.5 型 | 6 型 |
| 98.0 | 21.3 | 54.5 | 16.9 |
| 196.0 | 39.9 | 86.5 | 42.8 |
| 294.0 | 88.3 | 87.9 | 90.2 |
| 392.0 | 88.3 | 88.7 | 90.2 |
| 490.0 | 87.9 | 89.2 | 90.2 |
| 588.0 | 88.3 | 88.7 | 90.2 |
| 686.0 | 87.2 | 89.1 | 90.2 |
| 784.0 | 88.8 | 92.4 | 90.2 |

从表 8-9 中可以看出，当工作水压力达到一定值时，真空度急剧增加，再增加工作水压力时，真空度增加甚微，所以选择合理的工作水压力是十分重要的。

（c）喷射器的计算

### 喷嘴直径计算

$$d = \sqrt{\frac{4Q_p}{\pi\mu/\sqrt{2g\,p_1}}} \tag{8-22}$$

式中 $Q_p$——注入喷射器的工作水流量；

　　$\mu$——引射系数，取 0.76；

　　$g$——重力加速度；

$p_1$——喷嘴前工作水压力。

**混合室直径计算**

$$D = \sqrt{\frac{1}{\Phi}\left(\frac{Q_{bc}}{Q_p}\right) + 1}$$

$$(8\text{-}23)$$

式中　$Q_{bc}$——地下水吸入量；

$\Phi$——流速系数。

**混合室长度计算**

$$L = 6D$$

$$(8\text{-}24)$$

目前国内喷射井点的类型及技术性能如表 8-10 所示。在实际工作中，最重要的是要根据场地的水文地质条件和降水要求，选择合适的喷射井点类型。当含水层的渗透系数为 0.1～5.0m/d 时，可选用 1.5 型或 2.5 型喷射井点；当含水层渗透系数为 8～10m/d 时，选用 4 型喷射井点；当含水层渗透系数为 20～50m/d 时，选用 6 型喷射井点。

**喷射井点类型及技术性能**　　　　　　　　　　　　　　表 8-10

| 型号 | 安装形式 | 外管直径（mm） | 内管直径（mm） | 喷嘴直径（mm） | 混合室直径（mm） | 工作水压力（kPa） | 工作水流量（m³/h） | 吸入水流量（m³/h） |
|---|---|---|---|---|---|---|---|---|
| 1.5 型 | 并列式 | 38 | — | 7 | 14 | 588～784 | 4.7～6.8 | 4.22～5.76 |
| 2.5 型 | 同心式 | 68 | 38 | 6.5 | 14 | 588～784 | 4.6～6.1 | 4.3～5.76 |
| 4 型 | 同心式 | 100 | 68 | 10 | 20 | 588～784 | 9.6 | 10.8～16.2 |
| 6 型 | 同心式 | 152 | 100 | 19 | 40 | 588～784 | 30 | 25～30 |

（3）喷射井点工程的布置

喷射井点的平面布置与轻型井点基本相同，纵向上，因其抽水深度较大，只需单级井点降水即可，井点间距一般为 3～5cm。井点深度视降水深度而定，一般应低于基坑底以下 3～5cm。

### 8.2.5.3　管井降水设计

降水方法与土的渗透系数和基坑挖土深度有关，两者关系如表 8-11 和表 8-12 所示。

**土的渗透系数和降水方法的关系**　　　　　　　　　　　表 8-11

| 土的名称 | 渗透系数（m/d） | 土的有效颗粒（mm） | 采用的降水方法 | 备注 |
|---|---|---|---|---|
| 黏土 | 0.001 | | 电渗法 | 此类排水问题不大，一般用明排水，挖掘较深可用电渗 |
| 重粉质黏土 | 0.001～0.05 | 0.003 | | |
| 粉质黏土 | 0.05～0.1 | | | |
| 粉土 | 0.1～0.5 | 0.003～0.025 | 真空法、喷射井点、深井法 | 上海地区多半在这些土层内降水 |
| 粉砂 | 0.5～1.0 | | | |
| 细砂 | 1～5 | 0.1～0.25 | 普通井点法、喷射井点、深井法 | — |
| 中砂 | 5～20 | 0.25～0.5 | | |
| 粗砂 | 20～50 | 0.5～1 | | |
| 砾石 | ≥50 | — | 多层井点法或深井法 | 有时需水下挖掘 |

注：喷射井点应根据渗透系数确定管径。

挖土深度与降水方法的关系

表 8-12

| 挖土深度 (m) | 土名 | | | |
|---|---|---|---|---|
| | 粉质黏土、粉土、粉砂 | 细砂、中砂 | 粗砂、砾石 | 大砾石、粗石（含有砂粒） |
| <5 | 单层井点 （真空法、电渗法） | 单层普通井点 | 1. 井点 2. 表面排水 3. 用离心泵自竖井内抽水 | |
| 1~12 | 多层井点、喷射井点 （真空法、电渗法） | 多层井点 | | |
| 12~20 | | 喷射井点 | | |
| >20 | 深井或管井 | | | |

（1）疏干井与降压井

在实际降水设计中利用管井降水的范围更加广泛，即使在黏性土中用降水管井加真空，降水效果也很显著。在放坡开挖中也经常使用降水管井降水，它不但可用于承压水的降压降水，也用于潜水的疏干降水；它不但用于砂性类土中，也用于黏性类土中（加真空）。用于降水目的的管井称之为降水管井。降水管井有别于供水、灌溉等目的的开凿的管井。为了区别，用于降低潜水水位的降水管井称之为疏干井；而用于降低承压含水层水头的降水管井称为降压井。疏干井一般较浅；由于承压含水层埋深不同、基坑开挖深度不同，降压井深浅不一。

（2）疏干降水设计

主要用于降低潜水和浅部的承压水潜水类型的地下水。在放坡开挖中为降低基坑内和两侧边坡的地下水位，有利于边坡稳定。在有隔水帷幕的基坑中用于疏干坑内的地下水，有利于开挖施工，其井深不超过隔水帷幕的深度。井的过滤器全部安装在需要疏干的含水层部位。在黏性土中疏干井应加真空，以增加井内、外的水头差，加速水从黏性土中释放的速度，达到快速疏干的目的。根据不同的施工方法、围护设计、降水方式，可分为下列情况：

① 放坡开挖的基坑降水设计

为降低边坡及坑内的地下水位，井主要布置在边坡的顶部或台阶上，在基坑宽度很大，两侧疏干井对基坑中心的干扰水位降不能达到要求时，在坑内和坡脚处布置部分疏干。根据基坑的不同形状、大小、宽度，对于长条状基坑，可布置在放坡的一侧或两侧，每侧可布置一排或两排疏干井。当基坑中心或两头水位降不能满足要求时可在坑内增加疏干井；对于长方形、方形或圆形基坑，可沿基坑周边按单环或双环形状布孔，当基坑中心水位降不能满足要求时，可在坑内增加疏干井。

放坡开挖在坡顶应设截水沟，防止雨水流入坑内，疏干井抽出的水应排入排水沟内，排水沟应通向市政排水管道或天然的地表水体内，截水沟与排水沟均不应漏水，防止抽出的地下水就地回渗。

边坡的坡面上应用钢丝网水泥喷锚护坡，防止降雨入渗，坑底四周应设临时排水沟和集水井，将降雨及时排出。

对地下水位很深，基坑在黏性土层中施工的情况，可采取在坑底开挖纵横分布的排水沟和集水井排水，在浇筑底板前沟内用碎（卵）石填平，将水引向坑边的集水井排出基坑，达到降水效果。

② 有隔水帷幕的基坑

这类基坑的围护一般采用水泥土的重力式挡墙、水泥土桩加土桩或拉锚、排桩外加水泥土排桩作为隔水帷幕和地下连续墙等。除地下墙外，水泥土桩一般都有 20～30cm 的搭接，形成隔水帷幕，其深度一般与围护结构的插入深度一致或更深，使潜水含水层坑内、外失去水力联系，坑内降水对坑外一般影响甚小，甚至没有影响；而坑内的潜水含水层增加了一个封闭的不透水边界。这种情况下，疏干井布置在坑内，呈均匀分布，由于坑内外地下水失去了水力联系，坑内水位降低后，侧向补给为零（如果隔水帷幕不漏水），坑底会有一部分水补给，如果坑底是黏性土，则补给量很小，可以不考虑。井群布置可按地区的经验值确定，在上海地区一般 200～300m² 布置一口井。如坑底为未围闭的砂类土，则可按坑底进水的大井计算水量，然后，将这些水量均推在每个井上。疏干井的深度一般超过基坑的设计开挖面 3～5m，而不超过隔水帷幕的深度，且不宜穿过下部承压含水层的顶板。

# 8.3　抗浮设防水位勘察

## 8.3.1　概述

在地下工程中抗浮设计是工程设计的一个重要问题，而作为抗浮设计的核心参数——抗浮设防水位更是重中之重，因为它不来自于试验，也不来自于工程观测，而是一个需要综合考虑多项因素的预测值。它涉及气象、水文、物理、城市规划等领域。对于同一个场地的同一个工程，不同的岩土工程师在综合分析后会有不同的建议值，可能会有一米甚至好几米的出入。

地下水抗浮设防水位是指基础埋置深度内起主导作用的地下含水层在建筑物运营期间的最高水位。要正确预测场地的最高水位，需要掌握区域水文地质、工程地质条件；地下水的补给、径流、排泄关系，赋存状态与渗流规律；地下水位的长期观测资料等。在岩土工程勘察时，若要按照规范进行长期观测，提供设计基准期的年平均最高水位，就需要做长期的地下水位观测，而工程勘察往往工期很短，一般一两个月时间或更短，故一般很难做到。对于大工程来说，抗浮设防水位估算高了，会造成极大的浪费。因此，对于长期在一个地区工作的勘察单位，应当将这个问题纳入技术发展的规划，进行长期的观测，积累地区的地下水变化资料，为工程提供比较确切的地下水抗浮设防水位资料。

## 8.3.2　抗浮设防水位的确定

地下水抗浮设防水位可按如下方法综合确定：

① 当有长期水位观测资料时，场地抗浮设防水位可采用实测最高水位和建筑物运营期间地下水的变化来确定。

② 当地下水为潜水且无长期水位观测资料或资料缺乏时，取勘察期间实测最高稳定水位为抗浮设防水位，但同时应结合场地地形、地貌、地下水补给、排泄条件和含水层顶板标高等因素综合确定。

③ 场地有承压水且与潜水有水力联系时，应实测承压水水位并考虑其对抗浮设防水

位的影响，取其中的高水位作为抗浮设防水位。

④ 在多层地下水条件下，各层地下水具有各自的独立水位和最高水位，一些学者认为，基础底面位于哪一层地下水中，哪一层地下水的最高水位就是抗浮设防水位。当基底位于两层含水层间的弱透水层中的某一高度时，要根据上、下两层地下水最高水位标高，由地下水进入弱透水层经过衰减后到达基底高程后的地下水位高程决定，经过衰减后，哪一层地下水的水位高程高，基底的地下水浮力就根据哪一层地下水的水位高程决定。

⑤ 只考虑施工期间的抗浮设防时，抗浮设防水位可按一个水文年的最高水位确定。

近年来，不少专业人士对抗浮设防水位进行过研究和分析，但一直在多个方面存在争议。主要分歧有以下几个方面：一个场地是否只有一个抗浮水位，上层滞水到底是否产生浮力和渗流阻力的影响等。

### 8.3.3　确定抗浮设防水位时注意的一些问题

1. 要弄清场地水文地质条件和地下水位的变化规律

要正确进行地下水浮力设计，首要的问题是弄清场地水文地质条件，如场地有几个地下水含水层，各层地下水的补给、径流、排泄关系和各层地下水相互之间的关系。如以北京地区为例，北京西郊地区主要分布为单一的潜水含水层，该区一般情况下，上部分布有厚度不大的黏性土和粉土地层，下部为砂砾卵石含水层，该层地下水补给来源是大气降水和永定河河水，这层地下水的孔隙水压力呈线性分布。从西部向东，由于沉积关系，含水地层逐渐由单一的潜水含水层向多层含水层过渡，至东部和东南部一带发展至在地面下 30m 之内分布有 2~4 个含水层。上部为台地潜水含水层；中部有 1~2 个层间潜水含水层；下部为潜水或承压水含水层。这些台地潜水、层间潜水和承压水，各有不同的补给、径流、排泄条件，因而各层地下水具有各自的地下水位变化规律。

2. 要重视各含水层间的弱透水层（相对隔水层）对各层地下水位变化的影响

造成各层地下水补给、径流、排泄条件的不同和各层地下水位变化规律的不同的一个重要因素是其间的弱透水层。比如，台地潜水由于受其下的弱透水层的影响，减少了与其下层间潜水含水层相互之间的越流补给和排泄，形成了独自的主要受区内降水影响的地下水变化规律。又如层间潜水层由于受其上、下两个弱透水地层的影响，形成了层间潜水的补给来源主要是侧向径流补给和部分承压含水层的垂直越流补给，导致层间潜水水位变化与其下承压水水位变化规律有些近似，但层间潜水地下水年变化幅度有比承压地下水水位年变化幅度小的特点。承压水的主要补给来源是西郊潜水区的大气降水和永定河的侧向补给，而排泄主要是向下游的侧向径流排泄和市区的地下水开采，因而其地下水位的变化规律有随大气降水和市区地下水开采量的变化而变化的特点。

两层含水层间的弱透水层，由于其渗透性小的原因，上层潜水含水层地下水或下层承压含水层地下水进入该层后地下水水力坡度迅速加大，地下水位衰减加快，若该层有足够的厚度，常能造成在某一高程以下区域出现负孔压的现象，使该层含水层地下水位不受或少受上层或下层地下水位变化的影响。

3. 要了解建筑物基底所在含水层层位和标高

要确定建筑物基底地下水浮力的大小，首要问题之一是要弄清建筑物基底所在地层和标高，当基底位于台地潜水、层间潜水或承压水地层中时，基底地下水压力直接受该层地下水最高水位标高控制，当基底位于两含水层间的弱透水层中某一高程时，要根据上、下两层地下水最高水位标高，由地下水进入弱透水层经过衰减后到达基底高程后的地下水位高程决定，经过衰减后，哪一层地下水的水位高程高，基底的地下水浮力就受哪一层地下水的压力决定。

### 8.3.4 抗浮设防水位确定案例

下面以北京城市轨道交通建设中的抗浮水位的确定为例：

1. 基本原则

北京城市轨道交通工程里程长，一般同时跨越多个水文地质单元，因此它的抗浮水位确定和单体建筑物略有不同，需考虑各单元之间的协调性、前后工点抗浮水位的合理性，以及与地下水的总体变化规律是否相符，因此在提出水位前，应对整个区域的各个影响因素进行系统分析。

(1) 在勘察方案实施前，首先收集、分析工程场区及其附近区域的工程地质、水文地质背景资料和地下水位长期观测资料，然后对沿线的地层条件和水文条件进行系统分析，划分水文地质单元，明确地质单元界限，并确定各水文单元的地下水分布规律、补给排泄条件以及各水文地质单元间地下水的变化趋势。

(2) 对地质条件、水文条件、基础埋深进行具体分析，概化场区地层分布条件和地下水分布特征，确定是哪层地下水对基础产生浮力作用，并对该场区的长期观测资料与勘察期间的水位进行对比分析。

(3) 考虑各影响因素〔地下水开采量减少、官厅水库放水以及"南水北调（中线）"工程等人为活动〕对场区地下水位的上升幅度和趋势进行预测。虽然抗浮水位是按最不利组合考虑，但不宜将各种影响进行简单的叠加。对于特大降雨量、南水北调及永定河放水等，应考虑各种因素都产生最大影响的可能性，建议通过可靠度分析来考虑各个因素的影响。

2. 工程实例

下面以北京 15 号线轨道交通车站的抗浮水位分析过程为例予以说明。

(1) 地质单元划分

根据沿线地貌、地层结构、含水层与隔水层的分布特点，可将 15 号线的地下段分为4 个工程地质单元。

工程地质单元Ⅰ为古温榆河与古金沟河河间地块；工程地质单元Ⅱ为小中河故道；工程地质单元Ⅲ为河间地块；工程地质单元Ⅳ为古潮白河故道。本工点位于望京地区，属于工程地质单元Ⅰ，该单元与永定河较远，地下水位基本不受永定河放水的影响。从地层结构上来说，属于典型的黏性土与砂土互层。

(2) 场区地质条件与工程情况

该站基础埋深 17m，埋置标高为 18.5m。根据勘察报告，在 20m 深度范围内的地层分布以粉土、黏性土、砂层互层为主。

该站所处地层分布如表 8-13 所示，地下水特征如表 8-14 所示。

地层分布一览表 表 8-13

| 沉积年代 | 地层代号 | 岩性名称 | 标高（m） |
|---|---|---|---|
| 人工填土层 | ① | 粉土填土 | 36.85～33.49 |
| | ①₁ | 杂填土 | |
| 第四纪全新世冲洪积层 | ③ | 粉土 | 31.47～29.04 |
| | ③₁ | 粉质黏土 | |
| | ③₂ | 黏土 | |
| | ③₃ | 粉细砂 | |
| | ④ | 粉质黏土 | 24.57～22.49 |
| | ④₂ | 粉土 | |
| | ④₃ | 粉细砂 | |
| 第四纪晚更新世冲洪积层 | ⑥ | 粉质黏土 | 11.49～7.86 |
| | ⑥₁ | 黏土 | |
| | ⑥₂ | 粉土 | |
| | ⑥₃ | 细中砂 | |
| | ⑦ | 圆砾 | 1.59～0.04 |
| | ⑦₁ | 中粗砂 | |
| | ⑧ | 粉质黏土 | −2.39～−4.16 |
| | ⑧₂ | 粉土 | |

地下水特征表 表 8-14

| 地下水性质 | 埋深（m） | 标高（m） | 主要含水层 |
|---|---|---|---|
| 上层滞水 | 1.4～3.6 | 33.86～36.34 | 填土层及粉土③层 |
| 潜水 | 9.0～11.50 | 25.86～28.76 | 粉土④₂层、粉细砂④₃层 |
| 层间潜水 | 16.5～17.5 | 19.14～20.86 | 细中砂⑥₃层 |
| 层间潜水 | 27.90 | 9.46 | 圆砾⑦层 |

（3）历年最高水位

1959 年水位：接近自然地面（约 37m）。

1971～1973 年水位：接近自然地面（约 37m）。

近 3～5 年水位：31m 潜水；25m（层间潜水）。

（4）抗浮设防水位分析

场地内对车站基础直接产生浮力作用的地下水，为层间潜水。

由于本场区可基本不考虑永定河放水的影响，同时该场区处于四环以外，南水北调对水位的抬升也极其有限，可按 2m 考虑。近 3～5 年的最高水位标高为 25m，该水位已经考虑了年变幅的影响，但没有考虑丰水年水位的上升，依据统计该水位按 3m 考虑。

虽然不按潜水来考虑，但不能忽视其在水位上升后对基底产生的静水水压力，根据地层分布特点，建议可按 2m 来考虑。

综合考虑，本场区的建议抗浮设防水位为 32.00m。

# 8.4　腐蚀性勘察

腐蚀是影响混凝土结构耐久性、可靠性至关重要的因素。为了保证防腐蚀工程的质量，在设计中应根据腐蚀介质的性质、浓度和作用条件，结合工程部位的重要性等因素，正确选择防腐蚀材料和构造。

所谓腐蚀，是材料与其环境间的物理化学作用引起材料本身性质的变化。在一个腐蚀系统中，对材料行为起决定作用的是化学成分、结构和表面状态；腐蚀过程中如伴有机械应力的作用，将加速腐蚀而出现一系列特殊的腐蚀现象。

### 8.4.1　水和土的腐蚀性测试

#### 8.4.1.1　取样和测试

1. 采取水、土试样的要求

① 水、土有可能对建筑材料产生腐蚀危害。因此只有当有足够经验或充分资料认定工程场地的土或水（地下水或地表水）对建筑材料不具腐蚀性时，才可不取样进行腐蚀性评价。否则，应取水试样或土试样进行试验并进行腐蚀性评价。

② 混凝土结构处于地下水位以上时，应采取土试样做土的腐蚀性试验。

③ 混凝土结构处于地下水或地表水中时，应取水试样做水的腐蚀性试验。

④ 混凝土结构部分处于地下水位以上、部分处于地下水位以下时，应分别取土试样和水试验做腐蚀性试验。

⑤ 水和土的试样应在混凝土结构所在深度采取，每个场地分别不应少于 2 件。当土中的盐分和含量分布不均匀时，应分区、分层取样，每区、每层不应少于 2 件。

2. 水和土的腐蚀性测试项目

水和土腐蚀性测试项目如表 8-15 所示。

水和土腐蚀性测试项目　　表 8-15

| 序号 | 1 | 2 | 3 | 4 | 5 | 6 | 7 | 8 | 9 | 10 | 11 | 12 | 13 | 14 | 15 | 16 |
|---|---|---|---|---|---|---|---|---|---|---|---|---|---|---|---|---|
| 试验项目 | pH | $Ca^{2+}$ | $Mg^{2+}$ | $Cl^-$ | $SO_4^{2-}$ | $HCO_3^-$ | $CO_3^{2-}$ | 侵蚀性$CO_2$ | 游离$CO_2$ | $NH_4^+$ | $OH^-$ | TDS（溶解性总固体，旧称矿化度） | 氧化还原电位 | 极化曲线 | 电阻率 | 质量损失 |
| 适用范围 | 判定受严重污染水的腐蚀性 | | | | | | | | | | | | 判定土对钢结构的腐蚀性 | | | |
| | 判定水腐蚀性 | | | | | | | | | — | | | | | | |
| | 判定土腐蚀性 | | | | | | | | | — | | | | | | |

### 8.4.1.2 腐蚀性评价

1. 受环境类型影响，水和土对混凝土结构的腐蚀性评价应按照表 8-16 的规定判定。

按环境类型，水和土对混凝土结构的腐蚀性评价                表 8-16

| 腐蚀等级 | 腐蚀介质 | 环境类型 | | |
|---|---|---|---|---|
| | | Ⅰ | Ⅱ | Ⅲ |
| 微 | 硫酸盐含量 $SO_4^{2-}$ （mg/L） | <200 | <300 | <500 |
| 弱 | | 200~500 | 300~1500 | 500~3000 |
| 中 | | 500~1500 | 1500~3000 | 3000~6000 |
| 强 | | >1500 | >300 | >6000 |
| 微 | 镁盐含量 $Mg^{2+}$ （mg/L） | <1000 | <2000 | <3000 |
| 弱 | | 1000~2000 | 2000~3000 | 3000~4000 |
| 中 | | 2000~3000 | 3000~4000 | 4000~5000 |
| 强 | | >3000 | >4000 | >5000 |
| 微 | 铵盐含量 $NH_4^+$ （mg/L） | <100 | <500 | <800 |
| 弱 | | 100~500 | 500~800 | 800~1000 |
| 中 | | 500~800 | 800~1000 | 1000~1500 |
| 强 | | >800 | >1000 | >1500 |
| 微 | 毒性碱盐含量 $OH^-$ （mg/L） | <35,000 | <43,000 | <57,000 |
| 弱 | | 35,000~43,000 | 43,000~57,000 | 57,000~70,000 |
| 中 | | 43,000~57,000 | 57,000~70,000 | 70,000~100,000 |
| 强 | | >57,000 | >70,000 | >100,000 |
| 微 | 总 TDS （mg/L） | <10,000 | <20,000 | <50,000 |
| 弱 | | 10,000~20,000 | 20,000~50,000 | 50,000~60,000 |
| 中 | | 20,000~50,000 | 20,000~60,000 | 60,000~70,000 |
| 强 | | >50,000 | >60,000 | >70,000 |

注：① 表中数值适用于有干湿交替作用的情况，Ⅰ、Ⅱ类腐蚀环境无干湿交替作用时，表中数值应乘以 1.3 的系数。

② 表中数值适用于水的腐蚀性评价，对土的腐蚀性评价应乘以 1.5 的系数，单位以 mg/kg 表示。

③ 表中毒性碱盐（$OH^-$）含量（mg/L）应为 NaOH 和 KOH 中的 $OH^-$ 含量（mg/L）。

2. 受地层渗透性影响，水和土对混凝土结构的腐蚀性评价应按照表 8-17 的规定判定。

按地层渗透性，水和土对混凝土结构的腐蚀性评价                表 8-17

| 腐蚀等级 | pH | | 侵蚀性 $CO_2$ （mg/L） | | $HCO_3^-$ （mmol/L） |
|---|---|---|---|---|---|
| | A | B | A | B | A |
| 微 | >6.5 | >5.0 | <15 | <30 | >1.0 |
| 弱 | 6.5~5.0 | 5.0~4.0 | 15~30 | 30~60 | 1.0~0.5 |
| 中 | 5.0~4.0 | 4.0~3.5 | 30~60 | 60~100 | <0.5 |
| 强 | <4.0 | <3.5 | >60 | — | — |

注：① 表中 A 是指直接临水或强透水层中的地下水；B 是指弱透水层中的地下水。强透水层是指碎石土和砂土；弱透水层是指粉土和黏性土。

② $HCO_3^-$ 含量是指水的 TDS 低于 0.1g/L 时，该类水质 $HCO_3^-$ 的腐蚀性。

③ 土的腐蚀性评价只考虑 pH 指标；评价其腐蚀性时，A 是指强透水土层；B 是指弱透水土层。当按表 8-16 和表 8-17 评价的腐蚀性等级不同时，应按下列规定综合判定：

(a) 腐蚀等级中，只出现弱腐蚀，无中等腐蚀或强腐蚀时，应综合评价为弱腐蚀。

(b) 腐蚀等级中，无强腐蚀，最高为中等腐蚀时，应综合评价为中等腐蚀。

(c) 腐蚀等级中，有一个或一个以上为强腐蚀，应综合评价为强腐蚀。

3. 水和土对钢筋混凝土中的钢筋的腐蚀性评价应符合表 8-18 的规定。

**水和土对钢筋混凝土中的钢筋的腐蚀性评价**　　　　表 8-18

| 腐蚀等级 | 水中的 $Cl^-$ 含量（mg/L） | | 土中的 $Cl^-$ 含量（mg/kg） | |
| --- | --- | --- | --- | --- |
| | 长期浸水 | 干湿交替 | A | B |
| 微 | <10,000 | <100 | <400 | <250 |
| 弱 | 10,000～20,000 | 100～500 | 400～750 | 250～500 |
| 中 | — | 500～5000 | 750～7500 | 500～5000 |
| 强 | — | >5000 | >7500 | >5000 |

注：A 是指地下水位以上的碎石土，砂土，坚硬、硬塑的黏性土；B 是湿、很湿的粉土，可塑、软塑、流塑的黏性土。

4. 土对钢结构的腐蚀性评价应符合表 8-19 的规定。

**土对钢结构的腐蚀性评价**　　　　表 8-19

| 腐蚀等级 | pH | 氧化还原电位（mV） | 视电阻率（$\Omega \cdot m$） | 极化电流密度（$mA/cm^2$） | 质量损失（g） |
| --- | --- | --- | --- | --- | --- |
| 微 | >5.5 | >400 | >100 | <0.02 | <1 |
| 弱 | 5.5～4.5 | 400～200 | 100～50 | 0.02～0.05 | 1～2 |
| 中 | 4.5～3.5 | 200～100 | 50～20 | 0.05～0.20 | 2～3 |
| 强 | <3.5 | <100 | <20 | >0.20 | >3 |

地下水及土的腐蚀性评价应结合《岩土工程勘察规范》GB 50021—2001（2009 年版）进行分析。

### 8.4.2 腐蚀作用机理

各种离子对混凝土的腐蚀作用都分内、外两种，内因主要是混凝土自身的性质，可以通过控制混凝土原料选用、配合比及施工质量来满足。下面主要说一下外因的作用机理。

1. $Cl^-$ 侵蚀机理

一般包裹在混凝土中的钢筋是不会生锈的，因为钢筋本身带有氧化膜，是稳定的，而且混凝土的 pH 高，能大幅度抑制钢筋的锈蚀。而 $Cl^-$ 侵入混凝土内部后，会降低混凝土的 pH，产生电化学反应，加快了钢筋的锈蚀。锈蚀的钢筋体积显著膨胀（最大可达原体积的 6 倍），导致混凝土开裂，受力钢筋锈蚀后截面减小，对结构造成安全隐患。

2. $SO_4^{2-}$ 侵蚀机理

硫酸盐溶液与含有 $3CaO \cdot Al_2O_3$（简称 $C_3A$）的水泥反应主要生成硫铝酸钙（钙矾石）（$SO_4^{2-}$ 浓度较低）或石膏（$SO_4^{2-}$ 浓度较高），钙矾石体积膨胀导致混凝土内部产生应力，从而产生裂缝。有研究表明，在观测受 10% $Na_2SO_4$ 溶液（$SO_4^{2-}$ 含量相当于 73,000mg/L）侵蚀一年的混凝土时，也仅观测到少量石膏生成。

3. $Mg^{2+}$ 的侵蚀机理

Bonen 和 Cohen 曾调查过 $MgSO_4$ 溶液对水泥浆的影响，提出 $Mg^{2+}$ 最初在暴露面上

形成一层 $Mg(OH)_2$ 沉淀。因为其溶解度低，$Mg^{2+}$ 不易通过这层膜深入其内部，但是，$Mg(OH)_2$ 的形成消耗了大量的 $Ca(OH)_2$，其浓度的下降使得溶液的 pH 下降，为了保持稳定性，C-S-H 凝胶释放出大量的 $Ca(OH)_2$ 到周围的溶液中，增加 pH，这最终导致 C-S-H 凝胶的分解，在侵蚀的高级阶段，C-S-H 凝胶中的 $Ca^{2+}$ 能够完全被 $Mg^{2+}$ 完全替代，形成不具有胶结性的糊状物。

4. 各种离子的共同作用

虽然各种离子对混凝土都有一定的侵蚀性，但其相互的作用并不是简单地叠加，甚至有的还是相互制约的。例如 $Cl^-$ 的渗透速度大于 $SO_4^{2-}$，可以先行渗入较深层的混凝土中，在 C-H 的作用下与水化铝酸钙「$CaAl_2(OH)_8 \cdot H_2O$」反应生成单氯铝酸钙和三氯铝酸钙，从而减少了钙矾石的生成。混凝土结构耐久性设计规范也提出了相同的概念，《混凝土结构耐久性设计标准》GB/T 50476—2019 中规定，对含有较高浓度氯盐的地下水、土且不存在干湿交替时，可不单独考虑硫酸盐的作用。

### 8.4.3　防护措施

通过上面腐蚀机理的分析，得知要提高钢筋混凝土的耐久性就要做到：保持混凝土的高碱度，提高混凝土的密实度，增强抗渗能力，控制 $SO_4^{2-}$、$Cl^-$ 的含量。

1. 水泥和骨料材料的选择

水泥是配置抗腐蚀混凝土的关键原料。为提高混凝土抗 $SO_4^{2-}$ 腐蚀性和抗裂性能，选用含 $C_3A$、碱量低的普通硅酸盐水泥和坚固耐久的洁净骨料，并控制水泥和骨料中 $Cl^-$ 的含量；要重视单方混凝土中胶凝材料的用量和混凝土骨料的级配以及粗骨料的粒形要求，并尽可能减少混凝土胶凝材料中的硅酸盐水泥用量。

2. 掺入高效活性矿物掺料

活性矿物质掺料中含有大量活性 $SiO_2$ 及活性 $Al_2O_3$。由于现在水泥产品的细度减小、活性增加，使得水化反应加速、放热加剧、干燥收缩增加，导致混凝土温度收缩和干缩产生的裂纹增加。将二级粉煤灰、S95 级矿粉复合掺入混凝土中，可以减少热开裂，提高抗渗性，降低混凝土中钙矾石的生成量。

3. 掺入高效减水剂

一般情况下，材料的组合与配合比中对混凝土抗渗性最具影响力的因素是水灰比。因此，在保证混凝土拌合物所需流动性的同时，应尽可能降低用水量。加入减水剂，可以使水泥体系处于相对稳定的悬浮状态，在水泥表面形成一层溶剂化水膜，同时使水泥在加水搅拌中絮凝体内的游离水释放出来，达到减水的目的。天津城市轨道交通 2 号线的具体施工中掺入了 DF-6 缓凝高效减水剂，以降低水灰比，增加混凝土的密实性。

4. 掺加防腐剂

针对地下水同时含 $SO_4^{2-}$、$Cl^-$ 的情况，采用 SRA-1 型防腐剂可以将水泥抗硫酸盐极限浓度提高到 1500mg/L。因为，其中的 $SiO_2$ 与水泥的水化产物 $Ca(OH)_2$ 生成水化硅酸钙凝胶，降低硫酸盐腐蚀速度；次水化反应也减少了 $Ca(OH)_2$ 的含量，降低液相碱度，从而减少了硫酸根离子生成石膏的钙矾石数量，减缓了膨胀破坏。同时，它还相对降低水泥中铝酸盐的含量，它的 $Cl^-$ 渗透系数为抗硫酸盐水泥的 10%，为普通硅酸盐水泥的 50%，所以 $SO_4^{2-}$ 和 $Cl^-$ 并存时，它更有利于抵抗盐类腐蚀。

## 习题

1. 简述地下水勘察的基本任务。
2. 简述地下水勘察时需掌握的水文地质条件。
3. 简述基坑降水的作用。
4. 估算降水引起的地面变形需掌握哪些参数?
5. 简述腐蚀性勘察的定义。

# 第9章 不良地质及特殊性岩土勘察

**本章重点**

- 不良地质灾害的分类。
- 湿陷性黄土的勘察要点与评价方法。
- 软土的勘察要点与评价方法。
- 多年冻土的勘察要点与评价方法。
- 膨胀土与盐渍土的勘察要点与评价方法。

## 9.1 不良地质勘察

### 9.1.1 山岭隧道岩土工程勘察

和地面建筑物相比，地下建筑物的勘察技术要求高、费用大，一般中小型地下工程主要依靠加强地面测绘工作，搜集同样地质条件下的已建工程的资料，在施工过程中加强施工地质工作，边施工边收集地质资料。但对于比较重要的工程，地质条件比较复杂的地区或埋藏较深的情况下，必须要运用一定的勘探手段来了解地下建筑物所在部位的岩性、构造和地下水活动的特点，并配合各种现场试验来查明其工程地质条件。

地下建筑物的工程地质勘察主要查明以下四方面的问题：

（1）围岩稳定问题。地下洞室围岩的稳定取决于围岩的初始应力状态、岩石性质、地质构造、地下水的活动等自然因素，也与地下建筑物的形状、大小和施工方法等人为因素有关。

（2）围岩参数选择。根据地质条件及观测试验资料，参照已建工程选择确定地下工程设计和施工所需要的某些地质数据如山岩压力、岩体的抗力、外水压力和围岩最小厚度等。

（3）地下建筑物位置的选择。在工程设计许可的范围内，根据地质条件尽量选择洞口和洞身工程地质条件都比较良好的位置。

（4）预报施工过程中可能出现的不良地质问题。地下工程施工的安全与地质的关系极为密切，必须根据地质条件选择施工方法，并及时预报可能出现的诸如塌方、岩爆、涌水、有害气体等不良工程地质现象及其对施工可能产生的危害，协同有关方面及时采取防护措施以保证施工安全。

#### 9.1.1.1 地下建筑物位置的选择

1. 洞口的选择

地下建筑物的进出口处于地下和地面的交接处，受力条件复杂，尤其是有压隧洞的进出口，更为复杂。因此选择良好的洞口位置，对保证工程的顺利施工和正常运转关系极大。

洞口应选择在稳定的、坡度较陡的斜坡上，避开斜坡岩体不稳定地段，尤其要避开可能发生滑坡的地方。一般说来，陡坡岩体通常较完整，风化作用较弱，而且进洞方便，“切口”很短，有利于洞脸和两侧边坡的稳定。

若条件不具备，则应尽量选择风化层较薄、岩体完整程度较好的位置，并采取适当的工程措施，保证洞脸及两侧边坡岩体的稳定。同时还必须注意上覆松散沉积层的厚度及其稳定性，必要时应当采取措施，防止上覆松散沉积层滑落堵塞洞口。洞口还应尽量避开断层和其他破碎带，附近也不应有滑坡和泥石流活动。

2. 洞身位置选择

地下建筑物洞身的位置应考虑工程特点和设计要求，从地貌、岩性、地质构造、水文地质条件分析入手，把洞身选在较为稳定或容易处理的岩体内。

（1）地形地貌。浅埋隧洞应当尽量避开深切河床、冲沟、山崛口，因为这些负地形往往是断层和其他破碎带的所在，隧洞经过这里，容易出现洞顶围岩太薄，岩体风化破碎严重，雨季地面水大量渗入等不利情况。通过隧洞上方的河流、冲沟有深厚覆盖层时，应查清底部基岩的标高。若标高过低，不能保证洞顶围岩有足够的厚度时，应将洞轴线上游适当移动。对穿越分水岭的长隧洞来说，还应注意选择有利地形开辟支洞和竖井，以利施工和通风。

傍山隧洞不要靠山坡太近，不能放在风化卸荷裂隙发育的不稳定地带内，也不要通过斜坡岩体不稳定地段，尤其是有压隧洞，以免隧洞渗水引起滑坡。

（2）岩性。岩性对围岩稳定性影响很大，所以地下建筑物应尽量放在坚硬岩体之中。花岗岩、闪长岩、流纹岩等岩浆岩以及片麻岩、石英片岩、厚层的白云岩、石灰岩、钙质胶结的砂岩、砾岩等都是良好的建洞岩类，当为完整、块状结构时，对埋深一般不超过300m的地下洞室，岩体强度是不成问题的。

而在千枚岩、泥质板岩、泥岩、凝灰岩、泥质胶结的砂岩和砾岩等软岩中修建地下工程，施工过程中岩石坍塌的可能性要大得多，加固费用也要高得多。

对层状岩石，岩层的层次越多，每层的厚度越薄，且夹有软弱夹层时，对围岩稳定是不利的。

（3）地质构造。洞身应尽量避开断层破碎带及节理密集带，无法避开时，应尽量使洞身轴线与之呈较大交角通过。若交角也很难增大时，尽量争取从受断层破坏影响较轻的一盘通过。

在褶皱构造中，应把洞室布置在岩层产状变化较缓的部位，一般情况下宜放在褶曲的翼部。因为轴面附近岩石通常比较破碎，尤其向斜轴部地下水十分活跃，更应避开。但若在箱型褶皱中，轴部反较两翼完整，就不宜再把洞身布置在翼部。

在软、硬岩层相间地区，则不论地层产状是水平的还是倾斜的，应尽量地把坚硬完整的岩层放在洞顶。因为围岩的失稳一般最容易发生在洞顶。当岩体中只有一组结构面（如层面）最发育时，宜将洞轴线垂直于该组结构面的走向；当岩体内有两组主要结构面或软弱结构面时，洞轴线宜取这两组结构面走向交角的平分线方向。

（4）水文地质条件。地下水对围岩和衬砌结构的稳定十分有害，因此地下建筑物若能放在地下水位以上的包气带中，就可大大减轻地下水的危害。若洞室必须布置在地下水位以下时，则尽量在裂隙含水层中通过，不要放在孔隙含水层中。因为孔隙含水层往往有较好的水力联系，水量大，对施工和围岩稳定不利。

地下洞室还尽量不要通过承压含水层，必须通过时应查明地下水压力大小、补给来源、排泄地区以及岩体的渗透系数等。当洞顶上面有隔水层时，应充分利用它防止地下水危害。要避免在强烈透水层的底部和相对隔水层的接触部位布置地下建筑物，因为这里地下水活动特别强烈，对施工及围岩和衬砌的稳定不利。在可能的情况下，若隔水层较厚，可以把洞室高程适当降低，以便布置在隔水层中。若隔水层很薄，则可适当提高洞室高程，以避开其接触带。

岩溶地区，应注意不要把洞室布置在地下水的季节性变动带中，因为这里水气交换强烈，岩溶发育条件最好，容易发育有大的溶洞和暗河。在岩溶地区应在掌握当地构造、岩性、地下水活动的特点以及与地表水的联系的基础上，寻找地下水活动较弱、岩溶发育相对较差的地方布置地下工程。

利用围岩天然洞穴建设地下工程时，应弄清其水文地质条件并论证其围岩的稳定性。

在工程实践中，地下建筑物，尤其是水利水电工程地下建筑物，位置的选择由于受到工程设计的限制，不能单纯依靠地质条件，即使有条件根据地质条件来比选，也不可能做到面面俱到。因此在实际工作中，应当根据具体情况，在工程设计允许的范围内，综合权衡利弊，选择相对比较有利的位置。

### 9.1.1.2 地下建筑物工程地质勘察要点

规划选点阶段一般不单独进行地下建筑物的工程地质勘察，而是结合整个枢纽区的工程地质勘察，综合区域地质条件，初步了解几个可能方案的工程地质概况，作为进一步工作的基础。

初步设计第一期地下洞室的工程地质勘察以工程地质测绘为主，隧洞区比例尺一般为1：10,000～1：5000，测绘范围应根据各地具体情况而定，为了方案比较和轴线摆动的需要，测绘范围不应过窄。同时应注意比较各方案之间有关地质现象的侧向衔接问题，测绘范围应尽可能连成一片。

在隧洞进出口段，地形低洼处以及厂房、调压井、闸门井等主要建筑物区，应布置必要的物探、探坑、探槽、钻孔和平洞，并取样进行有关试验。以了解地下洞室所在地段的松散覆盖层和风化岩的厚度，地下岩体的岩性、构造，分析围岩及斜坡岩体的稳定条件。孔深宜达到洞底以下10～15m，钻孔数量根据实际情况确定。

初步设计第二期，在地下洞室轴线确定之后，勘察工作应重点布置在洞口、交叉段、地下厂房轴线等建筑物地段。对洞口段、傍山浅埋段或其他地质条件复杂地段，必要时应补充比例尺1：5000～1：1000的专门工程地质测绘，地下厂房区的比例尺为1：2000～1：1000。

钻孔打到洞线高程附近，一般均应进行压水试验。平洞可结合施工导洞布置，深度视具体情况而定。地下厂房的纵横轴线应布置一定数量的钻孔，厂房顶拱和边墙附近应布置平洞，洞深应超过厂房，必要时，还应增加支洞。

勘探平洞应进行岩体弹性模量、弹性抗力系数、某些软弱结构面的岩石抗剪强度试验，必要时还应进行山岩压力和地应力的测试。

### 9.1.1.3 施工工程地质

地下建筑工程的施工中，地质工作特别重要，这是因为地下建筑物大多埋藏较深，受力条件复杂，即使做了大量勘察工作，往往还不能完全反映地下围岩的实际情况。为了做出正确的设计和保证施工的安全，就需要在施工阶段加强施工地质工作，及时地通过地质编录、测绘、观察工作，全面系统地收集围岩地质资料，掌握所揭露的地质情况，验证前期的勘察工作，核定主要地质数据如山压、弹性抗力系数和井水压力的修正系数等。同时进行某些采样和试验工作，修正对围岩的分类和分段，对围岩地质条件做出更确切的评价，必要时还应补充进行勘探工作，及时修正设计。

同时，还应预测施工期间可能出现的有害工程地质问题，会同有关方面一起协商研究，提出正确和切实可行的处理措施。

1. 施工地质编录与测绘工作

地下建筑物开挖之后，大多需要立即补砌，因此地质编录和测绘工作应随开挖进行，不能拖延，否则就会影响工程进度或者遗漏重要地质资料。此外，运转期间出现与地质有关的问题时，也要依靠编录测绘所得到的地质资料来研究分析，因此施工地质的编录与测绘工作十分重要，不能忽视。

地质编录工作应该详细收集地下洞室本身各个部位和进出口洞脸及两侧边坡的下列资料：

地层岩性、产状、风化带厚度、岩体（围岩）稳定状况、断层破碎带、节理裂隙的发育情况及组合关系、充填物的情况、开挖后围岩松动情况、地下水活动情况，以及施工期间发生的不良地质现象。

还应收集开挖爆破对围岩的影响，测定围岩松动圈范围和对围岩的各种处理措施及处理效果方面的资料。

2. 施工阶段的地质测绘工作

施工阶段的地质测绘工作主要有以下几项：

进出口洞脸及两侧边坡开挖后的地质平面图及纵横剖面图，比例尺一般为 1：500～1：100。

隧洞一般应绘制洞壁展视图，每隔一定距离加测横剖面图，比例尺一般为 1：200～1：50。另外还需要测洞轴线纵剖面图，比例尺一般为 1：1000～1：100。在有导洞的情况下，应编制导洞工程地质展视图。

大型洞室一般需要测绘四周边墙和顶拱展示图、底板平面图、比例尺一般为 1：200～1：50。必要时加测预拱拱座切面图，比例尺可为 1：500～1：100。

测绘时通常采用丈量结合地质素描的方法。重要的地质现象，如断层破碎带、节理密集带、软弱夹层、围岩塌方、取样试验点等都应拍摄彩色照片。重要地段应进行洞壁连续摄影，有条件时也可采用照相成图法，加快测绘工作的进度。

地下工程施工期间还应进行地质采样工作，以存档备查和进行必要的补充试验工作。对各洞段代表性的岩石及主要断层、软弱夹层、岩脉等应取样包装归档。

有条件时，应利用洞室已经开挖出来的有利条件，在现场和室内进行下列试验工作：围岩弹性抗力试验，原位变形试验，滑动面抗剪试验，代表性岩石的物理力学性质试验，渗水量的测定和水的物理化学性质分析，地应力、山岩压力和地温的测试，配合有关方面进行喷锚试验、灌浆试验以及围岩松动范围的测定等。

3. 不良工程地质问题的预报和处理

为了保证地下工程施工的安全，对有害施工和影响围岩稳定的不良地质现象应及时做出预报。在进行预报时，应对下列部位特别注意观察：洞顶及拱座存在产状不利的断层、岩脉、软弱夹层或夹泥裂隙的洞段；洞顶及洞壁透水、滴水、涌水洞段；围岩特别破碎的洞段；洞壁有与洞轴线交角很小的陡倾角断层或软弱夹层的洞段；洞顶围岩特别薄的洞段。

地下工程施工时常见的不良工程地质问题主要有：

（1）塌方。地下洞室在开挖过程中，或虽已开挖但尚未衬砌之前，岩体由于种种原因失稳而造成的掉块、崩落、滑动甚至冒顶统称塌方。塌方主要发生在洞顶，也可发生在洞两侧壁。塌方不仅危及施工人员和机具的安全，而且还会使围岩失稳，甚至发生冒顶，增加了施工难度和衬砌费用。因此施工中要及时做出预报，采取措施防止塌方发生。

在施工过程中，若发现有小块岩石不断下落，洞内灰尘突然增多，临时支护变形或连续发出响声，渗水量突然增大或者变浑，岩体突然开裂或原有裂隙不断变宽等现象，都是可能发生塌方的预兆，大雨之后尤其可能发生塌方。

在围岩地质条件较差地段内施工时，要注意采用适当的施工方法，控制炸药用量，甚至不用炸药。有条件的情况下可以在开挖前进行灌浆或冷冻处理。开挖后及时支撑、锚固或者喷射混凝土也可有效地防止塌方的发生。

施工过程中若发现有大塌方的预兆应及时报告有关方面，若来不及处理时，应立即组织施工人员和机具撤离现场。

（2）涌水。大量地下水突然涌出称为涌水，地下工程只要不是位于强透水岩层，涌水问题往往只是一个局部性问题，只在断层破碎带和其他构造破碎带、节理密集带发生，裂隙地下水虽有时也可能具有很高的压力，但水量一般较小。而岩溶地下水则既可以有较大流量又可具有较大压力。大量地下水的突然涌出，不仅严重影响围岩的稳定，而且还会淹没施工巷道、冲走施工设备、危害施工人员，因此必须及时进行预报以便采取必要的措施。

首先在施工之前，应当根据工程所在区域的水文地质条件，搞清地下水的活动规律，预测可能出现涌水的地段。施工过程中要及时注意观察裂隙和炮眼的出水现象，在有疑问的地方，最好能打超前水平钻孔，以提前发现问题，避免盲目施工，造成打穿高压含水层、岩溶或破碎带含水层出现突然涌水现象。探明问题后，应立即会同设计、施工人员共同研究采取冻结、排引或灌堵等办法处理。

（3）有害气体。地下工程开挖时，有时会遇到各种有害气体，一般通称为"瓦斯"。常见的有害气体主要有 $CH_4$、$CO_2$、$H_2S$ 和 $CO$ 等。这些气体有的对人体有毒，有的易燃易爆，对施工危害很大。

地下建筑物在掘进之前，应根据沿轴线地质剖面，结合这些气体的产生和运移条件，预测可能出现有害气体的地段。特别要注意那些本身虽不能产生有害气体，但有裂隙和产气地层相通的地层。在施工过程中加强检测防范措施，是可以避免事故发生的。

（4）地温。当地下洞室埋深超过 500m 时，或通过地热异常地区，有时会因地下温度过高而影响施工。地下温度通常是每向下 33m 增加 1℃。但这个数字随地质构造、地层岩性和地形条件的不同而有所变化。当地下洞室埋藏较深时，应注意收集当地的地热情况，在勘探时测定不同深度处的温度，查明热异常区的特点和分布，预测地下洞室的温度。

当施工到高温时，应采取加强通风、制冷等降温措施，保证施工人员的健康和混凝土补砌的养护质量。

### 9.1.2　岩溶地区岩土工程勘察

岩溶（又称喀斯特）是可溶性岩石在水的溶蚀作用下，产生的各种地质作用、形态和现象的总称。岩溶在我国是一种相当普遍的不良地质作用，在一定条件下可能发生地质灾害，严重威胁工程安全，特别在大量抽吸地下水时，会使水位急剧下降引起土洞的发展和地面塌陷的发生。我国已有很多实例，因此拟建工程场地或其附近存在对工程安全有影响的岩溶时，应进行岩溶勘察。

#### 9.1.2.1　岩溶勘察阶段划分

岩溶勘察阶段应与设计相应的阶段一致。岩溶勘察宜采用工程地质测绘和调查、物探、钻探等多种手段结合的方法进行。勘察阶段的具体要求和勘察方法如表 9-1 所示。

岩溶地区建筑岩土工程勘察各阶段具体要求和勘察方法　　　　　表 9-1

| 勘察阶段 | 勘察要求 | 勘察方法和工作量 |
|---|---|---|
| 可行性研究 | 应查明岩溶洞隙、土洞的发育条件，并对其危害程度和发展趋势做出判断，对场地的稳定性和建筑适宜性做出初步评价 | 宜采用工程地质测绘及综合物探方法。发现有异常地段，应选择代表性部位布置钻孔进行验证核实，并在初划的岩溶分区及规模较大的地下洞隙地段适当增加勘探孔。控制孔应穿过表层岩溶发育带，但深度不宜超过 30m |
| 初步勘察 | 应查明岩溶洞隙及其伴生土洞、地表塌陷的分布、发育程度和发育规律，并按场地的稳定性和建筑适宜性进行分区 | |
| 详细勘察 | 应查明建筑物范围或对建筑有影响地段的各种岩溶洞隙及土洞的状态、位置、规模、埋深、围岩和岩溶堆填物性状、地下水埋藏特征；评价地基的稳定性<br>在岩溶发育区的下列部位应查明土洞和土洞群的位置：<br>（1）土层较薄、土中裂隙及其下岩体岩溶发育部位<br>（2）岩面张开裂隙发育、石芽或外露的岩体交接部位<br>（3）两组构造裂隙交会或宽大裂隙带<br>（4）隐伏溶沟、溶槽、漏斗等，其上有软弱土分布覆盖地段<br>（5）降水漏斗中心部位。当岩溶导水性相当均匀时，宜选择漏斗中地下水流向的上游部位；当岩溶水呈集中渗流时，宜选择地下水流向的下游部位<br>（6）地势低洼和地面水体旁 | （1）勘探线应沿建筑物轴线布置，勘探点间距对于一级、二级、三级地基分别不应大于 10～15m、15～30m、30～50m，条件复杂时每个独立基础均应布置勘探点<br>（2）勘探孔深度除应符合现行勘察规范的一般要求外，当基础底面以下的土层厚度不大于独立基础宽度的 3 倍（或条形基础宽度的 6 倍）时，应有部分或全部勘探孔钻入基岩<br>（3）当预定深度内有洞体存在，且可能影响地基稳定时，应钻入洞底基岩面下不小于 2m，必要时应圈定洞体范围<br>（4）对一柱一桩的基础，宜逐柱布置勘探孔<br>（5）在土洞和塌陷发育地段，可采用静力触探、轻型动力触探、小口径钻探等手段，详细查明其分布<br>（6）当需查明断层、岩组分界、洞隙和土洞形态、塌陷等情况时，应布置适当的探槽或探井<br>（7）物探应根据物性条件采用有效方法，对异常点应采用钻探验证，当发现或可能存在危害工程的洞体时，应加密勘探点<br>（8）凡人员可以进入的洞体，均应入洞勘察，人员不能进入的洞体宜用井下电视等手段探测 |

续表

| 勘察阶段 | 勘察要求 | 勘察方法和工作量 |
|---|---|---|
| 施工勘察 | 应针对某一地段或尚待查明的专门事项进行补充勘察和评价。当基础采用大直径嵌岩桩或墩基时，尚应进行专门的桩基勘察 | 应根据岩溶地基处理设计和施工要求布置。在土洞、地表塌陷地段，可在已开挖的基槽内布置触探。对大直径嵌岩桩或墩基，勘探点应按桩或墩布置，勘探深度应为其底面以下桩径的3倍并不小于5m，当相邻桩底的基岩面起伏较大时应适当加深。对重要或荷载较大的工程，应在墩底加设小口径钻孔，并应进行检测工作 |

岩溶勘察的工作方法和程序，强调以下几点：

（1）岩溶区进行工程建设，会带来严重的工程稳定性问题，在可行性研究或选址勘察时，应深入研究、预测危害，做出正确抉择。

（2）岩溶土洞是一种形态奇特、分布复杂的自然现象，宏观上虽有发育规律，但是具体场地上，分布和形态则是无偿，因此施工勘察非常必要。

（3）重视工程地质研究，在工作程序上必须坚持以工程地质测绘和调查为先导。

（4）岩溶规律研究和勘探应遵循从面到点、先地表后地下、先定性后定量、先控制后一般以及先疏后密的工作准则。

（5）应有针对性地选择勘探手段，如为查明浅层岩溶可采用槽探，为查明浅层土洞可用钎探，为查明深埋土洞可用静力触探等。

（6）采用综合物探，用多种方法相互印证，但不宜以未经验证的物探成果作为施工图设计和地基处理的依据。

（7）岩溶地区有大片非可溶性岩石存在时，勘察工作应与岩溶区段有所区别，可按一般岩质地基进行勘察。

### 9.1.2.2 岩溶勘察方法

1. 工程地质测绘和调查

岩溶场地的工程地质测绘和调查，除应满足现行规范、规程的一般要求外，应重点调查下列内容：

（1）岩溶洞隙的分布、形态和发育规律。

（2）岩面起伏、形态和覆盖层厚度。

（3）地下水赋存条件、水位变化和运动规律。

（4）岩溶发育与地貌、构造、岩性、地下水的关系。

（5）土洞和塌陷的分布、形态和发育规律。

（6）土洞和塌陷的成因及其发展趋势。

（7）当地治理岩溶、土洞和塌陷的经验。

2. 物探

根据多年来的工程经验，为满足不同的探测目的和要求，可采用下列物探方法：

（1）复合对称四极剖面法辅以联合剖面法、浅层地震法、钻孔间地震法等，主要用于探测岩溶洞隙的分布位置及相关的地质构造、基岩面起伏等。

（2）无线电波透视法、波速测试法、探地雷达法、电测深配合电剖面法、电视测井法等，主要用于探测岩溶洞穴的位置、形状、大小及充填状况等。

（3）充电法、自然电场法可用于追索地下暗河河道位置、测定地下水流速和流向等。

（4）地下水位畸变分析法。在岩溶强烈发育地带，尤其在管状通道（暗河）处，地下水由于流动阻力小，将会形成坡降相对较平缓的"凹槽"；而在其他地段，将形成陡坡的"坡"。同时，其水位的稳定过程也有很大不同。在不同钻孔中，同时进行各钻孔的地下水位的连续观测工作，可以帮助分析、判断基岩中各地段的岩溶发育程度。

3. 钻探

工程地质钻探的目的是查明场地下伏基岩埋藏深度和基岩面起伏情况，岩溶的发育程度和空间分布，岩溶水的埋深、动态、水动力特征等。钻探施工过程中，尤其要注意掉钻、卡钻和井壁坍塌，以防止事故发生，同时也要做好现场记录，注意冲洗液消耗量的变化及统计线性岩溶率（单位长度上岩溶空间形态长度的百分比）和体积岩溶率（单位面积上岩溶空间形态面积的百分比）。对勘探点的布置也要注意以下两点：

（1）钻探点的密度除满足一般岩土工程勘探要求外，还应当对某些特殊地段进行重点勘探并加密勘探点，如地面塌陷、地下水消失地段，地下水活动强烈的地段，可溶性岩层与非可溶性岩层接触的地段，基岩埋藏较浅且起伏较大的石芽发育地段，软弱土层分布不均匀的地段，物探异常或基础下有溶洞、暗河分布的地段等。

（2）钻探点的深度除满足一般岩土工程勘探要求外，对有可能影响场地地基稳定性的溶洞，勘探孔应深入完整基岩 3～5m 或至少穿越溶洞，对重要建筑物基础还应当加深。对于为验证物探异常带而布设的勘探孔，一般应钻入异常带以下适当深度。

### 9.1.2.3　岩溶勘察的测试和观测

岩溶勘察的测试和观测宜符合下列要求：

（1）当追索隐伏洞隙的联系时，可进行连通试验。

（2）评价洞隙稳定性时，可采取洞体顶板岩样和充填物土样做物理力学性质试验，必要时可进行现场顶板岩体的载荷试验。

（3）当需查明土的性状与土洞形成的关系时，可进行湿化、胀缩、可溶性和剪切试验。

（4）当需查明地下水动力条件、潜蚀作用、地表水与地下水联系，预测土洞和塌陷的发生、发展时，可进行流速、流向测定和水位、水质的长期观测。

岩溶发育区应着重监测下列内容：地面变形、地下水位的动态变化、场区及其附近的抽水情况、地下水位变化对土洞发育和塌陷发生的影响。

### 9.1.2.4　岩溶勘察岩土工程分析评价

塌陷体稳定性定性评价如表 9-2 所示，土洞稳定性定性评价如表 9-3 所示。

塌陷体稳定性定性评价　　　　　　　　　　　　　　　　表 9-2

| 稳定性分级 | 塌陷微地貌 | 堆积物性状 | 地下水埋藏及活动情况 | 说明 |
|---|---|---|---|---|
| 稳定性差 | 塌陷尚未或已受到轻微充填改造，塌陷周围有开裂痕迹，坑底有下沉开裂迹象 | 疏松，呈软塑至流塑状 | 有地表水汇集入渗，有时见水位，地下水活动较强烈 | 正在活动的塌陷，或呈间歇缓慢活动的塌陷 |

续表

| 稳定性分级 | 塌陷微地貌 | 堆积物性状 | 地下水埋藏及活动情况 | 说明 |
|---|---|---|---|---|
| 稳定性较差 | 塌陷已部分充填改造，植被较发育 | 疏松或稍密，呈软塑至可塑状 | 其下有地下水通道，有地下水活动迹象 | 接近或达到休止状态的塌陷，当环境条件改变时可能复活 |
| 稳定性好 | 已被完全充填改造的塌陷，植被发育良好 | 较密实，主要呈可塑状 | 无地下水流活动迹象 | 进入休亡状态的塌陷，一般不会复活 |

**土洞稳定性定性评价**                                                            表 9-3

| 稳定性分级 | 土洞发育状况 | 土洞顶板埋深（$H$）或其与安全临界厚度比（$H/H_0$） | 说明 |
|---|---|---|---|
| 稳定性差 | 正在持续扩展 | — | 正在活动的土洞，因促进其扩展的动力因素在持续作用，不论其埋深多少，都具有塌陷的趋势 |
| | 间歇性地缓慢扩展 | | |
| 稳定性较差 | 休止状态 | $H<10\text{m}$ 或 $H/H_0<1.0$ | 不具备极限平衡条件，具塌陷趋势 |
| | | $10\text{m}<H<15\text{m}$ 或 $1.0<H/H_0<1.5$ | 基本处于极限平衡状态，当环境条件改变时可能复活 |
| | | $H\geqslant15\text{m}$ 或 $H/H_0\geqslant1.5$ | 超稳定平衡状态，复活的可能性较小，一般不具备塌陷趋势 |
| 稳定性好 | 消亡状态 | — | 一般不会复活 |

（1）当场地存在浅层洞体或溶洞群，洞径大，且不稳定的地段；埋藏漏斗、槽谷等，并覆盖有软弱土体的地段；土洞或塌陷成群发育地段；岩溶水排泄不畅，可能暂时淹没的地段，情况之一时，可判定为未经处理不宜作为地基的不利地段。

（2）当基础底面以下土层厚度大于独立基础宽度的 3 倍或条形基础宽度的 6 倍，且不具备形成土洞或其他地面变形的条件；基础底面与洞体顶板间岩土厚度虽小于独立基础宽度的 3 倍或条形基础宽度的 6 倍，但洞隙或岩溶漏斗被密实的沉积物填满且无被水冲蚀的可能，洞体为基本质量等级为 1 级或 2 级岩体，顶板岩石厚度大于或等于洞跨，洞体较小，基础底面大于洞的平面尺寸，并有足够的支承长度、宽度或直径小于 1.0m 的竖向洞隙、落水洞近旁地段的地基，对 2 级和 3 级工程可不考虑岩溶稳定性的不利影响。

（3）当存在顶板不稳定，但洞内为密实堆积物充填且无流水活动时，可认为堆填物受力，按不均匀地基进行评价；当能取得计算参数时，可将洞体顶板视为结构自承重体系进行力学分析；有工程经验的地区，可按类比法进行稳定性评价；在基础近旁有洞隙和临空面时，应验算向临空面倾覆或沿裂面滑移的可能；当地基为石膏、岩盐等易溶岩时，应考虑溶蚀继续作用的不利影响；对不稳定的岩溶洞隙可建议采用地基处理或桩基础。

### 9.1.2.5 岩溶勘察报告内容

岩溶勘察报告除应包括岩土工程勘察报告基本的内容外，尚应包括下列内容：

（1）岩溶发育的地质背景和形成条件。

（2）洞隙、土洞、塌陷的形态，平面位置和顶底标高。

（3）岩溶稳定性分析。

（4）岩溶治理和监测的建议。

### 9.1.3 采空区和地面沉降岩土工程勘察

#### 9.1.3.1 采空区勘察要点

由于不同采空区的勘察内容和评价方法不同，所以把采空区划分为老采空、现采空区和未来采空区三类。

地下采空区勘察的主要目的是查明老采空区的分布范围、埋深、充填程度和密实程度及上覆岩层的稳定性，预测现采空区和未来采空区的地表变形特征和规律，计算变形特征值，为建筑工程选址、设计和施工提供可靠的地质和岩土工程资料，作为建筑场地的适宜性和对建筑物的危害程度的判别依据。

采空区勘察主要通过搜集资料和调查访问，必要时辅以物探、勘探和地表移动的观测，以查明采空区的特征和地表移动的基本参数。

采空区的勘察宜以搜集资料、调查访问为主，并应查明下列内容：

（1）矿层的分布、层数、厚度、深度、埋藏特征和上覆岩层的岩性、构造等。

（2）矿层开采的范围、深度、厚度、时间、方法和顶板管理，采空区的塌落、密实程度、空隙和积水等。

（3）地表变形特征和分布，包括地表陷坑、台阶、裂缝的位置、形状、大小、深度、延伸方向及其与地质构造、开采边界、工作面推进方向等的关系。

（4）地表移动盆地的特征，划分中间区、内边缘区和外边缘区，确定地表移动和变形的特征值。

（5）采空区附近的抽水和排水情况及其对采空区稳定的影响。

（6）搜集建筑物变形和防治措施的经验。

对老采空区和现采空区，当工程地质调查不能查明采空区的特征时，应进行物探和钻探。

采空区场地的物探工作应根据岩土的物性条件和当地经验采用综合物探方法，如地震法、电法等。

钻探工作除满足一级岩土工程详勘要求外，在异常点和可疑部位应加密勘探点，必要时可一桩一孔。

采深小、地表变形剧烈且为非连续变形的小窑采空区，应通过搜集资料、调查、物探和钻探等工作，查明采空区和巷道的位置、大小、埋藏深度、开采时间、开采方式、回填塌落和充水等情况；并查明地表裂缝、陷坑的位置、形状、大小、深度、延伸方向及其与采空区的关系。

#### 9.1.3.2 地面沉降勘察要点

对已发生地面沉降的地区，地面沉降勘察应查明其原因和现状，并预测其发展趋势，提出控制和治理方案。

对可能发生地面沉降的地区，应预测发生的可能性，并对可能的沉降层位做出估计，对沉降量进行估算，提出预防和控制地面沉降的建议。

地面沉降勘察一般是在可行性研究和初步设计阶段进行，勘察手段主要是工程地质测绘和调查，必要时进行岩土工程试验工作。

1. 沉降原因的调查

(1) 场地的地貌和微地貌。

(2) 第四纪堆积物的年代、成因、厚度、埋藏条件和土性特征、硬土层和软弱压缩层的分布。

(3) 地下水位以下可压缩层的固结状态和变形参数。

(4) 含水层和隔水层的埋藏条件和承压性质，含水层的渗透系数、单位涌水量等水文地质参数。

(5) 地下水的补给、径流、排泄条件，含水层间或地下水与地面水的水力联系。

(6) 历年地下水位、水头的变化幅度和速率。

(7) 历年地下水的开采量和回灌量、开采或回灌的层段。

(8) 地下水位下降漏斗及回灌时地下水反漏斗的形成和发展过程。

2. 对地面沉降现状的调查

(1) 按精密水准测量要求进行长期观测，并按不同的结构单元设置高程基准标、地面沉降标和分层沉降标。

(2) 对地下水的水位升降、开采量和回灌量、化学成分、污染情况和孔隙水压力消散和增长情况进行观测。

(3) 调查地面沉降对建筑物的影响，包括建筑物的沉降、倾斜、裂缝及其发生时间和发展过程。

(4) 绘制不同时间的地面沉降等值线图，并分析地面沉降中心与地下水位下降漏斗的关系及地面回弹与地下水位反漏斗的关系。

(5) 绘制以地面沉降为特征的工程地质分区图。

### 9.1.3.3 采空区岩土工程评价

对现采空区和未来采空区，应通过计算预测地表移动和变形的特征值，计算方法可按《建筑物、水体、铁路及主要井巷煤柱留设与压煤开采规范》执行。

采空区应根据开采情况、地表移动盆地特征和变形大小，划分为不宜建筑的场地和相对稳定的场地。

1. 不宜建筑的场地

(1) 在开采过程中可能出现非连续变形的地段。

(2) 地表移动活跃的地段。

(3) 特厚矿层和倾角大于55°的厚矿层露头地段。

(4) 由于地表移动和变形引起边坡失稳和山崖崩塌的地段。

(5) 地表倾斜大于10mm/m，地表曲率大于0.6mm/m² 或地表水平变形大于6mm/m 的地段。

2. 应做适宜性评价的建筑场地

(1) 采空区采深采厚比小于30的地段。

(2) 采深小，上覆岩层极坚硬，并采用非正规开采方法的地段。

(3) 地表倾斜为3～10mm/m，地表曲率为0.2～0.6mm/m² 或地表水平变形为2～

6mm/m 的地段。

3. 小窑采空区的建筑物应避开地表裂缝和陷坑地段

对次要建筑且采空区采深采厚比大于30，地表已经稳定的情况，可不进行稳定性评价；当采深采厚比小于30时，可根据建筑物的基底压力、采空区的埋深、范围和上覆岩层的性质等评价地基的稳定性，并根据矿区经验提出建议的处理措施。

### 9.1.3.4 地面沉降防治措施

1. 对已发生地面沉降的地区，可根据工程地质和水文地质条件，建议采取下列控制和治理方案：

（1）减小地下水开采量和水位降深，调整开采层次，合理开发，当地面沉降发展剧烈时，应暂时停止开采地下水。

（2）对地下水进行人工补给，回灌时应控制回灌水源的水质标准，以防止地下水被污染。

（3）限制工程建设中的人工降低地下水位。

2. 对可能发生地面沉降的地区应预测地面沉降的可能性和估算沉降量，并可采取下列预测和防治措施：

（1）根据场地工程地质、水文地质条件，预测可压缩层的分布。

（2）根据抽水压密试验、渗透试验、先期固结压力试验、流变试验、载荷试验等的测试成果和沉降观测资料，计算分析地面沉降量和发展趋势。

（3）提出合理开采地下水资源，限制人工降低地下水位及在地面沉降区内进行工程建设应采取的建议的措施。

### 9.1.3.5 勘察报告内容

地下采空区勘察报告内容除应包括岩土工程勘察报告基本的内容外，还应根据采空区勘察工作特殊的勘察内容和工作要求做适当补充。

地面沉降勘察报告内容除应包括一般岩土工程勘察内容外，还应该包括地面沉降原因分析、地面沉降预测、地面沉降的工程评价等内容。

# 9.2 湿陷性土

湿陷性土是指那些非饱和、结构不稳定的土，在一定压力作用下受水浸湿后，其结构迅速破坏，并产生显著的附加下沉。湿陷性土在我国分布广泛，除常见的湿陷性黄土外，在我国干旱和半干旱地区，特别是在山前洪坡积扇（裙）中常遇到湿陷性碎石土、湿陷性砂土等。湿陷性黄土的勘察应按《湿陷性黄土地区建筑标准》GB 50025—2018 执行。干旱和半干旱地区除黄土以外的湿陷性碎石土、湿陷性砂土和其他湿陷性土的岩土工程勘察按《岩土工程勘察规范》GB 50021—2001（2009 年版）执行。

### 9.2.1 黄土地区的勘察要点

湿陷性黄土属于黄土。当其未受水浸湿时，一般强度较高，压缩性较低。但受水浸湿后，在上覆土层的自重应力或自重应力和建筑物附加应力作用下，土的结构迅速破坏，并发生显著的附加下沉，其强度也随之迅速降低。

湿陷性黄土分布在近地表几米到几十米深度范围内，主要为晚更新世形成的马兰黄土和全新世形成的黄土状土（包括湿陷性黄土和新近堆积黄土）。而中更新世及其以前形成早更新世的离石黄土和午城黄土一般仅在上部具有较微弱的湿陷性或不具有湿陷性。我国陕西、山西、甘肃等省分布有大面积的湿陷性黄土。

在湿陷性黄土场地进行岩土工程勘察，应结合建筑物功能、荷载与结构等特点和设计要求，对场地与地基做出评价，并就防止、降低或消除地基的湿陷性提出可行的措施建议，应查明下列内容：

① 黄土地层的时代、成因。

② 湿陷性黄土层的厚度。

③ 湿陷系数、自重湿陷系数和湿陷起始压力随深度的变化。

④ 场地湿陷类型和地基湿陷等级的平面分布。

⑤ 变形参数和承载力。

⑥ 地下水等环境水的变化趋势。

⑦ 其他工程地质条件。

### 9.2.1.1　湿陷性黄土的工程性质

（1）粒度成分上，以粉粒为主，砂粒、黏粒含量较少，土质均匀。

（2）密度小，孔隙率大，大孔性明显。在其他条件相同时，孔隙比越大，湿陷性越强烈。

（3）天然含水率较少时，结构强度高，湿陷性强烈；随含水率增大，结构强度降低，湿陷性降低。

（4）塑性较弱，塑性指数为 8～13。当湿陷性黄土的液限小于 30％时，湿陷性较强；当液限大于 30％后，湿陷性减弱。

（5）湿陷性黄土的压缩性与天然含水率和地质年代有关，天然状态下，压缩性中等，抗剪强度较大。随含水率增加，黄土的压缩性急剧增大，抗剪强度显著降低；新近沉积黄土土质松软，强度低，压缩性高，湿陷性不一。

（6）抗水性弱，遇水强烈崩解，膨胀量小，但失水收缩较明显，遇水湿陷性较强。

1. 建筑物的分类

拟建在湿陷性黄土场地上的建筑物，种类很多，使用功能不尽相同，应根据其重要性、地基受水浸湿可能性的大小和在使用期间对不均匀沉降限制的严格程度，分为甲、乙、丙、丁四类，并应符合表 9-4 的规定。对建筑物分类的目的是为设计采取措施区别对待，防止不论工程大小采取"一刀切"的措施。当建筑物各单元的重要性不同时，可根据各单元的重要性划分为不同类别。

地基受水浸湿可能性的大小，反映了湿陷性黄土遇水湿陷的特点，可归纳为以下三种：

① 地基受水浸湿可能性大，是指建筑物内的地面经常有水或可能积水、排水沟较多或地下管道很多。

② 地基受水浸湿可能性较大，是指建筑物内局部有一般给水、排水或暖气管道。

③ 地基受水浸湿可能性小，是指建筑物内无水暖管道。

建筑物分类 表 9-4

| 建筑物类别 | 划分标准 | 举例 |
|---|---|---|
| 甲类 | 高度大于 60m 和 14 层及 14 层以上体形复杂的建筑<br>高度大于 50m 且地基受水浸湿可能性大或较大的构筑物<br>高度大于 100m 的高耸结构<br>特别重要的建筑<br>地基受水浸湿可能性大的重要建筑<br>对不均匀沉降有严格限制的建筑 | 高度大于 60m 的建筑；14 层及 14 层以上的体形复杂的建筑；高度大于 50m 的筒仓；高度大于 100m 的电视塔；大型展览馆、博物馆；一级火车站主楼；6000 人以上的体育馆；标准游泳馆；跨度不小于 36m 或吊车额定起重量不小于 100t 的机加工车间；不小于 10,000t 的水压机车间；大型热处理车间；大型电镀车间；大型炼钢车间；大型轧钢压延车间；大型电解车间，大型煤气发生站；大、中型火力发电站主体建筑；大型选矿、选煤车间；煤矿主井多绳提升井塔；大型水厂；大型污水处理厂；大型游泳池；大型漂、染车间；大型屠宰车间；10,000t 以上的冷库；净化工房；有剧毒、强传染性病毒或有放射污染的建筑 |
| 乙类 | 高度为 24～60m 建筑<br>高度为 30～50m，且地基受水浸湿可能性大或较大的构筑物<br>高度为 50～100m 的高耸结构<br>地基受水浸湿可能性较大的重要建筑<br>地基受水浸湿可能性大的一般建筑 | 高度为 24～60m 的建筑；高度为 30～50m 的筒仓；高度为 50～100m 的烟囱；省（市）级影剧院、图书馆、文化馆、展览馆、档案馆；省级会展中心；大型多层商业建筑；民航机场指挥及候机楼；铁路信号、通讯楼、铁路机务洗修库；省级电子信息中心；多层试验楼；跨度等于或大于 24m，小于 36m 或吊车额定起重量等于或大于 30t，小于 100t 的机加工车间；小于 10,000t 的水压机车间；中型轧钢车间；中型选矿车间、小型火力发电厂主体建筑；中型水厂；中型污水处理厂；中型漂、染车间；大中型浴室；中型屠宰车间；特高压输电铁塔 |
| 丙类 | 除甲类、乙类、丁类以外的一般建筑和构筑物 | 7 层及 7 层以下的多层建筑；高度不超过 30m 的筒仓、高度不超过 50m 的烟囱；浸水可能性小的风电机组基础；跨度小于 24m 且吊车额定起重量小于 30t 的机加工车间；单台小于 10t 的锅炉房；一般浴室、食堂、县（区）影剧院、理化试验室；一般的工具、机修、木工车间、成品库；浸水可能性小的超高压、高压输电杆塔 |
| 丁类 | 长高比不大于 2.5 且总高度不大于 5m，地基受水浸湿可能性小的单层辅助建筑，次要建筑 | 1～2 层的简易房屋、小型车间、小型库房；无给水排水设施的单层且长高比小于 2.5、总高度小于 5m 的门房；浸水可能性小的光伏电站光伏阵列区 |

2. 场地工程地质条件的复杂程度

场地工程地质条件的复杂程度，按照地形地貌、地层结构、不良地质现象发育程度、地基湿陷性类型、等级等可分为以下三类：

① 简单场地——地形平缓，地貌、地层简单，场地湿陷类型单一，地基湿陷等级变化不大。

② 中等复杂场地——地形起伏较大，地貌、地层较复杂，局部有不良地质现象发育，场地湿陷类型、地基湿陷等级变化较复杂。

③ 复杂场地——地形起伏很大，地貌、地层复杂，不良地质现象广泛发育，场地湿陷类型、地基湿陷等级分布复杂，地下水位变化幅度大或变化趋势不利。

### 9.2.1.2 黄土地区的工程地质测绘和调查内容

黄土地区的工程地质测绘和调查应符合一般的工程地质测绘和调查规定，是在一般性的工程地质测绘基础上进行的。除此之外，还应着重查明下列内容：

(1) 湿陷性黄土的地层时代、岩性、成因、分布范围。

(2) 湿陷性黄土的厚度。

(3) 湿陷系数和自重湿陷系数随深度的变化。

(4) 场地湿陷类型和地基湿陷等级及平面分布。

(5) 湿陷起始压力随深度的变化。

(6) 地下水位升降变化的可能性和变化趋势。

(7) 湿陷性黄土的处理措施。

常采用的处理方法有以下五种：

① 垫层法，将湿陷性土层挖去、换上素土或者灰土，分层夯实。可以处理垫层厚度以内的湿陷性土，此方法不能用砂土或者其他粗粒土换垫，仅适用于地下水位以上的地基处理。

② 夯实法，可分为重锤夯实法和强夯法。重锤夯实法可处理地表下厚度 1～2m 土层的湿陷性；强夯法可处理 3～6m 土层的湿陷性。夯实法适用于饱和度大于 60% 的湿陷性黄土地基。

③ 挤密法，采用素土或灰土挤密桩，可处理地基下 5～15m 土层的湿陷性，适用于地下水位以上的地基处理。桩基础起到荷载传递的作用，而不是消除黄土的湿陷性，故桩端应支承在压缩性较低的非湿陷性土层上。

④ 预浸水法，可用于处理湿陷性土层厚度大于 10m，自重湿陷量 $\Delta_{zs} > 50cm$ 的场地，以消除土的自重湿陷性。自地面 6m 以内的土层，有时因自重应力不足而可能仍有湿陷性，应采用垫层等处理方法。

⑤ 单液硅化或碱液加固法，将硅酸钠溶液注入土中。对已有建筑物地基进行加固时，在非自重湿陷性场地，宜采用压力灌注；在自重湿陷性场地，应让溶液通过灌注孔自行渗入土中。该方法适宜加固非自重湿陷性黄土场地上的已有建筑物。

### 9.2.1.3 黄土地区勘探工作量的布置

1. 勘察阶段的划分

勘察阶段可分为场址选择或可行性研究、初步勘察、详细勘察三个阶段。各阶段的勘察成果应符合各相应设计阶段的要求。对场地面积不大、地质条件简单或有建筑经验的地区，可简化勘察阶段，但应符合初步勘察和详细勘察两个阶段的要求。对工程地质条件复杂或有特殊要求的建筑物，必要时应进行施工勘察或专门勘察。

2. 场址选择或可行性研究勘察阶段

按国家的有关规定，一个工程建设项目的确定和批准立项，必须以可行性研究为依据；可行性研究报告中要求有必要的关于工程地质条件的内容，当工程项目的规模较大或地层、地质与岩土性质较复杂时，往往需进行少量必要的勘察工作，以掌握关于场地湿陷类型、湿陷量大小、湿陷性黄土层的分布与厚度变化、地下水位的深浅及有无影响场址安全使用的不良地质现象等的基本情况。有时，在可行性研究阶段会有多个场址方案，这时就有必要对它们分别做一定的勘察工作，以利场址的科学比选。

场址选择或可行性研究勘察阶段，应进行下列工作：

① 收集拟建场地有关的工程地质、水文地质资料及地区的建筑经验。

② 在收集资料和研究的基础上进行现场调查，了解拟建场地的地形地貌和黄土层的地质时代、成因、厚度、湿陷性，有无影响场地稳定的不良地质现象和地质环境等问题。

③ 地质环境对拟建工程有明显的制约作用，在场址选择或可行性研究勘察阶段，增加对地质环境的调查了解很有必要。例如，沉降尚未稳定的采空区、有毒、有害的废弃物等，在勘察期间必须详细调查了解和探查清楚。

④ 不良地质现象，包括泥石流、滑坡、崩塌、湿陷凹地、黄土溶洞、岸边冲刷、地下潜蚀等内容。地质环境，包括地下采空区、地面沉降、地裂缝、地下水的水位升降、工业及生活废弃物的处置和存放、空气及水质的化学污染等内容。

⑤ 对工程地质条件复杂，已有资料不能满足要求时，应进行必要的工程地质测绘、勘察和试验等工作。

⑥ 本阶段的勘察成果应对拟建场地的稳定性和适宜性做出初步评价。

3. 初步勘察阶段

（1）主要工作内容

初步勘察阶段，应进行下列工作：

① 初步查明场地内各土层的物理力学性质、场地湿陷类型、地基湿陷等级及其分布，预估地下水位的季节性变化幅度和升降的可能性。

② 初步查明不良地质现象和地质环境等问题的成因、分布范围，对场地稳定性的影响程度及其发展趋势。

③ 当工程地质条件复杂，已有资料不符合要求时，应进行工程地质测绘，其比例尺可采用 1：5000～1：1000。

（2）工作量布置要求

初步勘察勘探点、线、网的布置，应符合下列要求：

① 勘探线应按地貌单元的纵、横线方向布置，在微地貌变化较大的地段予以加密，在平缓地段可按网格布置。初步勘察勘探点的间距，宜按表 9-5 确定。

初步勘察勘探点的间距　　　　　　表 9-5

| 场地类别 | 简单场地 | 中等复杂场地 | 复杂场地 |
|---|---|---|---|
| 勘探点间距（m） | 120～200 | 80～120 | 50～80 |

② 取土和原位测试的勘探点应按地貌单元和控制性地段布置，其数量不得少于全部勘探点的 1/2。

③ 勘探点的深度应根据湿陷性黄土层的厚度和地基压缩层深度的预估值确定，控制性勘探点应有一定数量的取土勘探点穿透湿陷性黄土层。

④ 对新建地区的甲类建筑和乙类中的重要建筑，应进行现场试坑浸水试验，并应按自重湿陷量的实测值判定场地湿陷类型。

⑤ 本阶段的勘察成果应查明场地湿陷类型，为确定建筑物总平面的合理布置提供依

185

据，对地基基础方案、不良地质现象和地质环境的防治提供参数与建议。

4. 详细勘察阶段

（1）主要工作内容

① 详细查明地基土层及其物理力学性质指标，确定场地湿陷类型、地基湿陷等级的平面分布和承载力。湿陷系数、自重湿陷系数、湿陷起始压力均为黄土场地的主要岩土参数，详细勘察阶段宜将上述参数绘制在随深度变化的曲线图上，并进行相关分析。

当挖、填方厚度较大时，黄土场地的湿陷类型、湿陷等级可能发生变化。在这种情况下，应自挖（或填）方整平后的地面（或设计地面）标高算起。勘察时，设计地面标高如不确定，编制勘察方案宜与建设方案紧密配合，使其尽量符合实际，以满足黄土湿陷性评价的需要。

② 按建筑物或建筑群提供详细的岩土工程资料和设计所需的岩土技术参数。当场地地下水位有可能上升至地基压缩层的深度以内时，宜提供饱和状态下的强度和变形参数。

③ 对地基做出分析评价，并对地基处理、不良地质现象和地质环境的防治等方案做出论证和建议。

④ 提出对施工和监测的建议。

（2）工作量布置要求

勘探点的布置，应根据总平面和建筑物类别以及工程地质条件的复杂程度等因素确定。详细勘察勘探点的间距，宜按表 9-6 确定。

详细勘察勘探点的间距（m）　　　　　　　　表 9-6

| 场地类别 | 甲 | 乙 | 丙 | 丁 |
|---|---|---|---|---|
| 简单场地 | 30～40 | 40～50 | 50～80 | 80～100 |
| 中等复杂场地 | 20～30 | 30～40 | 40～50 | 50～80 |
| 复杂场地 | 10～20 | 20～30 | 30～40 | 40～50 |

① 在单独的甲、乙类建筑场地内，勘探点不应少于 4 个。

② 采取不扰动土样和原位测试的勘探点不得少于全部勘探点的 2/3，其中采取不扰动土样的勘探点不宜少于 1/2。

③ 勘探点的深度应大于地基压缩层的深度，并应符合表 9-7 的规定或穿透湿陷性黄土层。

勘探点的深度　　　　　　　　表 9-7

| 湿陷类型 | 非自重湿陷性黄土场地 | 自重湿陷性黄土场地 | |
|---|---|---|---|
| | | 陕西、陇东-陕北-晋西地区 | 其他地区 |
| 勘探点深度（m）（自基础层面算起） | >10 | >15 | >10 |

## 9.2.2 黄土湿陷性评价

黄土地基的岩土工程评价：首先判定黄土是湿陷性黄土还是非湿陷性黄土；如果是湿陷性黄土，再进一步判定湿陷性黄土场地湿陷类型；其次判别湿陷性黄土地基的湿陷等级。

（1）黄土湿陷性判定。黄土湿陷性是按室内浸水压缩试验在规定压力下测定的湿陷值 $\delta_s$ 判定的。当 $\delta_s < 0.015$ 时，为非湿陷性黄土；当 $\delta_s \geqslant 0.015$ 时，为湿陷性黄土。

（2）自重湿陷性判别。自重湿陷性的判别是测定在饱和自重压力下黄土的自重湿陷系数值 $\delta_{zs}$，当 $\delta_{zs} < 0.015$ 时，为非自重湿陷性黄土；当 $\delta_{zs} \geqslant 0.015$ 时，为自重湿陷性黄土。

（3）场地湿陷类型。湿陷性黄土场地湿陷类型应按照自重湿陷量的实测值 $\Delta_{zs'}$ 或计算值 $\Delta_{zs}$ 判定。湿陷性黄土场地的湿陷类型按下列条件判别：当自重湿陷量的实测值 $\Delta_{zs'}$ 或计算值 $\Delta_{zs}$ 不大于 7cm 时，应判定为非自重湿陷性黄土场地；当自重湿陷量的实测值 $\Delta_{zs'}$ 或计算值 $\Delta_{zs}$ 大于 7cm 时，应判定为自重湿陷性黄土场地；当自重湿陷量的实测值和计算值出现矛盾时，应按自重湿陷量的实测值 $\Delta_{zs'}$ 判定。

（4）地基湿陷性等级判定。湿陷性黄土地基的湿陷等级，应根据湿陷量的计算值 $\Delta_z$ 和自重湿陷量的计算值 $\Delta_{zs}$ 等因素按照表 9-8 判定。

湿陷性黄土地基的湿陷等级　　　　　　　　　　　　　　表 9-8

| 湿陷类型 | 非自重湿陷性场地 | 自重湿陷性场地 | |
| --- | --- | --- | --- |
| | $\Delta_{zs} \leqslant 70mm$ | $70mm < \Delta_{zs} \leqslant 350mm$ | $\Delta_{zs} > 350mm$ |
| $\Delta_z \leqslant 300mm$ | Ⅰ（轻微） | Ⅱ（中等） | — |
| $300mm < \Delta_z \leqslant 700mm$ | Ⅱ（中等） | Ⅱ（中等）或Ⅲ（严重） | Ⅲ（严重） |
| $\Delta_z > 700mm$ | Ⅱ（中等） | Ⅲ（严重） | Ⅳ（很严重） |

注：当湿陷量的计算值 $\Delta_z > 600mm$，自重湿陷量的计算值 $\Delta_{zs} > 300mm$ 时，可判定为Ⅲ级，其他情况可判定为Ⅱ级。

### 9.2.3　其他湿陷性土的勘察要点

湿陷性土场地勘察应遵守一般的勘察要求规定，另外还有如下要求：

（1）由于地貌地质条件比较特殊、土层产状多较复杂，所以勘探点的间距应按各类建筑物勘察规定取小值。对湿陷性土分布极不均匀的场地，应加密勘探点。

（2）控制性勘探孔深度应穿透湿陷性土层。

（3）应查明湿陷性土的年代、成因、分布和其中的夹层、包含物、胶结物的成分和性质。

（4）湿陷性碎石土和砂土，宜采用动力触探试验和标准贯入试验确定力学特性。

（5）扰动土试样应在探井中采取。

（6）不扰动土试样除测定一般物理力学性质外，尚应做土的湿陷性和湿化试验。

（7）对不能取得不扰动土试样的湿陷性土，应在探井中采用大体积法测定密度和含水率。

（8）对于厚度超过 2m 的湿陷性土，应在不同深度处分别进行浸水载荷试验，并应不受相邻试验浸水的影响。

### 9.2.4　其他湿陷性土的岩土工程评价

（1）湿陷性判别。这类非黄土的湿陷性土一般采用现场浸水载荷试验作为判定湿陷性土的基本方法，并规定以在 200kPa 压力作用下浸水载荷试验的附加湿陷量与承压板宽度之比不小于 0.023 的土，判定为湿陷性土。

（2）湿陷性土的湿陷程度划分。表 9-9 是根据浸水荷载试验测得的附加湿陷量的大小划分的。

湿陷程度分类 表 9-9

| 湿陷程度 | 附加湿陷量 $\Delta F_{si}$（cm） | |
| --- | --- | --- |
| | 承压板面积（0.5m²） | 承压板面积（0.25m²） |
| 轻微 | $1.6 < \Delta F_{si} \leqslant 3.2$ | $1.1 < \Delta F_{si} \leqslant 2.3$ |
| 中等 | $3.2 < \Delta F_{si} \leqslant 7.4$ | $2.3 < \Delta F_{si} \leqslant 5.3$ |
| 强烈 | $\Delta F_{si} > 7.4$ | $\Delta F_{si} > 5.3$ |

注：对能用取土器取得不扰动试样的湿陷性粉砂，其试验方法和评定标准按《湿陷性黄土地区建筑规范》GB 50025—2018 执行。

（3）湿陷性土地基的湿陷等级判定。这是根据湿陷土总湿陷量 $\Delta_s$ 及湿陷土总厚度综合判定的（表 9-10）。

湿陷性土地基的湿陷等级 表 9-10

| 总湿陷量 $\Delta_s$（cm） | 湿陷性土总厚度（m） | 湿陷等级 |
| --- | --- | --- |
| $5 < \Delta_s \leqslant 30$ | $>3$ | I |
| | $\leqslant 3$ | II |
| $30 < \Delta_s \leqslant 60$ | $>3$ | |
| | $\leqslant 3$ | III |
| $\Delta_s > 60$ | $>3$ | |
| | $\leqslant 3$ | IV |

湿陷性土地基受水浸湿至下沉稳定为止的总湿陷量 $\Delta_s$ 按式（9-1）计算。

$$\Delta_s = \sum_{i=1}^{n} \beta \Delta F_{si} h_i \tag{9-1}$$

式中 $\Delta F_{si}$——第 $i$ 层土浸水荷载试验的附加湿陷量（cm）；

$h_i$——第 $i$ 层土的厚度（cm），从基础底面（初步勘探时自地面下 1.5m）算起，$\dfrac{\Delta F_{si}}{b} < 0.023$ 的不计入；

$\beta$——修正系数（/cm），承压板面积为 0.5m² 时，$\beta = 0.014$/cm；承压板面积为 0.25m² 时，$\beta = 0.02$/cm。

（4）湿陷性土的地基承载力宜采用载荷试验或其他原位测试确定。

（5）对湿陷性土边坡，当浸水因素引起湿陷性土本身或其与下伏地层接触面的强度降低时，应进行稳定性评价。

（6）湿陷性土的地基处理。处理原则和方法，除地面防水和管道防渗漏外，应以地基处理为主要手段，处理方法同湿陷性黄土的处理方法，包括换土、压实、挤密、强夯、桩基及化学加固等方法，应根据土质特征、湿陷等级和当地经验综合考虑。

### 9.2.5 测定湿陷性土的试验

测定黄土湿陷性的试验，可分为室内压缩试验、现场静载荷试验和现场试坑浸水试验三种。

室内压缩试验主要用于测定黄土的湿陷系数、自重湿陷系数和湿陷起始压力；现场静载荷试验可测定黄土的湿陷性和湿陷起始压力，基于室内压缩试验测定黄土的湿陷性比较简便，而且可同时测定不同深度的黄土湿陷性，所以现场静载荷试验仅要求在现场测定湿陷起始压力；现场试坑浸水试验主要用于确定自重湿陷量的实测值，以判定场地湿陷类型。

1. 室内压缩试验

（1）试验的基本要求

采用室内压缩试验测定黄土的湿陷系数、自重湿陷系数和湿陷起始压力等湿陷性指标应遵守有关统一的要求，以保证试验方法和过程的统一性及试验结果的可比性，这些要求包括试验土样、试验仪器、浸水水质、试验变形稳定标准等方面。具体要求包括：

① 土样的质量等级应为Ⅰ级不扰动土样。

② 环刀面积不应小于 $5000mm^2$，使用前应将环刀洗净风干，透水石应烘干冷却。

③ 加荷前应将环刀试样保持天然湿度。

④ 试样浸水宜用蒸馏水。

⑤ 试样浸水前和浸水后的稳定标准，应为每小时的下沉量不大于 0.01mm。

（2）湿陷系数 $\delta_s$ 的测定

测定湿陷系数除应符合室内试验的基本要求外，还应符合下列要求：

① 分级加荷至试样的规定压力，下沉稳定后，试样浸水饱和，附加下沉稳定，试验终止。

② 在 0～200kPa 压力以内，每级增量宜为 50kPa；大于 200kPa 压力，每级增量宜为 100kPa。

③ 湿陷系数 $\delta_s$ 应按式（9-2）计算。

$$\delta_s = \frac{h_p - h'_p}{h_0} \tag{9-2}$$

式中：$h_p$——保持天然湿度和结构的试样，加至一定压力时，下沉稳定后的高度（mm）；

$h'_p$——上述加压稳定后的试样，在浸水（饱和）作用下，附加下沉稳定后的高度（mm）；

$h_0$——试样的原始高度（mm）。

④ 测定湿陷系数的试验压力应自基础底面（如基底标高不确定时，自地面下 1.5m）算起。

基底下 10m 以内的土层应用 200kPa，10m 以下至非湿陷性黄土层顶面，应用其上覆土的饱和自重压力（当大于 300kPa 压力时，仍应用 300kPa）；当基底压力大于 300kPa 时，宜用实际压力；对压缩性较高的新近堆积黄土，基底下 5m 以内的土层宜用 100～150kPa 压力，5～10m 和 10m 以下至非湿陷性黄土层顶面，应分别用 200kPa 和上覆土的饱和自重压力。

（3）自重湿陷系数 $\delta_{zs}$ 的测定

测定自重湿陷系数除应符合室内试验的基本要求外，还应符合下列要求：

① 分级加荷，加至试样上覆土的饱和自重压力，下沉稳定后，试样浸水饱和，附加下沉稳定，试验终止。

② 试样上覆土的饱和密度，可按式（9-3）计算。

$$\rho_{s} = \rho_{d}\left(1 + \frac{S_{r}e}{d_{s}}\right) \tag{9-3}$$

式中  $\rho_{s}$ ——土的饱和密度（g/cm³）；

  $\rho_{d}$ ——土的干密度（g/cm³）；

  $S_{r}$ ——土的饱和度，可取 $S_{r}=85\%$；

  $e$ ——土的孔隙比；

  $d_{s}$ ——土粒相对密度。

③ 自重湿陷系数 $\delta_{zs}$ 可按式（9-4）计算。

$$\delta_{zs} = \frac{h_{z} - h'_{z}}{h_{0}} \tag{9-4}$$

式中  $h_{z}$ ——保持天然湿度和结构的试样，加压至该试样上覆土的饱和自重压力时，下沉稳定后的高度（mm）；

  $h'_{z}$ ——上述加压稳定后的试样，在浸水（饱和）作用下，附加下沉稳定后的高度（mm）；

  $h_{0}$ ——试样的原始高度。

（4）湿陷起始压力的测定

测定湿陷起始压力除应符合室内试验的基本要求外，还应符合下列要求：

① 可选用单线法压缩试验或双线法压缩试验。单线法压缩试验较为复杂，双线法压缩试验相对简单，已有的研究资料表明，只要对试样及试验过程控制得当，两种方法得到的湿陷起始压力试验结果基本一致。

但在双线法试验中，天然湿度试样在最后一级压力下浸水饱和，附加下沉稳定高度与浸水饱和试样在最后一级压力下的下沉稳定高度通常不一致，如图 9-1 所示。$h_{0}ABCC_{1}$ 曲

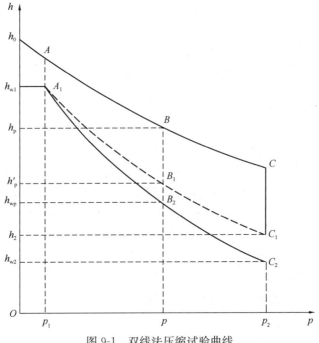

图 9-1  双线法压缩试验曲线

线与 $h_0 A A_1 B_2 C_2$ 曲线不闭合，因此在计算各级压力下的湿陷系数时，需要对试验结果进行修正。研究表明，单线法试验的物理意义更为明确，其结果更符合实际，对试验结果进行修正时以单线法为准来修正浸水饱和试样各级压力下的稳定高度，即将 $A_1 B_2 C_2$ 曲线修正至 $A_1 B_1 C_1$ 曲线，使饱和试样的终点 $C_2$ 与单线法试验的终点 $C_1$ 重合，以此来计算各级压力下的湿陷系数。

在实际计算中，如需计算起始压力下的湿陷系数，则假定：

$$\frac{h_{w1} - h_2}{h_{w1} - h_{w2}} = \frac{h_{w1} - h'_p}{h_{w1} - h_{wp}} = k \tag{9-5}$$

有：

$$h'_p = h_{w1} - k(h_{w1} - h_{wp}) \tag{9-6}$$

得：

$$\delta_s = \frac{h_p - h'_p}{h_0} = \frac{h_p - [h_{w1} - k(h_{w1} - h_{wp})]}{h_0} \tag{9-7}$$

其中 $\frac{h_{w1} - h_2}{h_{w1} - h_{w2}}$ 可作为判别试验结果是否可以采用的参考指标，其范围宜为 $1.0 \pm 0.2$，如超出此限，则应重新试验或舍弃试验结果。

从同一土样中所取环刀试样，其密度差值不得大于 $0.03\text{g/cm}^3$。

② 在 $0\sim150\text{kPa}$ 压力以内，每级增量宜为 $25\sim50\text{kPa}$；大于 $150\text{kPa}$ 压力，每级增量宜为 $50\sim100\text{kPa}$。

③ 单线法压缩试验不应少于 5 个环刀试样，均在天然湿度下分级加荷，分别加至不同的规定压力，下沉稳定后，各试样浸水饱和，附加下沉稳定，试验终止。

④ 双线法压缩试验，应按下列步骤进行：

（a）取两个环刀试样，分别对其施加相同的第一级压力，下沉稳定后将 2 个环刀试样的百分表读数调整一致，调整时应考虑各仪器变形量的差值。

（b）将上述环刀试样中的一个试样保持在天然湿度下分级加荷，加至最后一级压力，下沉稳定后，试样浸水饱和，附加下沉稳定，试验终止。

（c）将上述环刀试样中的另一个试样浸水饱和，附加下沉稳定后，在浸水饱和状态下分级加荷，下沉稳定后继续加荷，加至最后一级压力，下沉稳定，试验终止。

（d）当天然湿度的试样在最后一级压力下浸水饱和，附加下沉稳定后的高度与浸水饱和试样在最后一级压力下的下沉稳定后的高度不一致，且相对差值不大于 20% 时，应以前者的结果为准，对浸水饱和试样的试验结果进行修正；如相对差值大于 20% 时，应重新试验。

2. 现场静载荷试验

现场静载荷试验主要用于测定非自重湿陷性黄土场地的湿陷起始压力，自重湿陷性黄土场地的湿陷起始压力小，无使用意义，一般不在现场测定。

（1）试验方法的选择

在现场测定湿陷起始压力与室内试验相同，也分为单线法和双线法。二者试验结果有的相同或接近，有的互有大小。一般认为，单线法试验结果较符合实际，但单线法试验的工作量较大，在同一场地的相同标高及相同土层，单线法需做三台以上静载荷试验，而双线法只需做两台静载荷试验（一个为天然湿度，一个为浸水饱和）。

在现场测定湿陷性黄土的湿陷起始压力，可选择采用单线法静载荷试验或双线法静载荷试验中的任一方法进行试验，并应分别符合下列要求：

① 单线法静载荷试验：在同一场地的相邻地段和相同标高，应在天然湿度的土层上设三台或三台以上静载荷试验，分级加压，分别加至各自的规定压力，下沉稳定后，向试坑内浸水至饱和，附加下沉稳定后，试验终止。

② 双线法静载荷试验：在同一场地的相邻地段和相同标高，应设两台静载荷试验。其中一台应设在天然湿度的土层上，分级加压至规定压力，下沉稳定后，试验终止；另一台应设在浸水饱和的土层上，分级加压至规定压力，附加下沉稳定后，试验终止。

（2）试验要求

在现场采用静载荷试验测定湿陷性黄土的湿陷起始压力，应符合下列要求：

① 承压板的底面积宜为 $0.50m^2$，压板底面宜为方形或圆形，试坑边长或直径应为承压板边长或直径的 3 倍，试坑深度宜与基础底面标高相同或接近。安装载荷试验设备时，应注意保持试验土层的天然湿度和原状结构，压板底面下宜用 $10\sim15mm$ 厚的粗、中砂找平。

② 每级加压增量不宜大于 25kPa，试验终止压力不应小于 200kPa。

③ 每级加压后，按每隔 15min 测读 1 次下沉量，以后每隔 30min 观测 1 次，当连续 2h 内，每 1h 的下沉量小于 0.10mm 时，认为压板下沉已趋于稳定，即可加下一级压力。

④ 试验结束后，应根据试验记录，绘制判定湿陷起始压力的曲线图。

3. 现场试坑浸水试验

采用现场试坑浸水试验可确定自重湿陷量的实测值，用以判定场地湿陷类型比较准确可靠，但浸水试验时间较长，一般需要 $1\sim2$ 个月，而且需要较多的用水。因此规定，在缺乏经验的新建地区，对甲类和乙类中的重要建筑，应采用试坑浸水试验，乙类中的一般建筑和丙类建筑以及有建筑经验的地区均可按自重湿陷量的计算值判定场地湿陷类型。

在现场采用试坑浸水试验确定自重湿陷量的实测值，应符合下列要求：

① 试坑宜挖成圆（或方）形，其直径（或边长）不应小于湿陷性黄土层的厚度，并不应小于 10m；试坑深度宜为 0.50m，最深不应大于 0.80m。坑底宜铺 100mm 厚的砂、砾石。

② 在坑底中部及其他部位，应对称设置观测自重湿陷的深标点，设置深度及数量宜按各湿陷性黄土层顶面深度及分层数确定。在试坑底部，由中心向坑边不少于 3 个方向均匀设置观测自重湿陷的浅标点；在试坑外沿浅标点方向 $10\sim20m$ 范围内设置地面观测标点，观测精度为 $\pm0.10mm$。

③ 试坑内的水头高度不宜小于 300mm，在浸水过程中，应观测湿陷量、耗水量、浸湿范围和地面裂缝。湿陷稳定可停止浸水，其稳定标准为最后 5d 的平均湿陷量小于 1mm/d。

④ 设置观测标点前，可在坑底面打一定数量及深度的渗水孔，孔内应填满砂砾。

⑤ 试坑内停止浸水后，应继续观测不少于 10d，且连续 5d 的平均下沉量不大于 1mm/d，试验终止。

# 9.3 软 土

淤泥类土在我国分布很广，不但在沿海、平原地区广泛分布，而且在山岳、丘陵、高原地区也有分布。按成因和分布情况，我国淤泥类土基本上可以分为两大类：一类是沿海沉积的淤泥类土；另一类是内陆和山区湖盆地以及山前谷地沉积的淤泥类土。

我国沿海沉积的淤泥类土分布广、厚度大、土质疏松软弱，其成因类型有滨海相、潟湖相、溺谷相、三角洲相及其混合类型。滨海相淤泥类土主要分布于湛江、香港、厦门、温州湾、舟山、连云港、天津塘沽、大连湾等地区，表层为 3～5m 厚的褐黄色粉质黏土，以下为厚度达数十米的淤泥类土，常夹粉砂薄层或粉砂透镜体。潟湖相淤泥类土主要分布于浙江温州与宁波等地，地层较单一，厚度大，分布广，沉积物颗粒细小而均匀，常形成滨海平原。溺谷相淤泥类土主要分布于福州市闽江口地区，表层为耕土或人工填土及薄而致密的细粒土，以下便为厚 5～15m 的淤泥类土。三角洲相淤泥类土主要分布于长江三角洲和珠江三角洲地区，属海陆交互相沉积，淤泥类土层分布宽广，厚度均匀稳定，因海流及波浪作用，分选程度较差，具较多交错斜层理或不规则透镜体夹层。

我国内陆和山区湖盆地沉积的淤泥类土，分布零星，厚度较小，性质变化大，其成因类型主要有湖相、河漫滩相及牛轭湖相。湖相淤泥类土主要分布于滇池东部、洞庭湖、洪泽湖、太湖等地，颗粒细微均匀，层较厚（一般为 10～20m），不夹或很少夹砂层，常有厚度不等的泥炭夹层或透镜体。河漫滩相淤泥类土主要分布于长江中下游河谷附近，这种淤泥类土常夹于上层细粒土中，是局部淤积形成的，其成分、厚度及性质都变化较大，呈袋状或透镜体状，一般厚度小于 10m。牛轭湖相淤泥类土与湖相淤泥类土相近，分布范围小，常有泥炭夹层，一般呈透镜体状埋藏于冲积层之下。

我国广大山区沉积有"山地型"淤泥类土，其主要是由当地的泥灰岩、各种页岩、泥岩的风化产物和地面的有机质，经水流搬运沉积在地形低洼处，经长期水泡软化及微生物作用而形成的，以坡洪积、湖积和冲积三种成因类型为主，其特点是：分布面积不大，厚度与性质变化较大，且多分布于冲沟、谷地、河流阶地及各种洼地之中。

天然孔隙比不小于 1.0，且天然含水率大于液限的细粒土为软土，包括淤泥、淤泥质土、泥炭、泥炭质土等（表 9-11）。软土一般是指在静水或缓慢水流环境中以细颗粒为主的近代沉积物。按地质成因，软土有滨海环境沉积、海陆过渡环境沉积、河流环境沉积、湖泊环境沉积和沼泽环境沉积。

软土分类标准

表 9-11

| 土的名称 | 划分标准 | 备注 |
|---|---|---|
| 淤泥 | $e \geqslant 1.5$，$I_L > 1$ | $e$——天然孔隙比 |
| 淤泥质土 | $1.5 > e \geqslant 1.0$，$I_L > 1$ | $I_L$——液性指数 |
| 泥炭 | $W_u > 60\%$ | $W_u$——有机质含量 |
| 泥炭质土 | $10\% < W_u \leqslant 60\%$ | |

我国软土主要分布在沿海地区，如东海、黄海、渤海、南海等沿海地区。内陆平原以及一些山间洼地亦有分布。我国软土主要分布区域如表 9-12 所示。

我国软土主要分布区域

表 9-12

| 主要成因类型 | 主要分布区域 |
|---|---|
| 滨海沉积软土 | 天津塘沽、连云港、上海、舟山、杭州、宁波、温州、福州、厦门、泉州、漳州、广州 |
| 湖泊沉积软土 | 洞庭湖、洪泽湖、太湖、鄱阳湖四周、古云梦泽地区 |
| 河滩沉积软土 | 长江中下游、珠江下游、淮河平原、松辽平原 |
| 沼泽沉积软土 | 昆明滇池周边、贵州水城、盘县 |

### 9.3.1 软土的工程性质

（1）触变性。当原状土受到振动或扰动以后，由于土体结构遭破坏，强度会大幅度降低。触变性可用灵敏度 $S$ 表示，软土的灵敏度一般为 $3\sim4$，最大可达 $8\sim9$，故软土属于高灵敏度或极灵敏土。软土地基受振动荷载后，易产生侧向滑动、沉降或基础下土体挤出等现象。

（2）流变性。软土在长期荷载作用下，除产生排水固结引起的变形外，还会发生缓慢而长期的剪切变形。这对建筑物地基沉降有较大影响，对斜坡、堤岸、码头和地基稳定性不利。

（3）高压缩性。软土属于高压缩性土，压缩系数大，故软土地基上的建筑物沉降量大。

（4）低强度。软土不排水抗剪强度一般小于 20kPa。软土地基的承载力很低，软土边坡的稳定性极差。

（5）低透水性。软土的含水率虽然很高，但透水性差，特别是垂直向透水性更差，垂直向渗透系数一般为 $i\times(10^{-8}\sim10^{-6})\,cm/s$，属微透水或不透水层。对地基排水固结不利，软土地基上建筑物沉降延续时间长，一般达数年以上。在加载初期，地基中常出现较高的孔隙水压力影响地基强度。

（6）不均匀性。由于沉积环境的变化，土质均匀性差。例如，三角洲相、河漫滩相软土常夹有粉土或粉砂薄层，具有明显的微层理构造，水平向渗透性常优于垂直向渗透性。湖泊相、沼泽相软土常在淤泥或淤泥质土层中夹有厚度不等的泥炭或泥炭质土薄层或透镜体，作为建筑物地基易产生不均匀沉降。

### 9.3.2 软土的勘察要点

#### 9.3.2.1 软土勘察主要内容

软土勘察除应符合常规要求外，还应查明下列内容：

（1）成因类型、成层条件、分布规律、层理特征、水平向和垂直向的均匀性。

（2）地表硬壳层的分布与厚度、下伏硬土层或基岩的埋深和起伏。

（3）固结历史、应力水平和结构破坏对强度和变形的影响。

（4）微地貌形态和暗埋的塘、浜、沟、坑、穴的分布，埋深及其填土的情况。

（5）开挖、回填、支护、工程降水、打桩、沉井等对软土应力状态、强度和压缩性的影响。

（6）当地的工程经验。

#### 9.3.2.2 软土勘察工作布置

（1）软土地区勘察宜采用钻探取样与静力触探相结合的手段。在软土地区用静力触探孔取代相当数量的勘探孔，不仅可以减少钻探取样和土工试验的工作量，缩短勘察周期，而且可以提高勘察工作质量。静力触探是软土地区十分有效的原位测试方法，标准贯入试验对软土并不适用，但可用于软土中的砂土、硬黏性土等。

（2）勘探点布置应根据土的成因类型和地基复杂程度，采用不同的布置原则。当土层变化较大或有暗埋的塘、浜、沟、坑、穴时应予以加密。

（3）软土取样应采用薄壁取土器，并符合一般规格要求。

（4）勘探孔的深度不能简单地按地基变形计算深度确定，应根据地质条件、建筑物特点、可能的基础类型确定，此外，还应预计到可能采取的地基处理方案的要求。

#### 9.3.2.3  试验工作

软土原位测试宜采用静力触探试验、旁压试验、十字板剪切试验、扁铲侧胀试验和螺旋板载荷试验。静力触探最大的优点在于精确的分层，用旁压试验测定软土的模量和强度，用十字板剪切试验测定内摩擦角近似为零的软土强度，实践证明是行之有效的。扁铲侧胀试验和螺旋板载荷试验虽然经验不多，但最适用于软土也是公认的。

软土的力学参数宜采用室内试验、原位测试，结合当地经验确定。有条件时，可根据堆载试验、原型监测及分析确定。抗剪强度指标室内宜采用三轴试验，原位测试宜采用十字板剪切试验。压缩系数、先期固结压力、压缩指数、回弹指数、固结系数可分别采用常规固结试验、高压固结试验等方法确定。

#### 9.3.3  软土的岩土工程评价

软土的岩土工程评价应包括下列内容：

（1）判定地基产生失稳和不均匀变形的可能性，当工程位于池塘、河岸、边坡附近时，应验算其稳定性。

（2）软土地基承载力应根据室内试验、原位测试和当地经验，并结合下列因素综合确定：

① 软土成层条件、应力历史、结构性、灵敏度等力学特性和排水条件。

② 上部结构的类型、刚度、荷载性质和分布，对不均匀沉降的敏感性。

③ 基础的类型、尺寸、埋深和刚度等。

④ 施工方法和程序。

（3）当建筑物相邻高低层荷载相差较大时，应分析其变形差异和相互影响，当地面有大面积堆载时，应分析对相邻建筑物的不利影响。

（4）地基沉降计算可采用分层总和法或土的应力历史法，并应根据当地经验进行修正，必要时应考虑软土的次固结效应。

（5）提出对基础形式和持力层的建议；对于上为硬层、下为软土的双层土地基，应进行下卧层验算。

# 9.4  多 年 冻 土

### 9.4.1  冻土的定义

冻土是指具有负温或零温度并含有冰的土（岩），它是由固体矿物颗粒、冰（胶结冰、冰夹层、冰包裹体）、未冻水（强结合水和弱结合水）和气体（空气和水蒸气）组成的四相体系，其特殊性主要表现在它的性质与温度密切相关，是一种对温度十分敏感且性质不稳定的土体。

冻土按含冰量及特征分为少冰冻土、多冰冻土、富冰冻土、饱冰冻土和含土冰层五种冻土工程类型。其中少冰冻土、多冰冻土应划分为低含冰量冻土，富冰冻土、饱冰冻土和含土冰层应划分为高含冰量冻土。当冰层厚度大于 2.5cm，且其中不含土时，应另外标出定名为纯冰层（ICE），如表 9-13 所示。

**冻土的描述定名**　　　　　　　　　　　　　　　表 9-13

| 土类 | 含冰特征 | | 冻土定名 |
|---|---|---|---|
| Ⅰ 未冻土 | 处于非冻结状态的岩、土 | 按现行国家标准《岩土工程勘察规范》GB 50021—2001（2000 年版）进行定名 | — |
| Ⅱ 冻土 | 肉眼看不见分凝冰的冻土 | ① 胶结性差、易碎的冻土 | 少冰冻土 |
| | | ② 无过剩冰的冻土 | |
| | | ③ 胶结性良好的冻土 | |
| | | ④ 有过剩冰的冻土 | |
| | 肉眼可见分凝冰，冰层厚度小于 2.5cm 的冻土 | ① 单个冰晶体或冰包裹的冻土 | 多年冻土 |
| | | ② 在颗粒周围有冰膜的冻土 | |
| | | ③ 不规则走向的冰条带冻土 | 富冰冻土 |
| | | ④ 层状或明显定向的冰条带冻土 | 饱冰冻土 |
| Ⅲ 厚冰层 | 冰厚度大于 2.5cm 的含土冰层或纯冰层（ICE） | ① 含土冰层（ICE＋土类符号） | 含冰土层 |
| | | ② 纯冰层（ICE） | ICE＋土类符号 |

注：分凝冰是土中水分向冻结锋面迁移而形成的冰体。

### 9.4.2 多年冻土分类

#### 1. 按冻结状态的持续时间分类

多年冻土应按冻结状态的持续时间，分为多年冻土、隔年冻土和季节冻土，如表 9-14 所示。

**冻土按冻结状态持续时间分类**　　　　　　　　表 9-14

| 类型 | 冻结状态持续时间 | 地面温度特征（℃） | 冻融特征 |
|---|---|---|---|
| 多年冻土 | $T \geqslant 2$ 年 | 年平均地面温度小于或等于 0 | 季节融化 |
| 隔年冻土 | $1$ 年 $\leqslant T < 2$ 年 | 最低月平均地面温度小于或等于 0 | 季节冻结 |
| 季节冻土 | $T < 1$ 年 | 最低月平均地面温度小于或等于 0 | 季节冻结 |

#### 2. 根据形成和存在的自然条件分类

根据多年冻土形成和存在的自然条件，分为高纬度多年冻土和高海拔多年冻土；根据多年冻土分布的连续程度，分为大片多年冻土（在较大的地区内呈片状分布）、岛状融区多年冻土（在冻土层中有岛状的不冻层分布）和岛状多年冻土（呈岛状分布在不冻土区域内）。高纬度多年冻土主要分布在大小兴安岭，高海拔多年冻土分布在青藏高原和东西部高山山区。

3. 寒区冻土按冻土冻融活动层与下卧土层关系分类

寒区冻土按冻土冻融活动层与下卧土层关系，分为季节冻结层（季节冻土区）和季节融化层（多年冻土区），如表9-15所示。

寒区冻土按冻土冻融活动层与下卧土层关系分类　　　　表9-15

| 类型 | 年平均地面温度（℃） | 最大厚度（m） | 下卧土层 | 分布地区 |
| --- | --- | --- | --- | --- |
| 季节冻结层 | >0 | 2~3（或更厚） | 融土层或不衔接的多年冻土层 | 多年冻土区的融区地带 |
| 季节融化层 | <0 | 2~3（或更厚） | 衔接的多年冻土层 | 多年冻土区的大片多年冻土地带 |

4. 按冻土中的易溶盐含量或泥炭化程度分类

根据冻土中的易溶盐含量或泥炭化程度划分为盐渍化冻土和泥炭化冻土。

（1）盐渍化冻土

冻土中易溶盐含量超过表9-16中数值时，称为盐渍化冻土。

盐渍化冻土的盐渍度界限值　　　　表9-16

| 土类 | 砂石类土、砂类土 | 粉土 | 粉质黏土 | 黏土 |
| --- | --- | --- | --- | --- |
| 盐渍度（%） | 0.10 | 0.15 | 0.20 | 0.25 |

盐渍化冻土盐渍度（$\zeta$）按式（9-8）确定。

$$\zeta = \frac{m_g}{g_d} \times 100\% \qquad (9-8)$$

式中　$m_g$——冻土中易溶盐的质量（g）；

　　　$g_d$——土骨架质量（g）。

（2）泥炭化冻土

冻土中泥炭化程度超过表9-17中数值时，应称为泥炭化冻土。

泥炭化冻土的泥炭化程度界限值　　　　表9-17

| 土类 | 碎石类土、砂类土 | 粉土、黏性土 |
| --- | --- | --- |
| 泥炭化程度（%） | 3 | 5 |

泥炭化冻土的泥炭化程度（$\xi$）应按式（9-9）计算。

$$\xi = \frac{m_\rho}{g_d} \times 100\% \qquad (9-9)$$

式中　$m_\rho$——冻土中植物残渣和泥炭的质量（g）；

　　　$g_d$——土骨架质量（g）。

5. 按冻土的体积压缩系数（$m_v$）或总含水率（$\omega$）分类

（1）坚硬冻土

$m_v \leqslant 0.01/\mathrm{MPa}$，土中未冻水含量很少，土粒由冰牢固胶结，土的强度高。坚硬冻土在荷载作用下，表现出脆性破坏和不可压缩性，与岩石相似。坚硬冻土的温度界限对分散度不高的黏性土为$-1.5℃$，对分散度很高的黏性土为$-7\sim-5℃$。

（2）塑性冻土

$m_v$ >0.01/MPa，虽被冰胶结但仍含有多量未冻结的水，具有塑性，在荷载作用下可以压缩，土的强度不高。当土的温度在零度以下至坚硬冻土温度的上限之间，饱和度 $S_r$ ≤80%时，常呈塑性冻土。塑性冻土的负温值高于坚硬冻土。

（3）松散冻土

含水率 $\omega$ ≤3%，由于土的含水率较小，土粒未被冰所胶结，仍呈冻前的松散状态，其力学性质与未冻土无多大差别。砂土和碎石土常呈松散冻土。

### 9.4.3 季节冻土和季节融化层土的冻胀性

当环境温度降至土的冻结起始温度时，土中水分开始结晶，水冻结时的体积膨胀，引起土颗粒的相对位移，使土的体积发生膨胀，即冻胀。

冻结峰面（冻结缘）指的是土体冻结过程开始后，土中的冻土与融土的分界面。

封闭系统冻胀指的是土体冻结过程中，无外来水源补给的冻胀。

开敞系统冻胀指的是土体冻结过程中，有外来水源补给的冻胀。

起始冻胀含水率：并非所有含水的土体都产生冻胀，只有当土体含水率超过一定界限值时，土才出现冻胀，通常将此界限含水率称为"起始冻胀含水率"。

土的冻胀特性与土体类型、含水率、冻结条件（速度、温度）、水源补给条件、外荷载作用等有关。一般情况下，粗颗粒土冻胀性小，甚至不冻胀，而细颗粒土一般冻胀较大；黏性土冻结时，不仅原位置的水会结冰膨胀，而且在渗透力（抽吸力）作用下，水分将从未冻结区向冻结峰面转移，并在那结晶膨胀。水分向冻结峰面的迁移和冻结，是土体产生强烈冻胀的直接原因；当冻结峰面较长时间停留在某一位置时，土中水分有充分时间向冻结峰面聚集、冻结，形成厚层状或透镜体冰体，土体发生严重冻胀，但冻结速度很快时，土中水分来不及转移，就在原地冻结，形成整体结构冻土，冻胀就较轻微。

季节冻土和季节融化层土的冻胀性，根据土冻胀率 $\eta$ 的大小，可按表9-18划分为：不冻胀、弱冻胀、冻胀、强冻胀和特强冻胀五级。冻土层的平均冻胀率 $\eta$ 按式（9-10）计算。

$$\eta = \frac{\Delta_z}{h' - \Delta_z} \times 100\% \tag{9-10}$$

式中　$\Delta_z$ ——地表冻胀量（mm）；

　　　$h'$ ——冻层厚度（mm）。

**季节冻土和季节融化层土的冻胀性分类**　　　　　表9-18

| 土的名称 | 冻前天然含水率 $\omega$（%） | 冻结期间地下水位距冻结面的最小距离 $h_w$（m） | 平均冻胀率 $\eta$（%） | 冻胀等级 | 冻胀类别 |
|---|---|---|---|---|---|
| 粉黏粒（粒径<0.075mm）含量小于15%的粗颗粒土[包括碎（卵）石、砾、粗、中砂]，粉黏粒含量小于或等于10%的细砂 | 不饱和 | 不考虑 | $\eta$≤1 | I | 不冻胀 |
| | 饱和含水 | 无隔水层 | 1<$\eta$≤3.5 | II | 弱冻胀 |
| | 饱和含水 | 有隔水层 | 3.5<$\eta$ | III | 冻胀 |

续表

| 土的名称 | 冻前天然含水率 $\omega$（%） | 冻结期间地下水位距冻结面的最小距离 $h_\omega$（m） | 平均冻胀率 $\eta$（%） | 冻胀等级 | 冻胀类别 |
|---|---|---|---|---|---|
| 粉黏粒含量大于或等于15%的粗颗粒土〔包括碎（卵）石，砾、粗、中砂〕；粉黏粒含量大于10%的细砂 | $\omega \leqslant 12$ | >1.0 | $\eta \leqslant 1$ | I | 不冻胀 |
| | | ≤1.0 | $1 < \eta \leqslant 3.5$ | II | 弱冻胀 |
| | $12 < \omega \leqslant 18$ | >1.0 | | | |
| | | ≤1.0 | $3.5 < \eta \leqslant 6$ | III | 冻胀 |
| | $18 < \omega$ | >0.5 | | | |
| | | ≤0.5 | $6 < \eta \leqslant 12$ | IV | 强冻胀 |
| 粉砂 | $\omega \leqslant 14$ | >1.0 | $\eta \leqslant 1$ | I | 不冻胀 |
| | | ≤1.0 | $1 < \eta \leqslant 3.5$ | II | 弱冻胀 |
| | $14 < \omega \leqslant 19$ | >1.0 | | | |
| | | ≤1.0 | $3.5 < \eta \leqslant 6$ | III | 冻胀 |
| | $19 < \omega \leqslant 23$ | >1.0 | | | |
| | | ≤1.0 | $6 < \eta \leqslant 12$ | IV | 强冻胀 |
| | $23 < \omega$ | 不考虑 | $12 < \eta$ | V | 特强冻胀 |
| 粉土 | $\omega \leqslant 19$ | >1.5 | $\eta \leqslant 1$ | I | 不冻胀 |
| | | ≤1.5 | $1 < \eta \leqslant 3.5$ | II | 弱冻胀 |
| | $19 < \omega \leqslant 22$ | >1.5 | | | |
| | | ≤1.5 | $3.5 < \eta \leqslant 6$ | III | 冻胀 |
| | $22 < \omega \leqslant 26$ | >1.5 | | | |
| | | ≤1.5 | $6 < \eta \leqslant 12$ | IV | 强冻胀 |
| | $26 < \omega \leqslant 30$ | >1.5 | | | |
| | | ≤1.5 | $12 < \eta$ | V | 特强冻胀 |
| | $30 < \omega$ | 不考虑 | | | |
| 黏性土 | $\omega \leqslant \omega_p + 2$ | >2.0 | $\eta \leqslant 1$ | I | 不冻胀 |
| | | ≤2.0 | $1 < \eta \leqslant 3.5$ | II | 弱冻胀 |
| | $\omega_p + 2 < \omega \leqslant \omega_p + 5$ | >2.0 | | | |
| | | ≤2.0 | $3.5 < \eta \leqslant 6$ | III | 冻胀 |
| | $\omega_p + 5 < \omega \leqslant \omega_p + 9$ | >2.0 | | | |
| | | ≤2.0 | $6 < \eta \leqslant 12$ | IV | 强冻胀 |
| | $\omega_p + 9 < \omega \leqslant \omega_p + 15$ | >2.0 | | IV | 强冻胀 |
| | | ≤2.0 | $12 < \eta$ | V | 特强冻胀 |
| | $\omega_p + 15 < \omega$ | 不考虑 | | | |

注：① $\omega_p$ 为塑限含水率（%）；$\omega$ 为冻前天然含水率在冻层内的平均值。

② 盐渍化冻土不在本表列。

③ 塑性指数大于22时，冻胀性降低一级。

④ 小于0.005mm粒径的含量大于或等于60%时，为不冻胀土。

⑤ 对于碎石类土，当填充物质量大于全部质量的40%时，其冻胀性按填充物土的类别判定。

⑥ 隔水层指季节冻结层底部及以上的隔水层。

### 9.4.4 多年冻土的融沉性

冻土的融沉特性：冻土融化时，孔隙和矿物颗粒周围的冰融化，水分沿孔隙逐渐排出，土中孔隙尺寸减小，在土体自重作用下，土体孔隙率会发生跳跃式变化的现象，用融沉系数 $\delta$ 来描述。

融化冻土的压缩下沉特性：冻土融化后，在荷载作用下产生的下沉，称为融化压缩下沉。用融化（体积）压缩系数来描述。

起始融沉含水率：地基冻土的融沉系数在 $0 \sim 1\%$ 范围内时，地基土的微弱沉降不会引起建筑物的变形，对应这个变形界限的冻土含水率称为冻土的"起始融沉含水率"。

起始融沉干密度：融沉系数与冻土的干密度关系密切，当冻土的干密度（孔隙比）小于某一数值时，冻土在融化过程不会出现下沉现象，对应的界限干密度称为"起始融沉干密度"。

在一维条件下，冻土层融化、压缩下沉总量可认为由与外荷载无关的融沉量和与外压力呈正比的压密下沉量组成（有冰夹层时还应加上冰夹层厚度）。

多年冻土的融沉性，根据土的融沉系数 $\delta_0$ 的大小，可按表 9-19 划分为：不融沉、弱融沉、融沉、强融沉和融陷五级。冻土层的平均融沉系数 $\delta_0$ 按式（9-11）计算。

$$\delta_0 = \frac{h_1 - h_2}{h_1} = \frac{e_1 - e_2}{1 + e_1} \times 100\% \tag{9-11}$$

式中　$h_1$、$e_1$ ——分别为冻土试样融化前的高度（mm）和孔隙比；

　　　$h_2$、$e_2$ ——分别为冻土试样融化后的高度（mm）和孔隙比。

**多年冻土的融沉性分级**　　　　　　　　　　　　表 9-19

| 土的名称 | 总含水率 $\omega$（%） | 平均融沉系数 $\delta_0$ | 融沉等级 | 融沉类别 | 冻土类型 |
|---|---|---|---|---|---|
| 碎（卵）石、砾、粗、中砂（粉黏粒含量小于15%） | $\omega < 10$ | $\delta_0 \leqslant 1$ | I | 不融沉 | 少冰冻土 |
| | $\omega \geqslant 10$ | $1 < \delta_0 \leqslant 3$ | II | 弱融沉 | 多冰冻土 |
| 碎（卵）石、砾、粗、中砂（粉黏粒含量大于或等于15%） | $\omega < 12$ | $\delta_0 \leqslant 1$ | I | 不融沉 | 少冰冻土 |
| | $12 \leqslant \omega < 15$ | $1 < \delta_0 \leqslant 3$ | II | 弱融沉 | 多冰冻土 |
| | $15 \leqslant \omega < 25$ | $3 < \delta_0 \leqslant 10$ | III | 融沉 | 富冰冻土 |
| | $\omega \geqslant 25$ | $10 < \delta_0 \leqslant 25$ | IV | 强融沉 | 饱冰冻土 |
| 粉、细砂 | $\omega < 14$ | $\delta_0 \leqslant 1$ | I | 不融沉 | 少冰冻土 |
| | $14 \leqslant \omega < 18$ | $1 < \delta_0 \leqslant 3$ | II | 弱融沉 | 多冰冻土 |
| | $18 \leqslant \omega < 28$ | $3 < \delta_0 \leqslant 10$ | III | 融沉 | 富冰冻土 |
| | $\omega \geqslant 28$ | $10 < \delta_0 \leqslant 25$ | IV | 强融沉 | 饱冰冻土 |
| 粉土 | $\omega < 17$ | $\delta_0 \leqslant 1$ | I | 不融沉 | 少冰冻土 |
| | $17 \leqslant \omega < 21$ | $1 < \delta_0 \leqslant 3$ | II | 弱融沉 | 多冰冻土 |
| | $21 \leqslant \omega < 32$ | $3 < \delta_0 \leqslant 10$ | III | 融沉 | 富冰冻土 |
| | $\omega \geqslant 32$ | $10 < \delta_0 \leqslant 25$ | IV | 强融沉 | 饱冰冻土 |

| 土的名称 | 总含水率 $\omega$ （%） | 平均融沉系数 $\delta_0$ | 融沉等级 | 融沉类别 | 冻土类型 |
|---|---|---|---|---|---|
| 黏性土 | $\omega < \omega_p$ | $\delta_0 \leqslant 1$ | I | 不融沉 | 少冰冻土 |
| | $\omega_p + 4 \leqslant \omega < \omega_p + 4$ | $1 < \delta_0 \leqslant 3$ | II | 弱融沉 | 多冰冻土 |
| | $\omega_p + 4 \leqslant \omega < \omega_p + 15$ | $3 < \delta_0 \leqslant 10$ | III | 融沉 | 富冰冻土 |
| | $\omega_p + 15 \leqslant \omega < \omega_p + 35$ | $10 < \delta_0 \leqslant 25$ | IV | 强融沉 | 饱冰冻土 |
| 含冰土层 | $\omega \geqslant \omega_p + 35$ | $\delta_0 \geqslant 25$ | V | 融陷 | 含冰土层 |

注：① 总含水率 $\omega$ 包括冰和未冻水。

② 本表不包括盐渍化冻土、冻结泥炭化土、腐殖土、高塑性黏土。

③ 粗颗粒土用起始融沉含水率代替 $\omega_p$。

### 9.4.5 冻土地基的勘察

冻土地基的岩土工程勘察应包括冻土的工程地质调查和测绘、勘探、取样、原位测试和室内试验、定位观测以及冻土工程地质条件评价及其预报。

1. 季节冻土地区的勘察

可按一般地区的勘察方法并参照多年冻土地区的勘察方法进行。但要查清并提供场地土的标准冻结深度。

2. 多年冻土地区的勘察

多年冻土地区的勘察应根据多年冻土的设计原则、多年冻土的类型和特征进行，并应查明下列内容：

（1）多年冻土的分布范围及上限深度（多年冻土上部界面的埋置深度）。

（2）多年冻土的类型、厚度、总含水率、构造特征、物理力学和热学性质。

（3）多年冻土层上水、层间水和层下水的赋存形式、相互关系及其对工程的影响。

（4）多年冻土的融沉性分级和季节融化层土的冻胀性分级。

（5）厚层地下冰、冰锥、冰丘、冻土沼泽、热融滑塌、热融湖塘、融冻泥流等不良地质作用的形态特征、形成条件、分布范围、发生发展规律及其对工程的危害程度。

多年冻土地区勘探的具体要求：

（1）勘探点的布置和勘探点的间距，除满足一般地区勘察要求外，尚应适当加密。

（2）勘探孔的深度应满足下列要求：

（a）对保持冻结状态设计的地基，不应小于基底以下2倍基础宽度，对桩基应超过桩端以下3～5m。

（b）对逐渐融化状态和预先融化状态设计的地基，应符合非冻土地基的要求。

（c）无论何种设计原则，勘探孔的深度均宜超过多年冻土上限深度的2倍。

（d）在多年冻土的不稳定地带，应查明多年冻土下限深度；当地基为饱冰冻土或含土冰层时，应穿透该层。

（3）采取土试样和进行原位测试的勘探点数量及竖向间距，可按一般地区勘察要求进行。在季节融化层，取样的竖向间距应适当加密。

（4）勘探测试还应满足下列要求：

（a）当冻土为第四系松散地层时，宜采取低速干钻工艺，回次进尺宜为0.2～0.5m；

对于高含冰量的冻结黏性土层，应采取快速干钻工艺，回次进尺不宜大于 0.8m；对于冻结的碎石土和基岩，宜采用低温冲洗液钻进。

（b）测定冻土基本物理指标的土样应由地表下 0.5m 开始逐层采取，当土层厚度小于 1.0m 时必须取一组样，当土层厚度大于 1.0m 时每米取一组样，冻土上限附近和含冰量变化大时应加密取样。对于测定冻土天然含水率的土样，宜在探井或探槽壁上刻取。试样在采取、搬运、贮存和试验过程中应避免融化。

（c）应分层测定地下水位。

（d）保持冻结状态设计地段的钻孔，孔内测温工作结束后应及时回填。

（e）试验项目除按常规要求外，尚应根据需要，进行总含水率、体积含冰量、相对含冰量、未冻水含量、冻结温度、导热系数、冻胀量、融化压缩等项目的试验；对盐渍化多年冻土和泥炭化多年冻土，尚应分别测定易溶盐含量和有机质含量。

（f）工程需要时，可建立地温观测点，进行地温观测，地温观测孔的深度应超过地温年变化深度 5m，且不得小于 15m。

（g）当需查明由冻土融化引起的不良地质作用时，调查和勘探工作宜在二、三月份进行；查明由冻土冻结引起的不良地质作用时，调查和勘探工作宜在七、八、九月份进行；查明多年冻土上限深度和工程特性的勘探，宜在九、十月份进行。

### 9.4.6 多年冻土的岩土工程评价

多年冻土的岩土工程评价应符合下列要求：

1. 多年冻土的地基承载力，应区别保持冻结地基和容许融化地基，结合当地经验用载荷试验或其他原位测试方法综合确定，对次要建筑物可根据邻近工程经验确定。

2. 除次要工程外，建筑物宜避开饱冰冻土、含土冰层地段和冰锥、冰丘、热融湖、厚层地下冰、融区与多年冻土区之间的过渡带，宜选择坚硬岩层、少冰冻土和多冰冻土地段以及地下水位或冻土层上水位低的地段和地形平缓的高地，一定要避开不良地段，选择有利地段。

3. 多年冻土地区地基处理措施。多年冻土地区地基处理措施应根据建筑物的特点和冻土的性质选择适宜有效的方法。一般选择以下处理方法：

（1）保护冻结法，宜用于冻层较厚、多年地温较低和多年冻土相对稳定的地带，以及不取暖的建筑物和富冰冻土、饱冰冻土、含土冰层的取暖建筑物或按容许融化法处理有困难的建筑物。

（2）容许融化法的自然融化宜用于地基总融陷量不超过地基容许变形值的少冰冻土或多冰冻土地基；容许融化法的预先融化宜用于冻土厚度较薄、多年地温较高、多年冻土不稳定的地带的富冰冻土、饱冰冻土和含冰土层地基，并可采用人工融化压密法或挖除换填法进行处理。

# 9.5 膨 胀 岩 土

### 9.5.1 膨胀岩土的定义

含有大量亲水矿物，湿度变化时有较大体积变化，变形受约束时产生较大内应力的岩土，应判定为膨胀岩土。膨胀岩土包括膨胀岩和膨胀土。

膨胀土是土中黏粒成分主要由亲水性矿物组成，同时具有显著的吸水膨胀和失水收缩两种变形特性的黏性土。它的主要特征是：

（1）粒度组成中黏粒（粒径小于 0.002mm）含量大于 30％。

（2）黏土矿物成分中，伊利石、蒙脱石等强亲水性矿物占主导地位。

（3）土体湿度增高时，体积膨胀并形成膨胀压力；土体干燥失水时，体积收缩并形成收缩裂缝。

（4）膨胀、收缩变形可随环境变化往复发生，导致土的强度衰减。

（5）属液限大于 40％的高塑性土。

具有上述第（2）、（3）、（4）项特征的黏土类岩石称膨胀岩。

《膨胀土地区建筑技术规范》GB 50112—2013 对膨胀土的定义包括三个内容：

（1）控制膨胀土胀缩势能大小的物质成分主要是土中蒙脱石的含量、离子交换量以及小于 $2\mu m$ 黏粒含量。这些物质成分本身具有较强的亲水特性，是膨胀土具有较大的胀缩变形的物质基础。

（2）除了亲水性外，物质本身的结构也很重要，电镜试验证明，膨胀土的微观结构属于面-面叠聚体，它比团粒结构有更大的吸水膨胀和失水收缩的能力。

（3）任何黏性土都具有胀缩性，问题在于这种特性对房屋安全的危害程度。规范以未经处理的一层砌体结构房屋的极限变形幅度 15mm 作为划分标准。当计算建筑物地基土的胀缩变形量超过此值时，即应按规范进行勘察、设计、施工和维护管理。

规范规定膨胀土同时具有膨胀和收缩两种变形特性，即吸水膨胀和失水收缩、再吸水再膨胀和再失水再收缩的胀缩变形可逆性。

### 9.5.2　膨胀岩土的成因分布及特征

膨胀土是指随含水率的增加而膨胀，随含水率的减少而收缩，具有明显膨胀和收缩特性的细粒土。膨胀土在世界上分布很广，如印度、以色列、美国、加拿大、南非、加纳、澳大利亚、西班牙、英国等均有广泛分布。在我国，膨胀土也分布很广，如云南、广西、贵州、湖北、湖南、河北、河南、山东、山西、四川、陕西、安徽等省区不同程度地都有分布，其中尤以云南、广西、贵州及湖北等省区分布较多，且有代表性。

膨胀土一般分布在二级及二级以上的阶地上或盆地的边缘，大多数是晚更新世及其以前的残坡积、冲积、洪积物，也有新近纪至第四纪的湖相沉积物及其风化层，个别分布在一级阶地上。

1. 成分结构特征

膨胀土中黏粒含量较高，常达 35％以上。矿物成分以蒙脱石和伊利石为主，高岭石含量较少。膨胀土一般呈红、黄、褐、灰白等色，具斑状结构，常含铁、锰或钙质结核。土体常具有网状裂隙，裂隙面比较光滑。土体表层常出现各种纵横交错的裂隙和龟裂现象，使土体的完整性破坏，强度降低。

2. 膨胀岩土的工程地质特征

（1）在天然状态下，膨胀土具有较大的天然密度和干密度，含水率和孔隙比较小。膨胀土的孔隙比一般小于 0.8，含水率多为 17％～36％，一般在 20％左右；但饱和度较大，一般在 80％以上，所以这种土在天然含水率下常处于硬塑或坚硬状态。

（2）膨胀土的液限和塑性指数都较大，塑限一般为 17％～35％，液限一般为 40％～

68％，塑性指数一般为 18～33。

（3）膨胀土一般为超压密的细粒土，其压缩性小，属中～低压缩性土，抗剪强度一般都比较高，但当含水率增加或结构受扰动后，其力学性质便明显减弱。

（4）当膨胀土失水时，土体即收缩，甚至出现干裂，而遇水时又膨胀鼓起，即使在一定的荷载作用下，仍具有胀缩性。膨胀土因受季节性气候的影响而产生胀缩变形，故这种地基将造成房屋开裂并导致破坏。

### 9.5.3 膨胀岩土的判别

膨胀岩土的判别，目前尚无统一的单一指标。国内外不同的研究者对膨胀岩土的判定标准和方法也不同，大多采用综合判别法。

1. 膨胀土的判别

我国《岩土工程勘察规范》GB 50021—2001（2009 年版）规定，具有下列特征的土可初判为膨胀土：

（1）多分布在二级或二级以上阶地、山前丘陵和盆地边缘。

（2）地形平缓、无明显自然陡坎。

（3）常见浅层滑坡、地裂，新开挖的路堑、边坡、基槽易生坍塌。

（4）裂缝发育方向不规则，常有光滑面和擦痕，裂缝中常充填灰白、灰绿色黏土。

（5）干时坚硬，遇水软化，自然条件下呈坚硬或硬塑状态。

（6）自由膨胀率一般大于 40％。

（7）未经处理的建筑物成群破坏、低层较多层严重，刚性结构较柔性结构严重。

（8）建筑物开裂多发生在旱季，裂缝宽度随季节变化。

我国《膨胀土地区建筑技术规范》GB 50112—2013 规定，场地具有下列工程地质特征及建筑物破坏形态，且土的自由膨胀率大于或等于 40％的黏性土，应判为膨胀土：

（a）土的裂隙发育常有光滑面和擦痕，有的裂隙中充填有灰白、灰绿等杂色黏土，自然条件下呈坚硬或硬塑状态。

（b）多出露于二级或二级以上阶地、山前和盆地边缘丘陵地带，地形较平缓，无明显的陡坎。

（c）常见有浅层滑坡、地裂。新开挖坑（槽）壁易发生坍塌等现象。

（d）建筑物多呈"倒八字""X"形或水平裂缝，裂缝随气候变化张开或闭合。

2. 膨胀土的终判方法

对初判为膨胀土的地区，应计算土的膨胀变形量、收缩变形量和胀缩变形量，并划分胀缩等级。当拟建场地或其邻近有膨胀岩土损坏的工程时，应判定为膨胀岩土，并进行详细调查，分析膨胀岩土对工程的破坏机制，估计膨胀力的大小和胀缩等级。值得说明的是：

（1）自由膨胀率是一个很有用的指标，但不能作为唯一依据，否则易造成误判。

（2）从实用出发，应以是否造成工程的损害为最直接的标准；但对于新建工程，不一定有已有工程的经验可借鉴，此时仍可通过各种室内试验指标结合现场特征判定。

（3）初判和终判不是互相分割的，应互相结合，综合分析，工作的次序是从初判到终判，但终判时仍应综合考虑现场特征，不宜只凭个别试验指标确定。

3. 膨胀岩的判别

（1）多见于黏土岩、页岩、泥质砂岩；伊利石含量大于20％。

（2）具有前述膨胀土的判别中的第（2）～（5）项的特征。

对于膨胀岩的判别尚无统一指标，作为地基时，可参照膨胀土的判定方法进行判定。目前，膨胀岩作为其他环境介质时，其膨胀性的判定标准也不统一。例如，中国科学院地质研究所将钠蒙脱石含量5％～6％，钙蒙脱石含量11％～14％作为判定标准。中铁第一勘察设计院以蒙脱石含量8％或伊利石含量20％作为标准。此外，也有将黏粒含量作为判定指标的，例如中铁第一勘察设计院以粒径小于0.002mm含量占25％或粒径小于0.005mm含量占30％作为判定标准。还有将干燥饱和吸水率25％作为膨胀岩和非膨胀岩的划分界线。

但是，最终判定时岩石膨胀性的指标还是膨胀力和不同压力下的膨胀率，这一点与膨胀土相同。对于膨胀岩，膨胀率与时间的关系曲线以及在一定压力下膨胀率与膨胀力的关系，对洞室的设计和施工具有重要的意义。

### 9.5.4  膨胀岩土地区的勘察

膨胀岩土地区的勘察除按一般地区的要求外，应着重下列内容：

1. 工程地质测绘和调查

膨胀岩土地区工程地质测绘和调查宜采用1：2000～1：1000比例尺，应着重研究下列内容：

（1）研究微地貌、地形形态及其演变特征，划分地貌单元，查明天然斜坡是否有胀缩剥落现象。

（2）查明场地内岩土膨胀造成的滑坡、地裂、小冲沟等的分布。

（3）查明膨胀岩土的成因、年代、竖向和横向分布规律及岩土体膨胀性的各向异性程度。

（4）查明膨胀岩节理、裂隙构造及其空间分布规律。

（5）调查地表水排泄、积聚情况；地下水的类型、水位及其变化幅度；土层中含水率的变化规律。

（6）搜集当地不少于10年的气象资料，包括降水量、蒸发量、干旱和降水持续时间及气温、地温等，了解其变化特点。

（7）调查当地建筑物的结构类型、基础形式和埋深、建筑物的损坏部位、破裂机制、破裂的发生发展过程及胀缩活动带的空间展布规律。

（8）调查当地天然及人工植被的分布和浇灌方法。

2. 勘察方法及工作量

勘察方法及工作量根据勘察阶段决定，应满足如下要求：

（1）勘探点宜结合地貌单元和微地貌形态布置；其数量应比非膨胀岩土地区适当增加，其中采取试样的勘探点不应少于全部勘探点的1/2，详细勘察阶段，地基基础设计等级为甲级的建筑物，不应少于勘探点数的2/3，且不得少于3个勘探点。

（2）勘探孔的深度，除应满足基础埋深和附加应力的影响深度外，尚应超过大气影响深度；控制性勘探孔不应小于8m，一般性勘探孔不应小于5m。

（3）采取原状土样应从地表下1m处开始，在大气影响深度内，每个控制性勘探孔均应采取Ⅰ、Ⅱ级土试样，取样间距不应大于1m，在大气影响深度以下，取样间距可为1.5～2.0m；一般性勘探孔从地表下1m开始至5m深度内，可取Ⅲ级土试样，测定天然含水率。

（4）膨胀岩土应测定自由膨胀率、收缩系数、膨胀率以及膨胀压力。对膨胀土需测定50kPa压力下的膨胀率，对膨胀岩尚应测定黏粒、蒙脱石或伊利石含量、体膨胀量及无侧限抗压强度。为确定膨胀岩土的承载力、膨胀压力，还可进行浸水载荷试验、剪切试验和旁压试验等。

3. 室内试验

对膨胀岩土除一般物理力学性质指标试验外，尚应进行下列工程特性指标试验：

1）自由膨胀率（$\delta_{ef}$）

自由膨胀率是人工制备的烘干土，在水中增加的体积与原体积的比，按式（9-12）计算。

$$\delta_{ef} = \frac{v_w - v_0}{v_0} \tag{9-12}$$

式中　$v_w$——土样在水中膨胀稳定后的体积（mL）；

　　　$v_0$——土样原有体积（mL）。

2）膨胀率（$\delta_{ep}$）

$$\delta_{ep} = \frac{h_W - h_0}{h_0} \tag{9-13}$$

式中　$h_W$——土样浸水膨胀稳定后的高度（mm）；

　　　$h_0$——土样原始高度（mm）。

膨胀率可用来评价地基的胀缩等级，计算膨胀土地基的变形量以及测定膨胀力。

3）收缩系数（$\lambda_s$）

收缩系数是不扰动土试样在直线收缩阶段，含水率减少1%时的竖向线缩率，按式（9-14）计算。

$$\lambda_s = \frac{\Delta\delta_s}{\Delta\omega} \tag{9-14}$$

式中　$\Delta\omega$——收缩过程中直线变化阶段两点含水率之差（%）；

　　　$\Delta\delta_s$——收缩过程中与两点含水率之差对应的竖向线缩率之差（%）。

收缩系数可用来评价地基的胀缩等级，计算膨胀土地基的变形量。

（1）竖向线缩率（$\delta_c$）：不扰动土试样的垂直收缩变形与原始高度的比值（%），按式（9-15）计算。

$$\delta_c = \frac{z - z_0}{h_0} \tag{9-15}$$

式中　$z$——百分表某次读数（mm）；

　　　$z_0$——百分表初始读数（mm）；

　　　$h_0$——试样原始高度（mm）。

（2）土的收缩曲线：以线缩率为纵坐标，含水率为横坐标，绘制含水率$\omega$与相应的竖向线缩率$\delta_c$的关系曲线。曲线可分为直线收缩阶段、过渡阶段、微收缩阶段。利用曲线的直线收缩阶段可以计算收缩系数$\lambda_s$，收缩曲线如图9-2所示。

4）膨胀力（$p_c$）

不扰动土试样在体积不变时，由于浸水膨胀产生的最大应力。

膨胀力可用来衡量土的膨胀势和考虑地基的承载能力。膨胀力的测量方法如下：

（1）压缩膨胀法

对不扰动土试样按常规压缩试验方法分级加压，最大压力要稍大于预估的膨胀力。试样在最大压力下压缩下沉稳定后，向容器内自下而上注水，使水面超过试样顶面。待试样浸水膨胀稳定后，按加荷等级分级卸荷。测记每级卸荷后试样的膨胀变形，计算各级压力下的膨胀率：

$$\delta_{\text{sep}} = \frac{z_p + z_e - z_0}{h_0} \tag{9-16}$$

式中　$z_p$——在一定压力作用下试样浸水膨胀稳定后百分表的读数（mm）；

　　　$z_e$——在一定压力作用下，压缩仪卸荷回弹的校正值（mm）；

　　　$z_0$——试样压力为零时百分表的初读数（mm）；

　　　$h_0$——试样加荷前的原始高度（mm）。

试样卸荷至零，求出各级压力下的膨胀率。以各级压力的膨胀率为纵坐标，压力为横坐标，绘制膨胀率与压力的关系曲线，该曲线与横坐标的交点即为试样的膨胀力，膨胀率-压力曲线如图 9-3 所示。

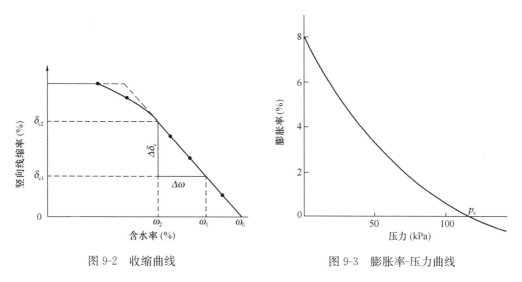

图 9-2　收缩曲线　　　　　　　　图 9-3　膨胀率-压力曲线

（2）自由膨胀法

不扰动土试样预加 8kPa 接触压力，向容器浸水，待土试样浸水膨胀稳定后，向试样逐级加荷，当加荷出现明显的极限压力点时，可按加荷的同样等级卸荷，观测回弹变形。取孔隙比压力曲线上对应于天然孔隙比的压力为自由膨胀法的膨胀力。孔隙比与压力曲线的回弹支的斜率即为自由膨胀法的膨胀指数 $C_{SF}$。

（3）等容法

试样浸水后密切观测，当有膨胀变形发生时，即施加一相应的荷重，以消除膨胀变形。当加荷至土试样表现为无膨胀时，继续加荷直至土试样产生较大压缩变形。孔隙比-压力曲线上水平线的对应值即为膨胀力。孔隙比-压力曲线回弹支的斜率即为等容法的膨

胀指数 $C_{SO}$。

（4）野外测试

① 现场浸水载荷试验

本试验用以确定地基土的承载力和浸水时的膨胀变形量。

（a）试验场地应选在有代表性的地段，试坑和设备的布置应符合现场浸水载荷试验试坑及设备布置示意的要求（图 9-4）。

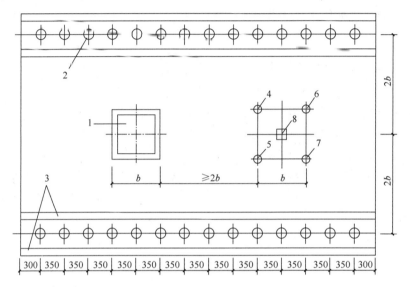

1-方形压板；2-φ127 砂井；3-砖砌砂槽；4-1b 深测标；5-2b 深测标；
6-3b 深测标；7-大气影响深度测标；8-深度为零的测标

图 9-4　现场浸水载荷试验试坑及设备布置示意（mm）

（b）承压板面积不应小于 $0.5m^2$。

（c）在承压板附近应设置一组深度为 0、1b、2b、3b（b 为压板宽度或直径）和等于当地大气影响深度的分层测标或采用一孔多层测标方法，以观测各层土的膨胀变形量。

（d）采用钻孔或砂槽双面浸水，深度不应小于当地的大气影响深度，且不应小于 4b。

（e）采用重物分级加荷和高精度水准仪观测变形。

（f）应分级加荷至设计荷载。每级荷载施加后，应按 0.5h、1h 各观测沉降一次，以后可每隔 1h 或更长时间观测一次，直至沉降达到相对稳定后再加下一级荷载。

（g）连续 2h 的沉降量不大于 0.1mm/h 时，即可认为沉降稳定。

（h）当施加最后一级荷载（总荷载达到设计荷载）沉降达到稳定后，应在砂槽和砂井内浸水，浸水水面不应超过承压板底面。浸水期间应每 3d 观测一次膨胀变形；膨胀变形相对稳定后的标准为连续两个观测周期内，其变形量不大于 0.1mm/3d。浸水时间不应少于两周。

（i）试验前和试验后应分层取不扰动土试样在室内进行物理力学试验和膨胀试验。

（j）绘制各级荷载下的变形和压力曲线以及分层测标变形与时间关系曲线，以确定土的承载力和可能的膨胀量。

（k）取破坏荷载的 1/2 作为地基土承载力的特征值。在特殊情况下，可按地基设计要求的变形值在 $p$-$s$ 曲线上选取所对应的荷载作为地基承载力的特征值（图 9-5）。

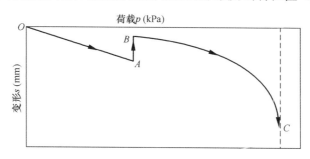

图 9-5　现场浸水载荷试验 $p$-$s$ 关系曲线示意

② 膨胀土湿度系数 $\psi_w$ 的测定

膨胀土湿度系数是指在自然条件下，地表下 1m 处土层含水率可能达到的最小值与其塑限值之比。

膨胀土湿度系数应根据当地十年以上的土的含水率变化及有关气象资料统计求出。无此资料时，可按式（9-17）计算。

$$\psi_w = 1.152 - 0.726\alpha - 0.00107C \tag{9-17}$$

式中　$\alpha$——当年 9 月至次年 2 月的蒸发力之和与全年蒸发力之比（月平均气温小于 0℃的月份不统计在内）；

　　　$C$——全年中干燥度（即蒸发力与降水量之比）大于 1.0 且月平均气温大于 0℃的月份的蒸发力与降水量差值之和（mm）。

### 9.5.5　膨胀岩土的岩土工程评价

1. 膨胀土场地的分类

按场地的地形地貌条件，可将膨胀土建筑场地分为两类：

（1）平坦场地：地形坡度小于 5°，或地形坡度为 5°～14°且距坡肩水平距离大于 10m 的坡顶地带。

（2）坡地场地：地形坡度大于或等于 5°，或地形坡度小于 5°且同一座建筑物范围内局部地形高差大于 1m 的场地。

2. 膨胀土地基的胀缩等级

膨胀土的膨胀潜势可按自由膨胀率分为强、中、弱三个等级，如表 9-20 所示。根据地基的胀缩、收缩变形对低层砖混房层的影响程度，地基土的胀缩等级可按分级变形量分为三级，如表 9-21 所示。

**膨胀土的膨胀潜势**　　表 **9-20**

| 自由膨胀率（%） | 膨胀潜势 |
| --- | --- |
| $40 \leqslant \delta_{ef} < 65$ | 弱 |
| $65 \leqslant \delta_{ef} < 90$ | 中 |
| $\delta_{ef} \geqslant 90$ | 强 |

| 膨胀土地基的胀缩等级 | 表 9-21 |
| --- | --- |
| 分级变形量（mm） | 级别 |
| $15 \leqslant s_c < 35$ | I |
| $35 \leqslant s_c < 70$ | II |
| $s_c \geqslant 70$ | III |

3. 膨胀土地基变形计算

膨胀土地基变形计算，可按以下三种情况（图 9-6）。

（1）当离地表 1m 处地基上的天然含水率等于或接近最小值时或地面有覆盖且无蒸发可能性，以及建筑物在使用期间，经常有水浸湿地基，可按式（9-18）计算膨胀变形量。

$$s_e = \psi_e \sum_{i=1}^{n} \delta_{epi} h_i \qquad (9\text{-}18)$$

式中　$s_e$——地基土的膨胀变形量（mm）；

　　　$\psi_e$——计算膨胀变形量的经验系数，宜根据当地经验确定，无经验时，三层及三层以下建筑物，可采用 0.6；

　　　$\delta_{epi}$——基础底面下第 $i$ 层土在该土的平均自重压力与平均附加压力之和作用下的膨胀率，由室内试验确定；

　　　$h_i$——第 $i$ 层土的计算厚度（mm）；

　　　$n$——自基础底面至计算深度内所划分的土层数（图 9-6a），计算深度应根据大气影响深度确定；有浸水可能时，可按浸水影响深度确定。

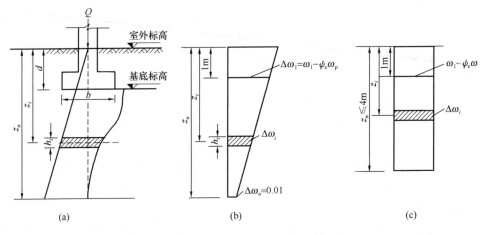

图 9-6　膨胀土地基变形计算示意图

（2）当离地表 1m 处地基土的天然含水率大于 1.2 倍塑限含水率时，或直接受高温作用的地基，可按式（9-19）计算收缩变形量。

$$s_s = \psi_s \sum_{i=1}^{n} \lambda_{si} \Delta \omega_i h_i \qquad (9\text{-}19)$$

式中　$s_s$——地基土的收缩变形量（mm）；

　　　$\psi_s$——计算收缩变形量的经验系数，宜根据当地经验确定，无经验时，三层及三层以下建筑物可采用 0.8；

$\lambda_{si}$——第 $i$ 层土的收缩系数，应由室内试验确定；

$\Delta\omega_i$——地基土收缩过程中，第 $i$ 层土可能发生的含水率变化的平均值（以小数计），

按 $\Delta\omega_i = \Delta\omega_1 - (\Delta\omega_1 - 0.01)\dfrac{z_i - 1}{z_n - 1}$ 计算；

$n$——自基础底面至计算深度内所划分的土层数，计算深度应根据大气影响深度
确定；当有热源影响时，可按热源影响深度确定；在计算深度内有稳定地
下水位时，可计算至水位以上 3m。

在计算深度内，各土层的含水率变化值，应按式（9-20）计算。

$$\Delta\omega_i = \Delta\omega_1 - (\Delta\omega_1 - 0.01)\frac{z_i - 1}{z_n - 1} \tag{9-20}$$

$$\Delta\omega_1 = \omega_1 - \psi_w \omega_p \tag{9-21}$$

式中　$\omega_1$、$\omega_p$——地表下 1m 处土的天然含水率和塑限含水率；

$\psi_w$——土的湿度系数，在自然气候影响下，地表 1m 处土层含水率可能达到
的最小值与其塑限之比；

$z_i$——第 $i$ 层土的深度（m）；

$z_n$——计算深度（m），可取大气影响深度，在地表下 4m 土层深度内存在不
透水基岩时，可假定含水率变化值为常数（图 9-6c），在计算深度内有
稳定地下水位时，可计算至水位以上 3m。

（3）在其他情况下，可按式（9-22）计算地基土的胀缩变形量。

$$s = \psi\sum_{i=1}^{n}(\delta_{epi} + \lambda_{si}\Delta\omega_i)h_i \tag{9-22}$$

式中　$s$——地基土胀缩变形量（mm）；

$\psi$——计算胀缩变形量的经验系数，宜根据当地经验确定，无可依据经验时，三层
及三层以下可取 0.7。

4. 地基承载力的确定

（1）一级工程的地基承载力应采用浸水载荷试验方法确定，二级工程宜采用浸水载
荷试验，三级工程可采用饱和状态下不固结不排水三轴剪切试验计算或根据已有经验
确定。

（2）采用饱和三轴不排水快剪试验确定土的抗剪强度时，可按国家标准《建筑地基基
础设计规范》GB 50007—2011 中有关规定计算承载力。

（3）已有大量试验资料地区，可制订承载力表，供一般工程采用，无资料地区，可采
用国家标准《膨胀土地区建筑技术规范》GB 50112—2013 的相关数据。

5. 设计注意事项

（1）膨胀土地基上建筑物的设计应遵循预防为主、综合治理的原则。设计时，应根据
场地的工程地质特征和水文气象条件以及地基基础的设计等级，结合当地经验，注重总平
面和竖向布置，采取消除或减小地基胀缩变形量以及适应地基不均匀变形能力的建筑和结
构措施；并应在设计文件中明确施工和维护管理要求。

（2）建筑物地基设计应根据建筑结构对地基不均匀变形的适应能力，采取相应的措
施。地基分级变形量小于 15mm 以及建造在常年地下水位较高的低洼场地上的建筑物，

可按一般地基设计。

（3）地下室外墙的土压力应同时计入水平膨胀力的作用。

（4）对烟囱、炉、窑等高温构筑物和冷库等低温建筑物，应根据可能产生的变形危害程度，采取隔热保温措施。

（5）在抗震设防地区，建筑和结构防治措施应同时满足抗震构造要求。

（6）对建在膨胀岩土上的建筑物，其基础埋深、地基处理、桩基设计、总平面布置、建筑和结构措施、施工和维护，均应符合现行国家标准《膨胀土地区建筑技术规范》GB 50112—2013 的规定。

（7）对边坡及位于边坡上的工程，应进行稳定性验算，验算时应考虑坡体内含水率变化的影响；均质土可采用圆弧滑动法，有软弱夹层及层状膨胀岩土应按最不利的滑动面验算；具有胀缩裂缝和地裂缝的膨胀土边坡，应进行沿裂缝滑动的验算。

坡地场地稳定性分析时，考虑含水率变化的影响十分重要，含水率变化的原因有：

① 挖方填方量较大时，岩土体的含水状态将发生变化。

② 平整场地破坏了原有地貌、自然排水系统和植被，改变了岩土体吸水和蒸发。

③ 坡面受多向蒸发，大气影响深度大于平坦地带。

④ 坡地旱季出现裂缝，雨季雨水灌入，易产生浅层滑坡；久旱降雨造成坡体滑动。

### 9.5.6 膨胀岩土地区工程措施

1. 场址选择

场址选择时应选具有排水通畅、坡度小于 14°并有可能采用分级低挡土墙治理，胀缩性较弱的地段；避开地形复杂、地裂、冲沟、浅层滑坡发育或可能发育、地下溶沟、溶槽发育、地下水位变化剧烈的地段。

2. 总平面设计

总平面设计时宜使同一建筑物地基土的分级变形差不大于 35mm，竖向设计宜保持自然地形和植被，并宜避免大挖大填；应考虑场地内排水系统的管道渗水对建筑物升降变形的影响。地基设计等级为甲级的建筑物应布置在膨胀土埋藏较深，胀缩等级较低或地形较平坦的地段，基础外缘 5m 范围内不得积水。

3. 坡地建筑

在坡地上建造建筑时要验算坡体的稳定性，考虑坡体的水平移动和坡体内土的含水率变化对建筑物的影响。

4. 斜坡滑动防治

对不稳定或可能产生滑动的斜坡必须采取可靠的防治滑坡措施，如设置支挡结构、排除地面及地下水、设置护坡等措施。

5. 基础埋置深度

膨胀土地基上建筑物的基础埋置深度不应小于 1m。当以基础埋深为主要防治措施时，基础埋深应取大气影响急剧层深度或通过变形验算确定。当坡地坡角为 5°～14°，基础外边缘至坡肩的水平距离为 5～10m 时，基础埋深可按式（9-23）及图 9-7 确定。

$$d = 0.45 d_a + (10 - l_p) \tan\beta + 0.30 \tag{9-23}$$

式中　$d$——基础埋置深度（m）；

$d_a$——大气影响深度（m）；

$\beta$——设计斜坡的坡角；

$l_p$——基础外边缘至坡肩的水平距离（m）。

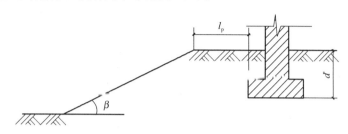

图 9-7　坡地上基础埋深示意图

6. 地基处理

膨胀土地基处理可采用换土、砂石或灰土垫层、土性改良等方法，亦可采用桩基或墩基。换土可采用非膨胀性材料、灰土或改良土，换土厚度可通过变形计算确定。平坦场地上Ⅰ、Ⅱ级膨胀土的地基处理，宜采用砂、碎石垫层，垫层厚度不应小于 300mm，垫层宽度应大于基底宽度，两侧宜采用与垫层相同的材料回填，并做好防水处理。膨胀土土性改良可采用掺合水泥、石灰等材料，掺合比和施工工艺应通过试验确定。

7. 宽散水

以宽散水为主要防治措施，散水宽度在Ⅰ级膨胀土地基上不应小于 2m，在Ⅱ级膨胀土地基上不应小于 3m，坡度宜为 3%～5%，建筑物基础埋深可为 1m。

8. 建筑体型

建筑体型力求简单，在下列情况下应设沉降缝：

（1）挖方与填方交界处或地基土显著不均匀处。

（2）建筑物平面转折部位或高度（或荷重）有显著差异部位。

（3）建筑结构（或基础）类型不同部位。

9. 膨胀土地区建筑物的室内地面设计，应根据使用要求分别对待，对Ⅲ级膨胀土地基和使用要求特别严格的地面，可采取地面配筋或地面架空等措施。

10. 建筑物应根据地基土胀缩等级采取下列结构措施：

（1）较均匀且胀缩等级为Ⅰ级的膨胀土地基，可采用条形基础；基础埋深较大或条基基底压力较小时，宜采用墩基；对胀缩等级为Ⅲ级或设计等级为甲级的膨胀土地基，宜采用桩基础。

（2）承重墙体应采用实心墙，墙厚不应小于 240mm，砌体强度等级不应低于 MU10，砌筑砂浆强度等级不宜低于 M5；不应采用空斗墙、砖拱、无砂大孔混凝土和无筋中型砌块。

（3）砌体结构除应在基础顶部和屋盖处各设置一道钢筋混凝土圈梁外，对于Ⅰ级、Ⅱ级膨胀土地基上的多层房屋，其他楼层可隔层设置圈梁；对于Ⅲ级膨胀土地基上的多层房屋，应每层设置圈梁。

（4）砌体结构应设置构造柱，构造柱应设置在房屋的外墙拐角，楼（电）梯间，内、外墙交接处，开间大于 4.2m 的房间纵、横墙交接处或隔开间横墙与内纵墙交接处。

（5）外廊式房屋应采用悬挑结构。

11．道路路基

膨胀岩土作为道路路基时，一般情况下宜采取石灰填层或石灰水处理以及其他措施，以消除膨胀性对路面的影响。

12．膨胀岩地区的地下工程

膨胀岩地区的地下工程设计除应符合《岩土锚杆与喷射混凝土支护工程技术规范》GB 50086—2015 的规定外，尚需满足下列要求：

（1）井挖断面及导坑断面宜选用圆形，分部开挖时，各开挖断面形状应光滑，自稳时间不能满足施工要求时，宜采用超前支护。

（2）全断面开挖、导坑及分部开挖时，应根据施工监控的收敛量和收敛率安设锚杆，分层喷射混凝土，必要时分层布筋，应使各层适时形成封闭型支护，并考虑各断面之间的相互影响。开挖时适当预留收敛裕量。早期变形过大时，宜采用可伸缩支护。

（3）设置封闭型永久支护，设置时间由施工监控的收敛量及收敛率决定。

13．施工开挖

膨胀岩土场地上进行工程开挖时，在基底设计标高以上预留 150～300mm 土层，并应待下一工序开始前继续挖除，验槽后，应及时浇筑混凝土垫层或采取其他封闭措施。

14．维护

应定期检查管线阻塞、漏水情况，挡土结构及建筑物的位移、变形、裂缝等。必要时应进行变形、地温、岩土的含水率和岩土压力的观测工作。

# 9.6 盐 渍 岩 土

### 9.6.1 盐渍岩土的形成和类型

1．盐渍岩土的定义

盐渍岩土是指易溶盐含量大于或等于 0.3％且小于 20％，并具有溶陷或盐胀等工程特性的土；对含有较多的石膏、芒硝、岩盐等硫酸盐或氯化物的岩层，则称为盐渍岩。

2．盐渍岩土的形成条件

盐渍岩是由含盐度较高的天然水体（如泻湖、盐湖、盐海等）通过蒸发作用产生的化学沉积所形成的岩石；盐渍土是当地下水沿土层的毛细管升高至地表或接近地表，经蒸发作用水中盐分被析出并聚集于地表或地下土层中形成的。

盐渍岩土一般形成于干旱半干旱地区、内陆盆地及农田、渠道。

3．盐渍岩土的分布

我国的盐渍岩主要分布在四川盆地、湘西、鄂西地区（中三叠纪），云南、江西（白垩纪），江汉盆地、衡阳盆地、南阳盆地、东濮盆地、洛阳盆地等（下第三纪）和山西（中奥陶纪）。盐渍土主要分布在西北干旱地区的青海、新疆、甘肃、宁夏、内蒙古等地区；在华北平原、松辽平原、大同盆地和青藏高原的一些湖盆洼地也有分布。由于气候干燥，内陆湖泊较多，在盆地到高山地区，多形成盐渍土。滨海地区，由于海水侵袭也常形成盐渍土。在平原地带，由于河床淤积或灌溉等原因也常使土地盐渍化，形成盐渍土。

盐渍土的厚度一般不大。平原和滨海地区，一般在地表向下 2～4m，其厚度与地下水的埋深、土的毛细作用上升高度和蒸发强度有关。内陆盆地盐渍土的厚度有的可达几十米，如柴达木盆地中盐湖区的盐渍土厚度可达 30m 以上。

绝大多数盐渍土分布地区，地表有一层白色盐霜或盐壳，厚数厘米至数十厘米。盐渍土中盐分的分布随季节、气候和水文地质条件而变化，在干旱季节地面蒸发量大，盐分向地表聚集，这时地表土层的含盐量可超过 10%，随着深度的增加，含盐量逐渐减少。雨季地表盐分被地面水冲淋溶解，并随水渗入地下，表层含盐量减少，地表白色盐霜或盐壳甚至消失。因此，在盐渍土地区，经常发生盐类被淋溶和盐类聚集的周期性的发展过程。

### 9.6.2　盐渍岩土的分类

1. 盐渍岩的分类

盐渍岩可分为石膏、硬石膏岩，石盐岩和钾镁质岩三类。

2. 盐渍土按盐的化学成分分类

按含盐类的性质可分为氯盐类（$NaCl$、$KCl$、$CaCl$、$MgCl_2$）、硫酸盐类（$Na_2SO_4$，$MgSO_4$）和碳酸盐类（$Na_2CO_3$、$NaHCO_3$）三类。

盐渍土所含盐的性质，主要以土中所含的阴离子，如氯根（$Cl^-$）、硫酸根（$SO_4^{2-}$）、碳酸根（$CO_3^{2-}$）、重碳酸根（$HCO_3^-$）的含量（每 100g 土中的毫摩尔数）的比值来表示。盐渍土按含盐化学成分分类如表 9-22 所示。

盐渍土按含盐化学成分分类　　　　　表 9-22

| 盐渍土名称 | $\dfrac{c(Cl^-)}{2c(SO_4^{2-})}$ | $\dfrac{2c(CO_3^{2-})+c(HCO_3^-)}{c(Cl^-)+2c(SO_4^{2-})}$ |
|---|---|---|
| 氯盐渍土 | >2.0 | — |
| 亚氯盐渍土 | >1.0，≤2.0 | — |
| 亚硫酸盐渍土 | >0.3，≤1.0 | — |
| 硫酸盐渍土 | ≤0.3 | — |
| 碱性盐渍土 | — | >0.3 |

3. 盐渍土按含盐量分类

盐渍土按含盐量分类可以分为：弱盐渍土、中盐渍土、强盐渍土和超盐渍土，如表 9-23 所示。

盐渍土按含盐量分类　　　　　表 9-23

| 盐渍土名称 | 盐渍土层的平均含盐量（%） | | |
|---|---|---|---|
|  | 氯盐及亚氯盐渍土 | 硫酸盐渍土及亚硫酸盐渍土 | 碱性盐渍土 |
| 弱盐渍土 | ≥0.3，<1.0 | — | — |
| 中盐渍土 | ≥1.0，<5.0 | ≥0.3，<2.0 | ≥0.3，<1.0 |
| 强盐渍土 | ≥5.0，<8.0 | ≥2.0，<5.0 | ≥1.0，<2.0 |
| 超盐渍土 | ≥8.0 | ≥5.0 | ≥2.0 |

4. 盐渍土按土的颗粒粒径组分分类

盐渍土按土的颗粒粒径组分可以分为粗颗粒盐渍土和细颗粒盐渍土，其含盐量应按照规范《盐渍土地区建筑技术规范》GB/T 50942—2014 规定的测试方法进行测定。

5. 盐渍土场地分类

盐渍土场地应根据地基土含盐量、含盐类型、水文与水文地质条件、地形、气候、环境等因素按表 9-24 划分为简单、中等复杂和复杂三类场地。

盐渍土场地类型分类　　　　　　　　　　　表 9-24

| 场地类型 | 条件 |
| --- | --- |
| 复杂场地 | ①平均含盐量为强或超盐渍土；②水文和水文地质条件复杂；③气候条件多变，正处于积盐或褪盐期 |
| 中等复杂场地 | ①平均含盐量为中盐渍土；②水文和水文地质条件可预测；③气候条件、环境条件单向变化 |
| 简单场地 | ①平均含盐量为弱盐渍土；②水文和水文地质条件简单；③气候条件、环境条件稳定 |

注：场地划分应从复杂向简单推定，以最先满足的为准；每类场地满足相应的单个或多个条件均可。

### 9.6.3　盐渍岩土工程勘察

1. 盐渍岩土工程勘察内容

盐渍岩土地区的勘察工作，包括下列内容：

（1）收集当地的气象资料和水文资料。

（2）调查场地及附近盐渍土地区地表植被种属、发育程度及分布特点。

（3）调查场地及附近盐渍土地区工程建设经验和既有建（构）筑物使用、损坏情况。

（4）查明盐渍土的成因、分布、含盐类型和含盐量。

（5）查明地表水的径流、排泄和积聚情况。

（6）查明地下水类型、埋藏条件、水质、水位、毛细水上升高度及季节性变化规律。

（7）测定盐渍土的物理和力学性质指标。

（8）评价盐渍土地基的溶陷性及溶陷等级。

（9）评价盐渍土地基的盐胀性及盐胀等级。

（10）评价环境条件对盐渍土地基的影响。

（11）评价盐渍土对建筑材料的腐蚀性。

（12）测定天然状态和浸水条件下的地基承载力特征值。

（13）提出地基处理方案及防护措施的建议。

2. 盐渍土地区勘察阶段

盐渍土地区的勘察阶段可分为可行性研究勘察阶段、初步勘察阶段和详细勘察阶段，各阶段勘察应符合下列规定：

（1）可行性研究勘察阶段：应通过现场踏勘、工程地质调查和测绘，收集有关自然条件、盐渍土危害程度与治理经验等资料，初步查明盐渍土的分布范围、盐渍化程度及其变化规律，为建筑场地选择提供必要的资料。

（2）初步勘察阶段：应通过详细的地形、地貌、植被、气象、水文、地质、盐渍土病害等的调查，配合必要的勘探、现场测试、室内试验，查明场地盐渍土的类型、盐渍化程度、分布规律及对建（构）筑物可能产生的作用效应，提出盐渍土地基设计参数、地基处理和防护的初步方案。

（3）详细勘察阶段：在初步勘察的基础上详细查明盐渍土地基的含盐性质、含盐量、盐分分布规律、变化趋势等，并根据各单项工程地基的盐渍土类型及含盐特点，进行岩土工程分析评价，提出地基综合治理方案。

（4）对场地面积不大，地质条件简单或有建筑经验的地区，可简化勘察阶段，但应符合初步勘察和详细勘察两个阶段的要求。

（5）对工程地质条件复杂或有特殊要求的建（构）筑物，宜进行施工勘察或专项勘察。

3. 盐渍土场地勘测点布置

盐渍土场地各勘察阶段勘探点的数量、间距和深度应符合下列规定：

（1）在详细勘察阶段，每幢独立建（构）筑物的勘探点不应少于 3 个；取不扰动土样勘探点数不应少于总勘探点数的 1/3；勘探点中应有一定数量的探井（槽）；初勘阶段的勘探点应符合现行国家标准《岩土工程勘察规范》GB 50021—2001（2009 年版）的规定。

（2）勘探点间距应根据建（构）筑物的等级和盐渍土场地的复杂程度按表 9-25 确定。

勘探点间距（m）　　　　　　　　　　　　　表 9-25

| 场地复杂程度 | 可行性研究勘察阶段 | 初步勘察阶段 | 详细勘察阶段 |
| --- | --- | --- | --- |
| 简单场地 | — | 75～200 | 30～50 |
| 中等复杂场地 | 100～200 | 40～100 | 15～30 |
| 复杂场地 | 50～100 | 30～50 | 10～15 |

（3）勘探深度应根据盐渍土层的厚度、建（构）筑物荷载大小与重要性及地下水位等因素确定，以钻穿盐渍土层或至地下水位以下 2～3m 为宜，且不应小于建（构）筑物地基压缩层计算深度。当盐渍土层厚度很大时，宜有一定量的勘探点钻穿盐渍土层。

（4）盐渍土试样的采取应符合下列要求：

① 对扰动土试样的采取，其取样间距为：在深度小于 5m 时，应为 0.5m；在深度为 5～10m 时，应为 1.0m；在深度大于 10m 时，应为 2.0m。

② 对不扰动土试样的采取，应从地表处开始，在 10m 深度内取样间距应为 1.0～2.0m，在 10m 深度以下应为 2.0～3.0m，初步勘察取大值，详细勘察取小值；在地表、地层分界处及地下水位附近应加密取样。

③ 对于细粒土，扰动土试样的重量不应小于 500g；对于粗粒土，粒径小于 2mm 的颗粒的重量不应小于 500g，粒径小于 5mm 的颗粒的重量不应少于 1000g；非均质土样不应小于 3000g。

（5）根据盐渍岩土的岩性特征，选用载荷试验等适宜的原位测试方法。对于溶陷性盐渍土尚应进行浸水载荷试验，以确定其溶陷性。对盐胀性盐渍土应进行长期观测和现场试验，以确定盐胀临界深度、有效盐胀厚度和总盐胀量。

（6）室内试验可根据工程需要对盐渍土进行化学成分分析和土的结构鉴定。对具有溶陷性和盐胀性的盐渍土应进行溶陷性和盐胀性试验。当需要求得有害毛细水上升高度值时，对砂土应测定最大分子吸水量；对黏性土应测定塑限含水率。

（7）工程需要时，宜测定毛细水强烈上升高度。无测试条件时，可按表 9-26 取经验值。

各类土毛细水强烈上升高度经验值　　　　　　　　表 9-26

| 土的名称 | 含砂黏性土 | 含黏粒砂土 | 粉砂 | 细砂 | 中砂 | 粗砂 |
|---|---|---|---|---|---|---|
| 毛细水强烈上升高度（m） | 3.0～4.0 | 1.9～2.5 | 0.9～1.2 | 0.9～1.2 | 0.5～0.8 | 0.2～0.4 |

### 9.6.4 盐渍岩土的工程评价

1. 盐渍岩土的岩土工程评价准则

（1）环境条件变化对盐渍岩土工程性能的影响：环境条件主要指地区的水文气象、地形地貌、场地积水、地下水位、管道渗漏和开挖地下洞室等，当这些条件改变后，对场地和地基会有较大影响，应对场地的适宜性和岩土工程条件进行评价。

（2）应考虑岩土的含盐类型、含盐量和主要含盐矿物对岩土工程性能的影响。

2. 盐渍土评价的内容和方法

1）盐渍土的溶陷性评价

根据资料，只有干燥的和稍湿的盐渍土才具有溶陷性，且大多具自重溶陷性。溶陷性的判定应先进行初步判定。符合下列条件之一的盐渍土地基，可初步判定为非溶陷性或不考虑溶陷性对建（构）筑物的影响：

碎石类盐渍土中洗盐后粒径大于 2mm 的颗粒超过全重的 70% 时，可判为非溶陷性土。

当碎石类盐渍土、砂土盐渍土以及粉土盐渍土的湿度为饱和，黏性土盐渍土状态为软塑～流塑，且工程的使用环境条件不变时，可不计溶陷性对建（构）筑物的影响。

当初步判定为溶陷性土时，应根据现场土体类型、场地复杂程度、工程重要性等级，采用现场浸水载荷试验法、室内压缩试验法测定盐渍土的溶陷系数；当无条件进行现场浸水载荷试验和室内压缩试验时，可采用液体排开法。对于设计等级为甲级、乙级的建（构）筑物，每一建设场区或同一地质单元均应进行不少于 3 处测定溶陷系数的浸水载荷试验；对于设计等级为丙级的建（构）筑物，可采用室内溶陷性试验。

（1）溶陷系数的确定

溶陷系数可由室内压缩试验或现场浸水载荷试验求得。室内试验测定溶陷系数的方法与湿陷系数试验相同；现场浸水载荷试验得到的平均溶陷系数 $\delta$ 可按式（9-24）计算。

$$\delta = \Delta S / H \tag{9-24}$$

式中　$\Delta S$——盐渍土层浸水后的溶陷量（mm）；

　　　$H$——承压板下盐渍土的浸湿深度（mm）。

根据溶陷系数值的大小将溶陷性分为以下三类：

当 $0.01 < \delta \leqslant 0.03$ 时，具有轻微溶陷性；

当 $0.03 < \delta \leqslant 0.05$ 时，具有中等溶陷性；

当 $\delta > 0.05$ 时，具有强溶陷性。

（2）盐渍土地基总溶陷量的计算和溶陷等级的确定

盐渍土地基的总溶陷量 $S_{rx}$ 除可按《盐渍土地区建筑技术规范》GB/T 50942—2014 附录 C 盐渍土地基浸水载荷试验方法直接测定外，也可按式（9-25）计算。

$$S_{rx} = \sum_{i=1}^{n} \delta_{rxi} h_i (i=1,\cdots,n) \tag{9-25}$$

式中　$S_{rx}$ —— 盐渍土地基的总溶陷量计算值（mm）；

　　　$\delta_{rxi}$ —— 室内试验测定的第 $i$ 层土的溶陷系数；

　　　$h_i$ —— 第 $i$ 层土的厚度（mm）；

　　　$n$ —— 基础底面以下可能产生溶陷的土层层数。

盐渍土地基的溶陷等级可按表 9-27 分为三级。

盐渍土地基的溶陷等级　　　　　　　　　　表 9-27

| 溶陷等级 | 总溶陷量 $S_{rx}$（mm） |
|---|---|
| Ⅰ 级弱溶陷 | $70 < S_{rx} \leqslant 150$ |
| Ⅱ 级中溶陷 | $150 < S_{rx} \leqslant 400$ |
| Ⅲ 级强溶陷 | $S_{rx} > 400$ |

2）盐渍土的盐胀性评价

盐渍土的盐胀主要是由于硫酸钠结晶吸水后的体积膨胀造成的。盐渍土地基的盐胀性是指整平地面以下 2m 深度范围内土的盐胀性。盐胀性宜根据现场试验测定有效盐胀厚度和总盐胀量确定。盐渍土地基中硫酸钠含量小于 1%，且使用环境条件不变时，可不计盐胀性对建（构）筑物的影响。根据资料，盐渍土产生盐胀的土层厚度约为 2.0m，盐胀力一般小于 100kPa。

当初步判定为盐胀性土时，应根据现场土体类型、场地复杂程度、工程重要性等级，采用现场试验方法、室内试验法测定盐胀性。对于设计等级为甲级、乙级的建（构）筑物，每一建设场区或同一地质单元进行的现场浸水试验不应少于 3 处；对于设计等级为丙级的建（构）筑物，可进行室内盐胀性试验。

（1）盐胀系数

盐胀系数 $\eta$ 可按式（9-26）计算。

$$\eta = S_{yz}/H \tag{9-26}$$

式中　$\eta$ —— 盐胀系数；

　　　$S_{yz}$ —— 最大盐胀量（mm），测试方法有现场和室内两种；

　　　$H$ —— 有效盐胀区厚度（mm）。

（2）盐渍土的盐胀性分类

盐渍土的盐胀性可根据盐胀系数 $\eta$ 的大小和硫酸钠含量 $C_{ssn}$ 按表 9-28 进行分类。

盐渍土的盐胀性分类　　　　　　　　　　表 9-28

| 指标盐胀性 | 非盐胀性 | 弱盐胀性 | 中盐胀性 | 强盐胀性 |
|---|---|---|---|---|
| 盐胀系数 $\eta$ | $\eta \leqslant 0.01$ | $0.01 < \eta \leqslant 0.02$ | $0.02 < \eta \leqslant 0.04$ | $\eta > 0.04$ |
| 硫酸钠含量 $C_{ssn}$（%） | $C_{ssn} \leqslant 0.5$ | $0.5 < C_{ssn} \leqslant 1.2$ | $1.2 < C_{ssn} \leqslant 2.0$ | $C_{ssn} > 2.0$ |

注：当盐胀系数和硫酸钠含量两个指标判断的盐胀性不一致时，应以硫酸钠含量为主。

（3）盐渍土地基总盐胀量的计算和盐胀等级的确定

盐渍土地基的总盐胀量 $S_{yz}$ 除可按《盐渍土地区建筑技术规范》GB/T 50942—2014 附录 E 硫酸盐渍土盐胀性现场试验方法直接测定外，也可按式（9-27）计算。

$$S_{yz} = \sum_{i=1}^{n} \delta_{yzi} h_i \quad (i = 1, \cdots, n) \tag{9-27}$$

式中　$S_{yz}$——盐渍土地基的总盐胀量计算值（mm）；

　　　$\delta_{yzi}$——室内试验测定的第 $i$ 层土的溶陷系数；

　　　$h_i$——第 $i$ 层土的厚度（mm）；

　　　$n$——基础底面以下可能产生盐胀的土层层数。

盐渍土地基的盐胀等级可按表 9-29 分为三级。

盐渍土地基的盐胀等级 表 9-29

| 盐胀等级 | 总盐胀量 $S_{yz}$（mm） |
| --- | --- |
| Ⅰ级弱盐胀 | $30 < S_{yz} \leqslant 70$ |
| Ⅱ级中盐胀 | $70 < S_{yz} \leqslant 150$ |
| Ⅲ级强盐胀 | $S_{yz} > 150$ |

3. 盐渍土的腐蚀性评价

盐渍土的腐蚀性主要表现在对混凝土和金属材料的腐蚀。由于我国盐渍土中的含盐成分主要是氯盐和硫酸盐。因此，腐蚀性的评价，以 $Cl^-$、$SO_4^{2-}$ 为主要腐蚀性离子；对钢筋混凝土，$Mg^{2+}$、$NH_4^+$ 和水（土）的酸碱度（pH）也对腐蚀性有重要影响，也应作为评价指标。其他离子则以总盐量表示。盐渍土的腐蚀性，应对地下水或土中的含盐量按《岩土工程勘察规范》GB 50021—2001（2009 年版）进行评价。水和土对砌体结构、水泥和石灰的腐蚀性评价按《盐渍土地区建筑技术规范》GB/T 50942—2014 执行。

## 习题

1. 地下工程施工时常见的不良工程地质问题有哪些？
2. 简述湿陷性黄土的勘察要点。
3. 软土的岩土工程评价应包括哪些内容？
4. 简述膨胀土的定义。
5. 简述盐渍土的岩土工程评价准则。

# 第10章 地下工程勘察报告与评价

**本章重点**

- 地下工程勘察报告编制要求。
- 岩土参数的分析评价准则。
- 工程问题的分析与评价。
- 地下工程勘察报告的主要内容。

## 10.1 成果报告的基本要求

1. 勘察报告编制要求

（1）报告文件的编制标准。报告编制应做到论述全面、内容可靠、条理清晰、重点突出、编排合理、文字、表格、图件相符，方便阅读和存档。

（2）插表与附表编制要求。插表是支持文字说明的表格，附表是汇总、统计各类岩土参数的表格。对勘察过程中所取得的所有岩土参数进行分类、汇总、统计之后列表表示，不得将试验室或原始表格不加统计，直接列入勘察报告内。

（3）插图与附图编制要求。插图是支持文字说明的图件，附图是直接反映勘察成果的图件。本次勘察所提交附图主要包括：区域地质图、勘探点平面布置图、工程地质剖面图与断面图、波速成果曲线图、抽水试验曲线图、钻孔柱状图、岩芯照片等。

（4）附件编制要求。附件内容要求分块按一定顺序整编，将重要的支持性内容（如岩矿鉴定等必须附上的原始资料）作为附件，列在勘察报告后。

（5）图件要求。绘制断面图宜按照线路走向将钻孔投影到线路的右线上，断面图上还应表示地形、地物、站位、轨道顶底板标高、线路方向等重要内容。

（6）报告文件的格式。所提报告宜按要求进行编制和装订。

（7）其他规定。

① 根据地下工程勘察的特点，工程地质纵断面图的左侧为线路的起点方向，右侧为终点方向；图上标明线路里程、拟定底板高程。

② 所有钻孔分类宜统一编号，钻孔的性质宜在平面图上用符号加以区别。

2. 勘察报告内容基本要求

勘察报告应根据各勘察阶段的勘察要求有针对性地编写。可行性勘察阶段、初步勘察阶段、详细勘察阶段和施工勘察阶段的工作应有连续性。详细勘察阶段同一地质单元内相邻工点的地层划分应具有统一性，同一水文地质单元内相邻工点的地下水类型需统一。报告格式和内容、参数提供方式、图件绘制比例等，可在满足规范要求的基础上根据设计要求进行适当调整。

（1）可行性研究勘察报告基本要求

① 提供区域地质资料（地形地貌、地质构造、地层岩性）、水文地质资料、抗震设计资料及气象资料等。

② 根据对收集的地质资料和勘察结果的分析，初步进行工程地质分区并划分工程地质单元和水文地质单元。

③ 分析评价不良地质作用、特殊性岩土、地质灾害对线路方案、敷设方式及施工方法的影响。

④ 初步评价场地的稳定性和适宜性。

⑤ 根据拟建线路的工程地质条件、水文地质条件、拟建工程和环境的相互影响等方面对拟建线路方案的可行性进行评价，必要时可提出局部线段比选建议方案。

⑥ 根据可行性勘察阶段的勘察结果有针对性地对初步勘察工作提出建议。

（2）初步勘察阶段报告基本要求

① 提供拟建线路沿线的地形地貌、地质构造、地层岩性特征及设计施工参数范围值。

② 初步确定地下水的类型、补给、径流和排泄条件，含水层和隔水层的分布，水位动态变化规律，评价地下水对工程的影响。

③ 对全线进行工程地质及水文地质分区。

④ 初步确定拟建线路沿线的抗震设计条件，进行场地土类别初步划分和地基土初步液化判定。

⑤ 提出不良地质作用及特殊性岩土的分布特征和工程特性，初步分析其对工程的影响并提出工程建议。

⑥ 评价场地的适宜性及稳定性。

⑦ 提出工程建设和环境的相互影响及防治措施。

⑧ 根据初步施工方法提供岩土设计及施工参数建议值。

⑨ 对线路地基基础方案进行初步评价。

⑩ 对线路位置、隧道埋深、施工方法提出建议。

⑪ 对详细勘察工作提出建议。

（3）详细勘察阶段报告基本要求

在初步勘察工作的基础上，详细勘察报告需在以下几方面对初步勘察报告进行完善：

① 提供拟建线路沿线的地形地貌、地质构造、地层岩性详细特征及设计施工参数确定值。

② 提供地下水的类型，埋深，补给、径流和排泄条件，含水层和隔水层的分布，水位动态变化规律（必要时需评价周围环境对地下水位的影响），评价地下水对工程的影响；对需进行降水的工程还需提供渗透系数等参数；评价地下水的腐蚀性。

③ 全线进行工程地质及水文地质分区，此阶段可对初步勘察阶段的划分进行调整。

④ 提供拟建线路沿线的抗震设计条件，进行场地土类型划分、场地类别判定和地基土液化判定；评价场地的适宜性及稳定性。

⑤ 提供不良地质作用及特殊性岩土的分布特征和工程特性，分析其对工程的影响并提出工程防治建议。

⑥ 评价场地的适宜性及稳定性；提出特殊地质条件并分析其对工程的影响。

⑦ 根据地上、地下建（构）筑物调查结果，提出工程建设和环境的相互影响及保护措施。

⑧ 针对不同的施工方法，分析地基、围岩、边坡的工程问题，预测施工中可能存在的风险，提出地基基础方案、地下水控制措施、围岩分级及稳定性、围岩加固、基坑开挖、支护等建议。

⑨ 根据线路施工方法提供有针对性的岩土设计及施工参数建议值。

⑩ 提出施工监测检测建议。

⑪ 对施工勘察工作提出建议。

（4）施工勘察阶段报告基本要求

施工勘察报告应针对工程的具体情况，对需要补充调查、勘察、测试的问题，提供补充勘察资料和数据，并应进行分析评价，提出建议。

## 10.2　岩土参数、地下工程分析评价

在地下工程建设中，不同类型工点的参数要求不完全一致，但一般应首先满足一定的参数要求，这些参数是通过相应的试验获得的。

1）要求的参数

（1）地基强度分析方面的参数

除需了解沿线地层空间分布规律及一般物理指标（含水率、密度、相对密度）、力学指标（黏聚力、内摩擦角、压缩模量与压缩系数）外，还需查明基底或桩基以下是否存在软弱下卧层，重点提供基底以下各土层的压缩模量、压缩系数、垂直基床系数、地基土的极限承载力、地基承载力标准值（车站与车辆段）、地基土的容许承载力（区间、施工竖井）。对于桩基，还需查明不同类型桩基的极限侧摩阻力标准值、桩端持力土层的极限端阻力标准值。

（2）变形分析方面的参数

除需了解沿线地层空间分布规律及一般物理指标（含水率、密度、相对密度）、力学指标（黏聚力、内摩擦角、压缩模量与压缩系数）外，还需验算地基基础沉降、桩基沉降、基坑边坡位移、支护结构变形、降水引起的地基沉降、地下工程施工引起的沉降时，需提供各土层压缩模量、变形模量、压缩系数、水平基床系数与垂直基床系数、回弹模量、泊松比、土的固结应力历史等指标。

（3）工法（含加固措施）的确定方面的参数

明挖施工过程中，需查明是否具备放坡开挖的条件及边坡坡度容许值；矿山法施工和盾构施工过程中，需及时进行导管注浆、管棚支护、旋喷加固等围岩加固措施，因此需提供土层的渗透系数、孔隙比、颗粒级配与颗分曲线、密度、黏聚力、抗剪强度、围岩分级与土石工程分级等指标。对于冻结法施工以及空调通风等设计，还需提供土层的热物理指标等。

（4）结构抗震设计方面的参数

需提供场地土地类型与场地类别、抗震设防烈度、卓越周期、地震基本加速度、设计

223

地震分组、饱和粉土与砂土的液化可能性及其液化指数、地震动力参数等。

（5）地下水影响分析方面的参数

地下水影响分析包括基坑突涌与流砂产生的可能性分析、结构抗浮与防渗设计、建筑材料的抗腐蚀性要求、施工过程中地下水处理措施等，为此需按工点提供地下水类型及其埋深、含水岩组特征、渗透系数、影响半径、弹性释水系数、导水系数、给水度、地下水的边界条件、水的腐蚀性结果、历年最高水位、抗浮设防水位、防渗设防水位等。

2）参数的获取

（1）原位测试技术

在岩土体所处的位置，基本保持岩土原来的结构、湿度和应力状态，对岩土体进行的测试，称为原位测试。

对于难以取得高质量原状土样的土类（软塑土、流塑软土、砂类土、碎石土），应主要通过原位测试的试验方法取得试验指标，并基于其试验指标与土的工程性质的研究结果（相关关系），评价土的工程性能，确定岩土工程设计参数。有些土类虽然可以取得原状土样，但因取样后的条件变化等，其试验结果与实际之间仍然存在差异，因此应积极推进原位测试方法。

岩土工程勘察常用的原位测试技术有：标准贯入试验、静力触探试验、十字板剪切试验、旁压试验、扁铲侧胀试验、圆锥动力触探试验、载荷试验、现场直接剪切试验、岩体原位应力测试、波速测试。

（2）岩土室内试验

岩土工程勘察的室内试验包括土的物理性质试验、土的力学性质试验、动力性质试验等。

① 土的物理性质试验

土的物理性质试验主要用于测定颗粒级配、土粒相对密度、天然含水率、天然密度、塑限、液限、有机质含量等（表10-1）。

**土的物理性质及获取参数一览表**　　　　　　　　　　　　　　　表 10-1

| 序号 | 试验名称 | 试验方法 | 获取参数 | 符号 |
|---|---|---|---|---|
| 1 | 含水率试验 | 烘干法 | 含水率（量） | $\omega$ |
| | | 酒精燃烧法 | | |
| | | 比重瓶法 | | |
| | | 炒干法 | | |
| 2 | 密度试验 | 环刀法 | 密度 | $\rho$ |
| | | 蜡封法 | | |
| | | 灌水法 | | |
| | | 灌砂法 | | |
| 3 | 土粒相对密度试验 | 比重瓶法 | 土粒相对密度 | $d_s$ |
| | | 浮称法 | | |
| | | 虹吸筒法 | | |

| 序号 | 试验名称 | 试验方法 | 获取参数 | 符号 |
|---|---|---|---|---|
| 4 | 颗粒分析试验 | 筛析法<br>密度计法<br>移液管法 | 特征颗粒、不均匀度系数、曲率系数、黏粒含量 | $d_{10}$、$d_{10}$、$d_{10}$、$d_{10}$、$d_{10}$、$C_u$、$C_c$、$\rho_c$ |
| 5 | 界限含水率试验 | 液塑限联合测定法<br>碟式仪液限试验<br>滚搓法塑限试验<br>收缩皿法缩限试验 | 塑限、液限、塑性指数、液性指数 | $W_p$、$W_L$、$I_p$、$I_L$ |
| 6 | 砂的相对密度试验 | — | 相对密度试验 | $D_r$ |
| 7 | 有机质试验 | — | 有机质含量 | $W_u$ |

② 土的力学性质试验

土的力学性质试验包括固结试验、直剪试验、三轴压缩试验、无侧限抗压强度试验、静止侧压力系数试验、回弹试验等（表 10-2）。

土的力学性质试验及获取参数一览表 表 10-2

| 序号 | 试验名称 | 试验方法 | 获取参数 | 符号 |
|---|---|---|---|---|
| 1 | 固结试验 | 标准固结试验<br>应变控制连续加荷固结试验 | 压缩模量、压缩系数、压缩指数、回弹指数、固结系数 | $E_s$、$a_v$、$C_c$、$C_s$、$C_v$ |
| 2 | 直接剪切试验 | 慢剪试验<br>固结快剪试验<br>快剪试验<br>砂类土的直剪试验 | 黏聚力、内摩擦角 | $c$、$\varphi$ |
| 3 | 三轴压缩试验 | 不固结不排水剪<br>固结不排水<br>固结排水<br>一个试样多级加荷试验 | 黏聚力、内摩擦角 | $c$、$\varphi$ |
| 4 | 无侧限抗压强度试验 | — | 无侧限抗压强度、灵敏度 | $q_u$、$S_t$ |
| 5 | 静止侧压力试验 | — | 静止侧压力系数 | $k_0$ |
| 6 | 回弹模量试验 | 杠杆压力仪法<br>强度仪法 | 回弹模量 | $E_e$ |
| 7 | 渗透试验 | 常水头渗透试验<br>变水头渗透试验 | 渗透系数 | $k$ |

③ 动力性质试验

岩土的动力性质试验包括动三轴试验、动单剪试验或共振柱试验。共振柱试验可用于测定小动应变时的动弹性模量和动阻尼比，动三轴和动单剪试验适用于分析测定土的下列动力性质：

（a）动弹性模量、动阻尼比及其与动应变的关系；用动三轴仪测定时，在施加动荷载前，宜在模拟原位应力条件下，先使土样固结。动荷载的施加，应从小应力开始，连续观测若干循环周数，然后逐渐加大动应力。

（b）既定循环周数下的动应力与动应变关系。

（c）饱和土的液化剪应力与动应变循环周数的关系，当出现孔隙水压力上升达到初始固结压力时，或轴向动应变达到5％时，即可判定土样液化。

3）参数选用和分析的原则

可行性研究阶段和初步勘察阶段岩土的物理力学性质指标，可按工程地质单元和层位分别统计；详细勘察阶段岩土的常规物理力学性质指标，应按工点和层位分别统计，特殊岩土指标可按工程地质单元统计。各阶段主要参数应计算其平均值、最小值、最大值、标准差、变异系数、子样数，并符合规范的相关规定。

确定岩土参数时，应按下列内容评价其可靠性和适宜性：

（1）取样、试验操作等因素对测试成果的影响：对由于过失误差造成的试验数据应予以舍弃。

（2）采用的测试方法及取值标准：物理性质指标及按正常使用极限状态计算的变形指标，分析其平均值，承载能力极限状态强度下计算分析其标准值。

（3）测试方法与分析评价方法的配套性：不同的指标与试验方法选定不同的统计参数，物理性质参数以算术平均值作为标准值；用于降水的渗透系数给定试验小值的平均值；压缩模量与变形模量根据固结程度选定标准值；土的抗剪强度宜取试验峰值的小值平均值作为标准值，而三轴试验则以试验平均值为标准值。物探测试指标，如波速与电阻率，采用加权平均值作为标准值。

（4）必要时采用多种方法测试，进行分析比较。

# 10.3 工程问题的分析与评价

1. 基本要求

岩土工程分析评价应在工程地质测绘、勘探、测试和搜集已有资料的基础上，结合工程特点和要求进行。

岩土工程分析评价应符合下列要求：

（1）充分了解工程结构的类型、特点、荷载情况和变形控制要求。

（2）掌握场地的地质背景，考虑岩土材料的非均匀性、各向异性和随时间的变化，评估岩土参数的不确定性，确定其最佳估值。

（3）充分考虑当地经验和类似工程的经验。

（4）对于理论依据不足、实践经验不多的岩土工程问题，可通过现场模型试验或足尺试验取得试验数据进行分析评价。

（5）必要时，可建议通过施工监测调整设计和施工方案。

岩土工程分析评价应在定性分析的基础上进行定量分析。岩土体的变形、强度和稳定应定量分析；场地的适宜性、场地地质条件的稳定性，可仅做定性分析。

岩土工程计算应符合下列基本要求：

（1）按承载能力极限状态计算，可用于评价岩土地基承载力和边坡、挡墙、地基稳定性等问题，可根据有关设计规范规定，用分项系数或总安全系数方法计算，有经验时也可用隐含安全系数的抗力容许值进行计算。

（2）按正常使用极限状态要求进行验算控制，可用于评价岩土体的变形、动力反应、透水性和涌水量等。

岩土工程的分析评价，应根据岩土工程勘察等级区别进行。对丙级岩土工程勘察，可根据邻近工程经验，结合触探和钻探取样试验资料进行；对乙级岩土工程勘察，应在详细勘探、测试的基础上，结合邻近工程经验进行，并提供岩土的强度和变形指标；对甲级岩土工程勘察，除按乙级要求进行外，尚宜提供载荷试验资料，必要时应对其中的复杂问题进行专门研究，并结合监测对评价结论进行检验。

任务需要时，可根据工程原型或足尺试验岩土体性状的量测结果，用反分析的方法反求岩土参数，验证设计计算，查验工程效果或事故原因。

2. 工程问题的分析与评价

勘察工作应在工程地质调查、勘探、测试、收集已有资料的基础上，结合各工点的特点与要求，进行岩土工程分析评价。分析和评价的主要范围包括：工程场地的稳定性评价；地下工程的围岩分级、围岩压力大小、围岩稳定与变形分析；地上工程的地基承载能力与变形分析；不良地质作用与特殊性岩土对工程的影响分析及治理建议；划分场地土类型与场地类别，评价地基液化和震陷的可能性；地下水对工程的静水压力、浮托作用等影响分析、对建筑材料的腐蚀性影响分析；工程与环境的相互影响分析。

（1）场地稳定性与适宜性的评价

从场区的区域地质方面和不良地质作用与特殊性岩土方面的分布来评价场地的稳定性与适宜性。

① 区域稳定性分析：收集有关地震资料，根据沿线地震活动频率及地震烈度分析构造断裂的活动性，并分析构造断裂对拟建工程的影响和程度。

② 不良地质作用和特殊性岩土：判断场地是否存在不良地质作用与特殊性岩土，如有，则根据分布范围与特征评价其对工程的影响程度和治理建议。

（2）地基地震效应评价

划分场地土类型与场地类别，评价地震液化和震陷的可能性。根据适用规范，分析和评价 20m 或 15m 深度范围内的饱和粉土与砂土的液化可能性，同时，如有液化土层，计算液化指数，评价液化程度，并提出相应处理措施与建议。

（3）围岩稳定和变形分析（地下工程）

确定隧道结构围岩的岩性与状态、围岩分级与土石可挖性分级，根据地下水的影响程度，修正围岩分级；根据围岩岩性特征，判断围岩坍塌、冒顶的可能；根据围岩的物理力学指标分析围岩自稳能力；分析围岩垂直压力与侧向压力，及其分布特点。估算支护结构受力大小，分析拟定支护措施的可行性与安全性，并提供相应参数，如地层与混凝土之间的摩擦系数、土体与锚固体之间的黏结强度标准值等。

根据不同施工工法，估算围岩可能产生的变形大小。对盾构施工，分别考虑过洞前、过洞中、过洞后引起的沉降。

（4）边坡稳定与变形分析（明挖工程与地下工程）

分析边坡类型和破坏形式，并根据岩土类型，采用工程类比法与极限平衡法进行分析计算。根据破坏方式分别采取圆弧滑动法、平面滑动法、折线滑动法、赤平极限投影法，计算边坡稳定系数。

根据侧压力大小，分析拟定支护措施的可行性与安全性，收集附近场地类似工程的支护经验及其相应参数。

（5）本分析主要针对车站及车辆段地面建筑物，通过分析计算地基承载力是否满足上部荷载要求，确定是否需要地基加固。对于天然地基，则对地基持力层进行比选和建议，对于复合地基，则提供处理措施。如存在软弱下卧层，则验算下卧层的承载力与变形大小。

对于深大基坑，考虑基坑回弹变形。

（6）地下水对工程的影响

① 对水、土的简易分析结果进行分析，评价其对钢筋、混凝土、钢筋混凝土中的钢筋的腐蚀性，并提出保护措施。

② 根据历年最高水位与当地水文气象资料，分析抗浮设防水位；根据地下水类型、埋深与性质，分析其对地下结构的浮托作用、对围岩分级影响；潜蚀、流砂、坍塌、管涌发生的可能性；是否需要降水，并提供降水方案建议与参数分析；降水引起的地表变形，并对水资源的保护提出合理建议。

（7）环境影响分析

分析评价基坑开挖与隧道掘进过程中引起的地面下沉、隆起或水平位移，对邻近建筑物及地下管线的影响。

分析评价降水施工引起的地下水位变化及导致区域性降落漏斗、水源枯竭、水质恶化、地面沉降等的可能性，并提出防治措施的建议。

根据勘察成果，预测将来施工对周围建（构）筑物、地下管线可能产生的影响，并提出建议措施。

# 10.4 勘察报告内容

1. 勘察报告的基本内容

勘察报告的内容应根据勘察阶段、任务要求、工程设计条件、地质条件等情况综合确定。各勘察阶段的勘察报告均由文字、表格、图件组成。各勘察阶段的各部分基本内容详述如下：

1）文字部分内容

（1）勘察任务来源、工程概况、依据规范和执行标准、勘察目的、勘察要求及任务。

（2）勘察方法、手段、设计及完成工作量。

（3）拟建场区的区域工程地质条件（地形、地貌、构造等）、水文地质条件、气象条件。工程地质分区、水文地质分区及各区特性介绍。

（4）拟建场区周围环境条件介绍，地上（地下）建（构）筑物介绍，分析拟建线路施工时及运营后与环境的相互影响。

（5）地层分布情况及岩性特征、地层物理力学特征、工程等级划分、隧道围岩分级。

（6）不良地质作用、特殊性岩土描述及评价。

（7）抗震设计条件，如场地类别判定、抗震设防烈度、地基土液化判定结果等。

（8）场地适宜性及稳定性评价。

（9）根据不同施工方法进行岩土工程分析评价，并提出设计和施工建议。

（10）对施工过程和运营中可能出现的问题进行预测并提出防治保护建议。

（11）对工程施工影响范围内的已有建（构）筑物的变形监测提出建议。

（12）对下一步工程勘察工作的建议。

2）图表部分内容

（1）钻孔资料一览表。包括钻孔编号、里程、坐标、孔口标高、深度、钻孔性质、地下水水位等信息。

（2）各土（岩）层的物理力学试验综合统计表及参数建议值表，土工试验、岩石试验、水质分析试验、土的易溶盐试验、土的特殊试验（静三轴试验、静止侧压力系数试验、无侧限抗压强度试验、湿陷性等）成果表。

（3）原位测试试验（波速试验、静力触探试验、旁压试验等）成果表。

（4）电阻率测试成果表、物探测试成果表。

（5）抽水试验、注水试验等成果表。

（6）其他统计或试验表格。

3）图件部分内容

（1）线路图、区域地质构造图、区域水文地质图、气象资料图。

（2）工程地质单元划分图、水文地质单元划分图。

（3）勘探点平面布置图、工程地质纵（横）断面图。

2. 各阶段勘察报告详细内容：

1）可行性研究勘察报告内容

（1）通过对收集资料及工程地质测绘、勘探、测试所得各项数据和资料的整理、检查、分析、鉴定，初步划分工程地质单元与水文地质单元，并概述各地质单元的工程地质特征与水文地质特征。

（2）评价拟建线路设计方案的可行性，并根据调查、勘察和分析结果提出线路比选方案。

（3）确定不良地质作用、特殊性岩土、地质灾害对线路方案、敷设方式及施工方法的影响。

（4）初步评价场地的稳定性和适宜性。

（5）对初步勘察工作的建议。

2）初步勘察报告内容

（1）工程地质测绘、勘探、测试、监测及搜集所得的各项数据和资料，均应整理、检查、分析、鉴定，准确划分工程地质单元与水文地质单元，并查明各地质单元的工程地质特征与水文地质特征。

（2）初步勘察报告将满足初步设计阶段的线路方案比选、隧道埋深及施工方法选取的基本要求。

（3）确定不良地质现象严重发育区段，评价其对工程的影响。

（4）初步划定围岩分级，并对岩土性状进行初步评价。

（5）初步确定地下水的类型、补给、径流和排泄条件，含水层和隔水层的分布，评价地下水对工程的影响。

（6）查明沿线地震地质条件。

（7）对线路位置、隧道埋深、施工方法、地下水防治、不良地质作用处理等进行初步评价，并提出可行的建议。

（8）对详细勘察的工作建议。

3）详细勘察报告内容

（1）按工点与建筑物类型分别整理工程地质测绘、勘探、测试、监测所获取的资料，并编制相应的工点勘察报告，落实初步勘察阶段的专家评审意见。

（2）详细勘察报告将满足施工图设计对支护计算、地基计算、涌水量和降水计算及其他设计计算的要求，提供各项设计需要的参数。

（3）针对工程的具体情况，对需要补充调查、勘察、测试的问题，提供勘察资料和数据，并应进行分析评价，提出建议。

（4）对明挖法施工、矿山法施工和盾构法施工的分析评价应符合国家现行标准、规范的相关规定，并包括相应的内容。

（5）地面建（构）筑物岩土工程分析评价，应按照国家现行标准、规范的相关规定执行。

（6）分析评价工程建设对环境的影响，应包括且不限于施工、降水、运营等方面。

4）施工阶段勘察报告内容

根据补充勘察取得的地质、水文和其他资料，针对施工提出的具体问题进行分析评价，提出相关数据和建议。施工勘察阶段勘察报告必须具有很强的针对性。

## 习题

1. 地下工程勘察报告编制的基本要求有哪些？

2. 地基强度与变形分析方面的参数有哪些？

3. 请列举至少 5 种原位测试技术。

4. 岩土工程分析评价应符合哪些要求？

5. 简述地下工程勘察报告的主要内容。

# 参 考 文 献

[1] 贺少辉，曾德光，叶铮，等 . 地下工程[M].5 版 . 北京：北京交通大学出版社，2022.

[2] 关宝树，国兆林 . 隧道及地下工程[M]. 成都：西南交通大学出版社，2000.

[3] 张庆贺，朱合华，黄宏伟 . 地下工程[M]. 上海：同济大学出版社，2005.

[4] 徐辉，李向东 . 地下工程[M]. 武汉：武汉理工大学出版社，2009.

[5] 关宝树，杨其新 . 地下工程概论[M]. 成都：西南交通大学出版社，2009.

[6] 霍润科 . 隧道与地下工程[M]. 北京：中国建筑工业出版社，2011.

[7] 施仲衡，张弥，宋敏华，等 . 地下铁道设计与施工[M].2 版 . 西安：陕西科学技术出版社，2006.

[8] 仇文革，郑余朝，张俊儒，等 . 地下空间利用[M]. 成都：西南交通大学出版社，2011.

[9] 曾艳华，汪波，封坤，等 . 地下结构设计原理与方法[M].2 版 . 成都：西南交通大学出版社，2022.

[10] 蔡美峰，何满潮，刘东燕 . 岩石力学与工程[M].2 版 . 北京：科学出版社，2013.

[11] 筑龙网 . 隧道与地下工程施工技术案例精选[M]. 北京：中国电力出版社，2009.

[12] 黄成光 . 公路隧道施工[M]. 北京：人民交通出版社，2001.